21世纪高等学校规划教材｜计算机应用

大学计算机基础实践教程

刘彩虹 主编

郑旭红 副主编

U0214162

清华大学出版社

北京

内 容 简 介

本书是根据教育部《大学计算机基础课程教学基本要求》的精神,参考全国计算机二级 MS Office 高级应用考试大纲(2019 年版),结合作者多年一线教学经验编写的,可以作为高等院校非计算机专业本科生开设的第一门计算机基础课程的教材。本书内容不但包括计算机理论知识、实验教学环节,还兼顾了当前信息技术的前沿知识,在加强理论基础知识讲解的基础上,注重应用技能的训练和计算机领域新技术兴趣的培养。主要内容有计算机的发展、计算机硬件系统和软件系统、计算机网络结构、计算机领域最新技术、文字处理软件 Word 2016、电子表格软件 Excel 2016 和演示文稿软件 PowerPoint 2016 等。

本书既可作为高等院校非计算机专业的通识教育课程教材,也可以作为全国计算机二级 MS Office 高级应用考试的辅导和参考用书。

图书在版编目(CIP)数据

大学计算机基础实践教程/刘彩虹主编. —北京:清华大学出版社,2020.9(2024.12 重印)
21 世纪高等学校规划教材·计算机应用
ISBN 978-7-302-56243-6

Ⅰ.①大… Ⅱ.①刘… Ⅲ.①电子计算机-高等学校-教材 Ⅳ.①TP3

中国版本图书馆 CIP 数据核字(2020)第 151697 号

责任编辑:贾 斌
封面设计:傅瑞学
责任校对:焦丽丽
责任印制:宋 林

出版发行:清华大学出版社
    网 址:https://www.tup.com.cn,https://www.wqxuetang.com
    地 址:北京清华大学学研大厦 A 座   邮 编:100084
    社 总 机:010-83470000   邮 购:010-62786544
    投稿与读者服务:010-62776969,c-service@tup.tsinghua.edu.cn
    质量反馈:010-62772015,zhiliang@tup.tsinghua.edu.cn
    课件下载:https://www.tup.com.cn,010-83470236
印 装 者:三河市龙大印装有限公司
经 销:全国新华书店
开 本:185mm×260mm 印 张:19.5   字 数:473 千字
版 次:2020 年 9 月第 1 版   印 次:2024 年 12 月第 9 次印刷
定 价:59.00 元

产品编号:085839-01

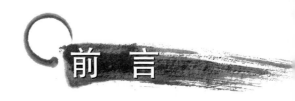
前 言

"计算机与信息技术"是非计算机专业高等教育的通识必修课,同时也是一门实践性和应用性都很强的课程。本书根据教育部《大学计算机基础课程教学基本要求》的指导精神,参考全国计算机二级 MS Office 高级应用考试大纲(2019 年版)编写。作为一门通识必修课程,一方面要求学生掌握计算机的基本操作及使用方法;另一方面还要求学生了解计算机领域新动向、新技术,为进一步学习打下基础。为此本书全面介绍了计算机应用的基础知识,从零开始,深入浅出地解决初学者面临的各种问题,并能让有一定基础的计算机使用者进一步了解计算机的强大功能。本书集教材、实验指导、习题册于一体,结构清晰、图文结合且易学易懂,可作为本科高校非计算机专业学生通识教育、公共基础课程的教材,也可作为办公软件自学者的参考书。

本书编者均为从事计算机基础教学的一线教师,融合了作者多年的教学实践经验、国内外最新的有关著作以及互联网上的信息资源,力求概念明确、内容精炼、通俗易懂。

全书共分为 5 章,内容包括:第 1 章计算机与信息技术基础,第 2 章计算机网络和信息安全,第 3 章文字处理软件 Word 2016,第 4 章电子表格软件 Excel 2016,第 5 章演示文稿软件 PowerPoint 2016。本书的特点是先用通俗易懂的文字描述知识点,然后通过案例逐步展开具体内容并分析,最后通过上机实验强化开发能力。

本书由刘彩虹任主编、郑旭红任副主编,祁瑞华主审,具体分工如下:第 1 章由刘彩虹、祁瑞华编写,第 2 章由李富宇编写,第 3 章由郑旭红、郭旭编写,第 4 章由刘彩虹、杨岚编写,第 5 章由徐玲编写。

本书可作为高等院校各专业大学生的计算机通识课程教材,也适用于其他读者自学和参考。

本书在编写过程中,得到了祁瑞华教授的支持和帮助,在此表示衷心的感谢。同时,清华大学出版社为本书的及时出版做了大量工作,在此一并表示感谢!

限于作者水平有限,书中难免有疏漏和不妥之处,竭诚欢迎读者批评指正!

作　者
2020 年 5 月

目　录

第 1 章　计算机与信息技术基础 ……………………………………………………… 1

1.1　计算机基础 …………………………………………………………………… 1
　　1.1.1　计算机的定义和特点 ……………………………………………… 1
　　1.1.2　计算机的发展历程和趋势 ………………………………………… 2
　　1.1.3　计算机的性能指标和分类 ………………………………………… 7
　　1.1.4　计算机的应用领域 ………………………………………………… 8
1.2　计算机硬件系统 ……………………………………………………………… 11
　　1.2.1　处理器 ……………………………………………………………… 11
　　1.2.2　存储系统 …………………………………………………………… 13
　　1.2.3　主板 ………………………………………………………………… 17
　　1.2.4　输入输出设备 ……………………………………………………… 17
1.3　计算机软件系统 ……………………………………………………………… 17
　　1.3.1　系统软件 …………………………………………………………… 18
　　1.3.2　应用软件 …………………………………………………………… 18
　　1.3.3　计算机操作系统 …………………………………………………… 19
1.4　计算机中的信息表示 ………………………………………………………… 22
　　1.4.1　计算机的数制 ……………………………………………………… 22
　　1.4.2　不同数制之间的转换 ……………………………………………… 23
　　1.4.3　计算机中的编码 …………………………………………………… 26
1.5　计算机新技术 ………………………………………………………………… 29
　　1.5.1　物联网与传感器 …………………………………………………… 30
　　1.5.2　云计算与大数据 …………………………………………………… 33
　　1.5.3　人工智能 …………………………………………………………… 38
1.6　本章小结 ……………………………………………………………………… 41
1.7　习题 …………………………………………………………………………… 41

第 2 章　计算机网络和信息安全 ……………………………………………………… 45

2.1　计算机网络基础知识 ………………………………………………………… 45
　　2.1.1　计算机网络的定义 ………………………………………………… 45
　　2.1.2　计算机网络的分类 ………………………………………………… 46
　　2.1.3　计算机网络的发展 ………………………………………………… 46
　　2.1.4　网络传输介质 ……………………………………………………… 47

2.1.5　无线网络 ·· 49

2.2　Internet 基础知识 ··· 51

2.2.1　网络协议 ·· 51

2.2.2　IP 地址 ·· 52

2.2.3　域名系统 ·· 53

2.2.4　万维网 ··· 55

2.2.5　网络拓扑结构 ··· 55

2.3　计算机信息安全 ·· 57

2.3.1　信息和网络安全形势 ··· 57

2.3.2　安全威胁类别 ··· 57

2.3.3　计算机病毒 ·· 60

2.3.4　计算机蠕虫 ·· 61

2.3.5　特洛伊木马 ·· 62

2.3.6　僵尸网络 ·· 63

2.3.7　信息安全措施 ··· 63

2.4　本章小结 ·· 65

2.5　习题 ··· 65

第 3 章　文字处理软件 Word 2016 ·· 66

3.1　Word 2016 的启动与退出 ·· 66

3.1.1　启动和退出的方法 ·· 66

3.1.2　Word 2016 用户界面 ·· 67

3.1.3　创建、保存和打开文档 ·· 68

3.2　制作公司招聘启事 ··· 71

3.2.1　输入文本 ·· 71

3.2.2　复制和移动文本 ··· 72

3.2.3　查找和替换文本 ··· 73

3.2.4　撤销与恢复操作 ··· 75

3.2.5　设置字体格式 ··· 76

3.2.6　设置段落格式 ··· 77

3.2.7　设置项目符号和项目编号 ·· 79

3.2.8　用格式刷复制格式 ·· 79

课堂实战 ·· 79

3.3　制作社团招聘海报 ··· 80

3.3.1　图片、剪贴画的插入和编辑 ··· 80

3.3.2　插入艺术字 ·· 81

3.3.3　使用文本框 ·· 82

3.3.4　设置分栏 ·· 84

3.3.5　设置主题和背景 ··· 85

　　　　3.3.6　首字下沉 ……………………………………………………… 86
　　　　课堂实战 …………………………………………………………………… 86
　　3.4　排版公司考勤规范制度 ……………………………………………… 88
　　　　3.4.1　页面设置 …………………………………………………………… 88
　　　　3.4.2　文档样式 …………………………………………………………… 91
　　　　3.4.3　添加页眉、页脚和页码 …………………………………………… 92
　　　　3.4.4　打印输出 …………………………………………………………… 94
　　　　课堂实战 …………………………………………………………………… 94
　　3.5　制作班级成绩表 ………………………………………………………… 97
　　　　3.5.1　创建表格的方法 …………………………………………………… 97
　　　　3.5.2　表格的布局 ………………………………………………………… 98
　　　　3.5.3　设计表格 …………………………………………………………… 100
　　　　3.5.4　表格数据化处理 …………………………………………………… 102
　　　　课堂实战 …………………………………………………………………… 103
　　3.6　本章小结 ………………………………………………………………… 105
　　3.7　上机实验 ………………………………………………………………… 106
　　　　上机实验 1　图文混排综合实例 ……………………………………… 106
　　　　上机实验 2　毕业论文综合排版 ……………………………………… 108
　　　　上机实验 3　求职简历表格 …………………………………………… 113
　　3.8　习题 ……………………………………………………………………… 117

第 4 章　电子表格软件 Excel 2016 …………………………………………… 120
　　4.1　电子表格的基本操作 …………………………………………………… 120
　　　　4.1.1　Excel 2016 的启动和退出 ……………………………………… 120
　　　　4.1.2　认识工作簿、工作表和单元格 …………………………………… 121
　　　　4.1.3　保存和打开工作簿 ………………………………………………… 122
　　　　4.1.4　工作表的基本操作 ………………………………………………… 124
　　4.2　制作图书清单 …………………………………………………………… 129
　　　　4.2.1　输入数据 …………………………………………………………… 129
　　　　4.2.2　编辑数据 …………………………………………………………… 139
　　　　4.2.3　行与列的基本操作 ………………………………………………… 144
　　　　4.2.4　单元格的基本操作 ………………………………………………… 145
　　　　4.2.5　设置单元格格式 …………………………………………………… 147
　　　　4.2.6　套用样式 …………………………………………………………… 153
　　　　课堂实战 …………………………………………………………………… 155
　　4.3　制作费用报销单 ………………………………………………………… 159
　　　　4.3.1　使用公式计算 ……………………………………………………… 159
　　　　4.3.2　单元格引用 ………………………………………………………… 161
　　　　4.3.3　使用函数计算 ……………………………………………………… 163

4.3.4 常用函数的使用 …………………………………………… 167

课堂实战 ……………………………………………………… 169

4.4 制作学生成绩分析表 ……………………………………………… 177

4.4.1 数据排序 ……………………………………………… 177

4.4.2 数据筛选 ……………………………………………… 181

4.4.3 分类汇总 ……………………………………………… 184

4.4.4 数据透视表 …………………………………………… 184

课堂实战 ……………………………………………………… 188

4.5 制作销售情况分析图 ……………………………………………… 190

4.5.1 图表的创建 …………………………………………… 191

4.5.2 图表的编辑 …………………………………………… 192

4.5.3 图表的格式化 ………………………………………… 194

4.5.4 使用迷你图 …………………………………………… 194

4.5.5 页面设置及打印 ……………………………………… 196

课堂实战 ……………………………………………………… 203

4.6 本章小结 ………………………………………………………… 206

4.7 上机实验 ………………………………………………………… 206

4.7.1 公式、函数的使用及工作表的格式化 ……………… 206

4.7.2 图表与图形对象的使用及数据管理 ………………… 216

4.8 习题 ……………………………………………………………… 228

第 5 章 演示文稿软件 PowerPoint 2016 ……………………………… 232

5.1 演示文稿的基本操作 ……………………………………………… 232

5.1.1 PowerPoint 2016 启动与退出 ……………………… 233

5.1.2 PowerPoint 2016 的工作界面 ……………………… 234

5.2 制作个人求职简历 ………………………………………………… 237

5.2.1 创建、保存及打开演示文稿 ………………………… 238

5.2.2 设置幻灯片主题颜色和字体格式 …………………… 241

5.2.3 设置幻灯片背景 ……………………………………… 242

5.2.4 幻灯片文本的输入、编辑及格式化 ………………… 243

5.2.5 插入新的幻灯片 ……………………………………… 250

5.2.6 复制、移动和删除幻灯片 …………………………… 251

5.2.7 插入艺术字、图片和图形 …………………………… 252

课堂实战 ……………………………………………………… 255

5.3 制作年度工作总结 ………………………………………………… 259

5.3.1 修改模板样式 ………………………………………… 259

5.3.2 修改母版 ……………………………………………… 260

5.3.3 插入页眉和页脚 ……………………………………… 264

5.3.4 插入表格 ……………………………………………… 265

5.3.5　插入图表 ·· 265

5.3.6　插入超链接 ·· 266

5.3.7　插入 Flash 动画 ··· 268

5.3.8　插入动作和动作按钮 ·· 269

5.3.9　插入动画效果 ··· 269

课堂实战 ·· 270

5.4　制作优秀学生表彰宣传 ··· 274

5.4.1　制作幻灯片内容的高级动画效果 ······························ 274

5.4.2　插入音频和视频 ·· 276

5.4.3　设置切换效果 ·· 278

5.4.4　演示文稿的放映 ·· 279

5.4.5　演示文稿的打印 ·· 283

5.4.6　演示文稿的打包 ·· 283

课堂实战 ·· 287

5.5　本章小结 ·· 290

5.6　上机实验 ·· 290

上机实验　毕业论文答辩 ·· 290

5.7　习题 ·· 298

参考文献 ··· 301

第 1 章
计算机与信息技术基础

1.1 计算机基础

1.1.1 计算机的定义和特点

通常,人们把 1946 年 2 月诞生于美国宾夕法尼亚大学的埃尼亚克(Electronic Numerical Integrator and Calculator,ENIAC)看作第一台现代电子计算机,如图 1-1 所示。这台计算机使用了 18 800 个电子管,每秒可进行 5000 次加法或减法运算,占地 170m²,重达 30 000kg,耗电 140kW。从 1946 年 2 月交付使用,到 1955 年 10 月最后切断电源,埃尼亚克服役长达 9 年有余。尽管埃尼亚克还有许多弱点,但是与当时的所有运算工具相比发生了翻天覆地的变化,开辟了利用电子设备进行科学计算的新纪元。

图 1-1　世界上第一台通用数字电子计算机 ENIAC

1. 计算机的定义

电子计算机是一种高速运算、具有内部储存能力、由程序控制操作过程的自动电子设备。当用计算机进行数据处理时,首先将需要解决的实际问题用计算机可以识别的语言编写成计算机程序,然后将程序输入到计算机中。计算机按程序的步骤一步一步地进行各种计算,直到存入的整个程序被执行完毕为止。因此,计算机必须是能存储源程序和数据的装置。

计算机不仅可以进行加、减、乘、除等算术运算,而且可以进行逻辑运算并对运算结果进行判断,从而决定执行什么操作,正是由于具有这种逻辑运算和推理判断的能力,使计算机成为一种特殊机器的专用名词,而不再是简单的计算工具。为了强调计算机的这些特点,有人把它称为"电脑",以说明它既有记忆能力、计算能力,又有逻辑推理能力,至于有没有思维能力,这是一个目前人们正在深入研究的问题。

计算机除了具有计算功能,还能进行相关信息处理。在信息化社会中,各行各业随时随处都会产生大量的信息,而人们为了获取、传送、检索信息,必须将信息进行有效的组织和管理,这一切都必须在计算机的控制之下才能实现,因此计算机是信息处理的工具。

2. 计算机的特点

计算机作为高性能的信息处理工具,有着极强的生命力,它具有以下特点:

(1) 运算速度快。运算速度是计算机的一个重要性能指标。计算机的运算速度是用单位时间内所能执行指令的条数,也就是每秒执行多少条指令来定义的,现在最高性能的计算机的运算速度可达每秒几千亿次乃至万亿次。计算机高速运算的能力极大地提高了工作效率,把人们从浩繁的脑力劳动中解放出来。

(2) 具有存储与记忆能力。计算机内部的存储器类似于人的大脑,可以"记忆"(存储)大量的信息,这些信息不仅包括各类数据信息,还包括加工这些数据的程序。目前计算机的存储容量越来越大,已高达千兆数量级的容量。计算机具有"记忆"功能,是与传统计算工具的一个重要区别。

(3) 计算精度高。计算精度与机器字长有关,字长越长,精度越高。计算机中每个字包含的二进制位数越长,计算机处理速度越快,因为字长是计算机并行处理数据的位数。在科学研究和工程设计中,对计算的结果精度有很高的要求。一般的计算工具只能达到几位有效数字,而计算机对数据的结果精度可以达到几百位有效数字。

(4) 具有逻辑判断能力。具有可靠逻辑判断能力是计算机能实现信息处理自动化的重要原因。具有逻辑判断能力,使计算机不仅能对数值数据进行计算,也能对非数值数据进行处理,使计算机能广泛应用于非数值数据处理领域,如信息检索、图形识别以及各种多媒体应用等。

(5) 自动化程度高。利用计算机解决问题时,人们启动计算机输入编制好的程序以后,计算机就会按程序规定的操作,一步一步地自动完成,一般不需要人工直接干预运算、处理和控制过程。

1.1.2　计算机的发展历程和趋势

现代计算机发展史中的杰出代表人物是美籍匈牙利科学家冯·诺依曼,他的重要贡献之一是把二进制数字应用到计算机系统之中;另一个重要贡献就是建立了程序存储的概念,把程序和数据一起存储起来,让计算机自动执行程序。而采用非冯·诺依曼理论设计的计算机一般被称为"电子模拟计算机",例如"埃尼亚克"就是一台电子模拟计算机。至今,冯·诺依曼的设计思想仍是计算机设计的理论基础,他确立了现代计算机的基本结构。因此,现代的计算机一般常称为冯·诺依曼体系计算机。

在整个计算机的发展过程中,电子器件的发展推动了电子电路的发展,为研制计算机奠定了物质和技术基础。

1．计算机的发展历程

根据计算机所采用的逻辑元件元器件，人们将计算机的发展划分成四个阶段，每一阶段在技术上都是一次新的突破，在性能上都是一次质的飞跃。

1）第一代，电子管计算机（1946—1958 年）

第一代计算机采用电子管作为基本逻辑部件，体积庞大，运算速度相对较慢，运算能力也很有限，用电量大、寿命短、可靠性差、成本高；采用电子射线管作为存储部件，容量很小，后来外存储器使用了磁鼓存储信息，扩充了容量；输入、输出设备落后，主要使用穿孔卡片，速度慢，容易出错；没有系统软件，能用机器语言和汇编语言编程。如图 1-2 所示。这一阶段是计算机的初级阶段，主要用于军事研究和科学研究方面的科学计算工作。

2）第二代，晶体管计算机（1959—1964 年）

第二代计算机采用的主要逻辑元件是晶体管，体积减小、重量轻、能耗低、成本下降，计算机的可靠性和运算速度均得到提高，所以使计算机以既经济又有效的姿态开始步入商用时期；主存储器采用磁芯，外存储器使用磁带和磁盘。这一时期计算机开始使用管理程序，后期使用操作系统并出现了一些高级程序设计语言，如 FORTRAN、COBOL、ALGOL 等，如图 1-3 所示。这个时期计算机的应用扩展到数据处理、自动控制等方面。计算机的运行速度已提高到每秒几十万次，体积大大减小，可靠性和内存容量也有较大的提高。

图 1-2　电子管计算机

图 1-3　晶体管计算机

3）第三代，集成电路计算机（1964—1972 年）

第三代计算机采用中小规模集成电路制作各种逻辑部件，计算机体积更小、耗电更省、寿命更长、成本更低，运算速度有更大的提高，从而使计算机在科学和商业领域中得以推广。主存储器采用半导体存储器代替磁芯存储器，外存储器使用磁盘，使存储器的存取速度有了大幅度的提高，增加了系统的处理能力；操作系统进一步完善，高级语言种类和数量增多，出现了并行处理、多处理机、虚拟存储系统，以及面向用户的应用软件。这一时期可以称为计算机的扩展时期，运行速度也提高到每秒几百万次，可靠性和存储容量进一步提高，外部设备种类繁多，计算机与通信密切结合，广泛地应用到科学计算、数据处理、事务管理和工业控制等领域,如图 1-4 所示。

4) 第四代,大规模、超大规模集成电路计算机(1972 年至今)

第四代计算机基本逻辑元件采用大规模、超大规模集成电路,计算机体积更小、功能更强、造价更低,使计算机应用进入了一个全新的时代。作为主存的半导体存储器,其集成度越来越高,容量越来越大;外存储器除了广泛使用软硬磁盘外,还引进了光盘;各种使用方便的输入、输出设备相继出现;软件产业高度发达,各种实用软件层出不穷,极大地方便了用户;计算机技术与通信技术相结合,计算机网络把世界紧密地联系在一起,多媒体技术崛起,计算机集图像、图形、声音、文字处理于一体,在信息处理领域掀起了一场革命。操作系统不断发展和完善,而且发展了数据库管理系统和通信软件等。同时,计算机的发展进入以计算机网络为特征的时代。计算机的运行速度可达到每秒上千万次到上亿次,计算机的存储容量和可靠性又有了很大提高,功能更加完备。这个时期计算机的类型有了很大变化,除小型、中型、大型机外,开始向巨型机和微型机(个人计算机)两个方向发展,使计算机逐渐走进了办公室、学校和普通家庭,如图 1-5 所示。

图 1-4　集成电路计算机　　　　图 1-5　大规模、超大规模集成电路计算机

2. 计算机的发展趋势

20 世纪中期,人们虽然预见到了工业机器人的大量应用和太空飞行的出现,但很少有人深刻地预见到计算机技术对人类巨大的潜在影响,甚至没有人预见到计算机的发展速度是如此迅猛,如此地超出人们的想象。随着现代信息技术的不断发展,计算机行业发展迅速,并且取得了前所未有的成就,推动着各行业的发展,计算机的发展也将不断前进。

1) 计算机的发展方向

从功能、性能和体积方面,计算机技术正在向巨型化、微型化、网络化和智能化四个方向发展。

(1) 巨型化。

具有运算速度高、存储容量大、综合处理功能更加完善等特点的计算机系统。其运算速度通常在每秒 1 亿次以上,存储容量超过百万兆字节。巨型机的应用范围如今已十分广泛,在航空航天、军事工业、气象、通信、人工智能等学科领域发挥着巨大的作用,特别是在复杂的大型科学计算领域,其他的机种难以与之抗衡。

(2) 微型化。

计算机的集成度进一步提高,利用高性能的超大规模集成电路研制出质量更加可靠、性能更加优良、价格更加低廉、体积更加小巧的计算机系统。除了放在办公桌上的台式微型机外,还有可随身携带的笔记本计算机,以及可以握在手上的掌上电脑等。微型计算机已广泛应用于各种工业仪器、设备和家用电器中。

(3) 网络化。

网络技术在 20 世纪后期得到快速发展,尤其是 Internet 的迅猛发展,众多计算机通过互相连接,形成一个规模庞大、功能多样的全球性网络系统,从而实现信息的相互传递和资源共享。

(4) 智能化。

具有类似人的智能,能让计算机进行图像识别、定理证明、研究学习、探索、联想、启发和理解人的语言等,它是新一代计算机要实现的目标。目前正在研究的智能计算机是一种具有类似人的思维能力,能"听""说""看""想",做能代替人的一些体力劳动和脑力劳动的机器。

2) 未来的新型计算机

计算机中最基本的元件是芯片,芯片制造技术的不断进步是多年来推动计算机技术发展的最根本的动力之一。目前的芯片主要采用光蚀刻技术制造,即让光线透过刻有线路图的掩模照射在硅片表面来进行线路时刻的技术。

基于芯片的计算机短期内还不会退出历史舞台,但技术创新带动一些新型计算机正在加紧研究,从目前的研究情况看,未来新型计算机将在下列几个方面取得实质性的突破。

(1) 光子计算机。

光子计算机是一种由光信号进行数字运算、逻辑操作、信息存储和处理的新型计算机。它由激光器、光学反射镜、透镜、滤波器等光学元件和设备构成,靠激光束进入反射镜和透镜组成的阵列进行信息处理,以光子代替电子,光运算代替电运算。光的并行、高速,天然地决定了光子计算机的并行处理能力很强,具有超高运算速度。光子计算机还具有与人脑相似的容错性,系统中某一元件损坏或出错时,并不影响最终的计算结果。光子在光介质中传输所造成的信息畸变和失真极小,光传输、转换时能量消耗和散发热量极低,对环境条件的要求比电子计算机低得多。

光子计算机有三大优势:首先,电子在导线中的运行速度与光子的传播速度无法相比。今天电子计算机的传送速度最高为每秒 109 字节,而采用硅—光混合技术后,其传输速度就可以达到每秒万亿字节;其次,光子不像带电的电子那样相互作用,因此经过同样窄小的空间通道可以传送更多数据;最后,光无须物理连接,如能将普通的透镜和激光镜做得很小,足以装在微芯片的背面,那么未来的计算机就可以通过稀薄的空气传送信号了。

(2) 生物计算机。

生物系统的信息处理过程是基于生物分子的计算和通信过程,因此生物计算常称为生物分子计算,其主要特点是大规模并行处理及分布式存储。基于这一认识,沃丁顿(C. Waddington)在 20 世纪 80 年代就提出了自组织的分子器件模型,通过大量生物分子的识别与自组织可以解决宏观的模式识别与判定问题,近年来备受关注的 DNA 计算就是基于这一思路。

研究人员发现,遗传基因——脱氧核糖核酸(DNA)的双螺旋结构能容量大量的信息,其存储容量相当于半导体芯片的数百万倍。一个蛋白质分子就是一个存储体,而且阻抗低,能耗少,发热量极小。生物计算机比硅晶片计算机在速度和性能上有质的飞跃,研制中的生物计算机的存储能力巨大,速度极快,能量消耗极小,并且具有模拟部分人脑的能力。

生物计算机可以充分实现智能化,并且其最大的优点在于可以与人体大脑相连,使人们免去了手动对其输入指令,而人们也可以利用计算机强大的运算能力和存储能力等,为自己提供更多的便利。此外,生物计算机的另一个特点则是其可以避免能源补充问题,生物计算机与普通计算机不同,普通计算机若随身携带则必须担心其电量问题,而生物计算机则不必担心此问题,生物计算机的能量补充可以由人直接进行,这是任何计算机都无法做到的,生物计算机在今后势必也会成为最受人们欢迎和喜爱的计算机之一,能够为人们的学习和思考提供更多的便利,也能够充分节省各种资源,十分符合当代社会的发展要求和发展趋势。

(3) 量子计算机。

量子计算机是一类遵循量子力学规律进行高速数学和逻辑运算、存储及处理量子信息的计算机。量子计算机拥有强大的量子信息处理能力,对于目前多变的信息,能够从中提取有效的信息进行加工处理使之成为新的有用的信息。

2018 年 12 月 6 日首款量子计算机控制系统 Origin Quantum AIO 在中国合肥诞生。2019 年 1 月 10 日,IBM 宣布推出世界上第一台商用的集成量子计算机系统 IBM Q System One。

目前的计算机通常会受到病毒的攻击,直接导致计算机瘫痪,还会导致个人信息被窃取,但是量子计算机由于具有不可克隆的量子原理使得这些问题不会存在,在用户使用量子计算机时能够放心地上网,不用害怕个人信息泄露。另一方面,量子计算机拥有强大的计算能力,能够同时分析大量不同的数据,所以在金融方面能够准确分析金融走势,在避免金融危机方面起到很大的作用;在生物化学的研究方面也能够发挥很大的作用,可以模拟新的药物的成分,更加精确地研制药物和化学用品,这样就能够保证药物的成本和药物的药性。量子计算机对每一个叠加分量实现的变换相当于一种经典计算,所有这些经典计算同时完成,并按一定的概率振幅叠加起来,给出量子计算机的输出结果。这种计算称为量子并行计算,也是量子计算机最重要的优越性。

(4) 神经网络计算机。

神经网络计算机具有模仿人大脑的判断能力和适应能力,可并行处理多种数据功能的神经网络计算机可以判断对象的性质与状态,并能采取相应的行动,而且可同时并行处理实时变化的大量数据,并引出结论。神经网络计算机除有许多处理器外,还有类似神经的节点,每个节点与许多点相连。若把每一步运算分配给每台微处理器,它们同时运算,其信息处理速度和智能会大大提高。神经电子计算机的信息不是存在存储器中,而是存储在神经元之间的联络网中。若有节点断裂,计算机仍有重建资料的能力,它还具有联想记忆、视觉和声音识别的能力。

神经网络计算机与生物计算机有异曲同工之妙,神经网络计算机需要将计算机的运行结构模拟成为人脑的运行模式,再将其与传统计算机的运行模式相结合,可以使其具有计算机的运行能力,又有人的思维方式,如此可以有效提升计算机整体的运行速度,并且若将神经元结构引入到计算机中,则可以更大程度上提升其运行速度和运算速度,对计算机今后的发展来说是十分必要的。

(5)化学计算机。

化学计算机是模拟人类大脑功能和复杂性类似的计算机,运行速度较快,信息存储也较为方便快捷,其最大的优点在于信息载体体积小,能够使计算机在运行过程中消耗较少的能量从而加快计算机自身的运行速度。

计算机的发展不会止步,而是随着时代的进步而不断地向更高的方向展望,从而实现更高的目标。

综上所述,计算机如今已经完全融入人们的日常生活和工作中,并且正在发挥着越来越重要的作用,同时科学计算、科学技术的不断更新和完善也会使得计算机技术持续发展,为人们提供更多便利。

1.1.3 计算机的性能指标和分类

评价计算机系统性能的指标有很多,对于不同的系统而言,评价指标的意义也有所不同。

1)字长

字长是指 CPU 在单位时间内(同一时间)能一次处理的二进制数的位数,取决于算术逻辑单元与寄存器的位数,是衡量计算机性能的一个重要技术指标。字长通常包含若干个字节(Byte),而每个字节对应 8 个二进制位,因此,字长通常是 8 的整数倍,早期计算机的字长有 8 位和 16 位,当前主要是 32 位和 64 位,计算机的字长标志着数据表示的范围与精度,字长越长,所能表示的数据范围也越大,精度越高,造价也越高。为了满足对精度的要求以及对成本的控制,许多计算机均支持变字长运算,即机内可实现半字长、全字长(或单字长)和双倍字长运算。在其他指标相同时,字长越大计算机处理数据的速度就越快。

2)处理速度

通常所说的 CPU 处理速度是指 CPU 每秒浮点运算次数。在现代计算机中,处理速度有着多种概念,可以从软件和硬件角度来分析,从软件角度看,处理速度是指系统或应用程序处理用户请求的速度;从硬件角度看,处理速度主要与计算机部件有关。

2014 年 6 月 23 日,由国防科技大学研制的著名的中国超级计算机系统"天河二号",以每秒 33.86 千万亿次的浮点运算速度成为当时全球最快的超级计算机。2016 年 6 月 20 日,在法兰克福世界超算大会上,国际 TOP500 组织发布的榜单显示,"神威·太湖之光"超级计算机系统登顶榜单之首,不仅速度比第二名"天河二号"快出近两倍,其效率也提高 3 倍;2017 年 11 月 13 日,全球超级计算机 500 强榜单公布,"神威·太湖之光"以每秒 9.3 亿万次的浮点运算速度第四次夺冠,更重要的是其核心部件全部为国产,凸显中国在超算领域的自主研发能力。

3)存储器容量

存储器包括内存储器和外存储器。

(1)主存储器也叫内存储器,容量是指存储单元数与存储字长的乘积,存储字长是指单位存储单元内二进制位数。由于主存储器能够被 CPU 直接访问,因此,主存储器容量是计算机的重要性能参数。存储单元的编制以 Byte(字节)为单位,每个字节包含 8 位(bit,比特)二进制数。存储容量的单位有 1Byte(8bit)、1KB(1024Byte)、1MB(1024KB)、1GB(1024MB)、1TB(1024GB)、1PB(1024TB)等,当前主流计算机的内存容量从几个 GB 到几十个 GB 不等,一般微型计算机主存储器容量为 2GB、4GB、8GB、16GB,特殊用途计算机的主存储器容量在 16GB 以上,超级计算机的主存储器容量已达到上百 TB。从理论上讲,主存储器容量越大,计算机运行效果越好,造价也越高。在确定计算机主存储器容量时,要根据硬件参数以及实际需要进行配置。

(2)外存储器也叫辅助存储器,包含的种类较多,如硬盘、光盘、U 盘、磁带等。辅助存储器容量决定着计算机所能存储的总数据量,常见的辅助存储器形式有单个硬盘、光盘、U 盘等,当前单个硬盘的容量已达到 4TB,IBM 建造的硬盘阵列的容量已达到 120PB,美国国家超级计算应用中心(NCSA)建设的磁带库容量已经达到 380PB。

4) 吞吐率

吞吐率是指在单位时间内完成的任务数量,是系统和它的部件传输数据请求能力的总体评价,对于用户而言吞吐率越大越好。

5) 响应时间

响应时间是指单个任务从发出请求到响应所经历的时间间隔。响应时间是用户对系统性能最直观的体验,对于用户而言,响应时间越短越好。

6) 主频

CPU 的主频,即 CPU 内核工作的时钟频率,是单位时间内 CPU 发出的脉冲数。主频在一定程度上反映 CPU 的处理能力,提高主频可以缩短程序的运行时间,提高 CPU 的处理速度,从而影响计算机的整体运行速度。当前主流处理器主频已经达到几吉赫兹(GHz)。主频不可能无限制的提高,主频过高会导致温度过高、功耗增加等一系列问题。

由于计算机是一个硬件与软件协同工作的整体,因此,计算机的性能指标还与计算机其他设备的参数密切相关。除此以外,计算机的兼容性、可靠性、可用性、可维护性、完整性、安全性以及可伸缩性等也是需要考虑的性能指标。

1.1.4 计算机的应用领域

随着计算机技术的不断发展和功能的不断增强,计算机的应用领域越来越广泛,应用水平也越来越高。尤其是伴随着通信技术、网络技术的空前发展和普及推广,计算机的应用已经渗透人类生活的方方面面,改变着人们传统的工作、学习和生活方式,推动着人类社会的不断发展。总体来说,计算机主要有以下几个方面的应用。

1. 科学计算

计算机是为科学计算的需求而发明的,科学计算也称数值计算,是指用于完成科学研究和工程技术中提出的数学问题的计算,是计算机最早也是最基本的应用领域。科学计算所解决的是科学研究和工程技术中提出的一些复杂的数学问题,计算量大而且精度要求高,只有具有高速运算能力和大存储容量的计算机系统才能完成。随着现代科学技术的进一步发展,数值计算在现代科学研究中的地位不断提高,在尖端科学领域中显得尤为重要。例如,人造卫星轨迹的计算,房屋抗震强度的计算,火箭、宇宙飞船的研究设计,气象预报等都离不开计算机的精确计算。如果没有计算机系统高速而又精确的计算,许多现代科学是难以发展的。

2. 数据处理

数据处理也称非数值处理或事务处理,是指用计算机对社会和科学研究中的大量信息进行收集、转换、分类、排序、统计、传输、制表和存储等操作,是计算机应用最广泛的领域之一。数据处理与科学计算相比,数据处理的特点是数据输入和输出的信息量大,而其中包含的计算则相对简单一些。目前,使用计算机进行信息处理已经非常普遍。例如,人事管理、库存管理、财务管理、图书资料管理、商业数据交流、情报检索和经济管理等。信息处理已成为当代计算机的主要任务,是现代化管理的基础。

3. 过程控制

过程控制也称实时控制或自动控制,是指利用计算机及时采集检测数据,按最佳值迅速地对控制对象自动控制或自动调节,如对数控机床和生产流水线的控制。它不需人工干预,能按人预定的目标和预定的状态进行控制。使用计算机进行过程控制可大大提高控制的实时性和准确性,提高劳动效率和产品质量,降低成本,缩短生产周期。目前,过程控制被广泛用于操作复杂的钢铁工业、石油化工业和医药工业等生产中。计算机自动控制还在国防和航空航天领域中起决定性作用。

4. 计算机辅助系统

计算机辅助系统是以计算机为工具,配备专用软件辅助人们完成特定任务的系统,以提高工作效率和工作质量。计算机辅助系统包括计算机辅助设计、计算机辅助制造、计算机辅助教学等。

计算机辅助设计(Computer Aided Design,CAD)是指用计算机及其图形设备帮助设计人员进行设计工作,在工程和产品设计中,计算机可以帮助设计人员担负计算、信息存储和制图等工作。在设计中通常要用计算机对不同方案进行大量的计算、分析和比较,以决定最优方案,各种设计信息,不论是数字、文字还是图形的,都能存放在计算机的内存和外存里,并能快速检索。设计人员通常用草图开始设计,将草图变为工作图的繁重工作可以交给计算机完成,由计算机自动产生的设计结果,可以快速用图形显示出来,使设计人员及时对设计做出判断和修改。CAD能够帮助设计人员选择最佳的设计方案,大大缩短新产品的设计与试制周期,将方案转变成生产图纸等。

计算机辅助制造(Computer Aided Manufacturing,CAM)是指用计算机利用已有数据或者通过CAD技术获得的数据,对生产设备进行操作、管理和控制。例如,在产品的制造过程中,用计算机控制设备的运行,采集数据,控制原材料、部件、半成品的流动,对产品进行检验等。采用计算机辅助制造技术可以提高产品质量、降低成本、缩短生产周期、降低劳动强度。

计算机辅助教学(Computer Assisted Instruction,CAI)是指利用计算机模拟教师的教学行为进行授课,学生通过与计算机的交互进行学习并自测学习效果。计算机可以按不同级别、不同进度、不同的授课对象,有针对性地为学习者提供教学内容,在教学过程中由系统或者学习者本人调节课程进度,使学习效果达到最佳。CAI 是为适应信息化社会对教学的要求而出现的一种新的教学模式和教学方法,是提高教学效率和教学质量的新途径。CAI 不仅广泛应用于教学环节,而且也广泛应用于实验环节。例如,宇航员、飞行员、汽车驾驶员等都可以在相应的模拟器中进行训练,这样做既可以节省投入的费用,又可以提高人身安全。

5. 人工智能

人工智能(Artificial Intelligence,AI)是计算机应用中处于前沿地位的一个重要分支,或者说是高层次的应用。人工智能是指用计算机模拟实现人的某些智能行为,包括专家系统、模式识别、机器翻译、自动定理证明、自动程序设计、智能机器人和知识工程等。专家系统包含知识库和推理机两个部分,能在某个特定领域内使用大量专家的知识,去解决需要专家水平方能解决的某些问题。例如,某些大型设备的诊断维护系统、中医专家系统及能分析物质分子结构的专家系统等。

利用计算机对物体图像、语音和文字等信息模式进行自动识别,称为模式识别。现在对西文和汉字的自动识别率已经很高,颇具使用价值。对有限语音的识别能力也已达到可用语言指挥计算机的某些操作的程度。

6. 计算机网络

计算机网络是现代计算机技术与通信技术高度发展和密切结合的产物,它利用通信设备和线路将地理位置不同、功能独立的多个计算机系统互连起来,以功能完善的网络软件实现网络中资源共享和信息传递的系统。人们可以通过计算机网络实现资源共享,可以在网上传送文字、数据、图片、声音和影像,可以实现数据与信息的查询、通信服务、电子教育、电子娱乐、电子商务、远程医疗、交通信息管理等。

人类已经进入信息社会,处理信息的计算机和传输信息的计算机网络组成了信息社会的基础。各种各样的计算机局域网在企业、学校、政府机关甚至家庭中起着举足轻重的作用,全球最大的计算机网络是因特网(Internet),通过因特网传递信息既快捷又方便,因特网把整个地球变成了一个小小的地球村。

7. 电子商务

电子商务(Electronic Commerce)是指以信息网络技术为手段,以商品交换为中心的商务活动,也可理解为在因特网开放的网络环境下,基于浏览器/服务器应用方式,买卖双方不谋面地进行各种商贸活动,实现消费者的网上购物,客户之间的网上交易和在线电子支付以及各种商务活动、交易活动、金融活动和相关的综合服务活动的一种新型的商业运行运营模式。电子商务涵盖的范围很广,一般可分为企业对企业(Business-to-Business,B2B),或企业对消费者(Business-to-Consumer,B2C)两种,另外还有消费者对消费者(Consumer-to-Consumer,C2C)。

8. 文化教育

利用信息高速公路实现远距离双向交互式教学和多媒体结合的网上教学方式,为教育带动经济发展创造了良好的条件,它改变了传统的以教师课堂传授为主、学生被动学习的方式,使学习内容和形式更加丰富灵活,同时也加强了信息处理、计算机、通信技术和多媒体等方面内容的教育,提高了全民族的文化素质与信息化意识。

1.2 计算机硬件系统

　　计算机系统由硬件系统和软件系统两大部分组成。所谓硬件即组成计算机的实际物理器件,是人们看得见摸得着的计算机实体部分,是构成计算机系统的物质基础;所谓软件即用于管理、维护、使用和开发计算机功能的各种程序、数据以及信息的集合,是人们无法用感官直接感觉却确实客观存在的部分,是计算机硬件功能的扩充。软件系统建立和依托在硬件系统基础之上,没有先进的硬件系统就无法应用高层次的软件系统。

　　随着电子技术,尤其超大规模集成电路的发展,计算机的硬件指标已发生翻天覆地的变化,但计算机系统的硬件结构未发生根本性变化,仍采用冯·诺依曼计算机体系结构,在计算机硬件系统中通常把运算器、控制器和寄存器合称为中央处理器,简称 CPU,而中央处理器和内存储器合称为主机,主机以外的部分称为外部设备,外部设备包括输入设备、输出设备和外部存储器。计算机硬件系统的基本组成如图 1-6 所示。

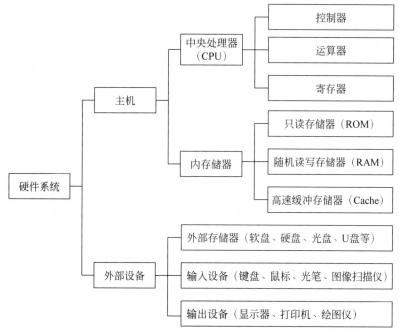

图 1-6　计算机硬件系统的基本组成

1.2.1 处理器

1. 中央处理器概念

　　中央处理器(Central Processing Unit,CPU)即中央处理单元,也称微处理器(Microprocessor),是一块超大规模的集成电路,主要包括运算器、控制器和寄存器等,所有组成部分被封装在一块面积仅几平方厘米的半导体芯片上,尽管体积很小,但它是一台计算机的运算核心和控制核心,负责整个系统指令的执行、算术与逻辑运算、数据的存储与传送控制及对内对外输出控制等。

图 1-7　酷睿 i7 CPU

CPU 芯片是信息产业的基础部件,也是武器装备的核心器件。目前,市场上具有生产 CPU 能力的公司有很多家,如 Intel、AMD、IBM、国产龙芯、VIA 中国威盛等,但是占领市场绝大份额的是 Intel 公司和 AMD 公司的 CPU,我国目前还缺少具有自主知识产权的 CPU 技术和产业。图 1-7 为 Intel 公司生产的酷睿 i7 CPU 示意图。

2. 中央处理器性能指标

CPU 的性能直接反映了它所配置计算机的整体性能,了解和掌握 CPU 的性能指标对选购和使用计算机很有帮助。CPU 的主要性能指标包括以下几个方面。

(1)主频。也叫时钟频率,表示在 CPU 内数字脉冲信号震荡的速度。CPU 的主频由几兆赫发展为目前的几吉赫、几十吉赫,未来可能会更高。一般来说,主频越高,CPU 的运算速度越快。如 Intel 酷睿 i7 CPU 主频达到 4GHz。

(2)字长。一次 CPU 操作所能处理数据的位数。字长越长,运算精度越高,数据处理速度越快。世界上第一个 CPU Intel 4004 的字长只有 4 位,后逐渐发展到 8 位、16 位、32 位、64 位。目前市面上的大部分 CPU 都是 64 位处理器。

(3)制造工艺。在硅材料上生产 CPU 时内部各元器件之间的连线宽度,宽度越小,意味着在同样大小面积上可以拥有密度更高、功能更复杂的电路设计。微电子技术的发展与进步主要是依靠工艺技术的不断改进,使得器件的特征尺寸不断缩小,从而集成度不断提高,功耗降低,器件性能得到提高。芯片制造工艺在 1995 年以后,从 $0.5\mu m$、$0.35\mu m$ 发展到如今的 7nm(1mm 等于 $1000\mu m$,$1\mu m$ 等于 1000nm)。

(4)缓冲存储器。位于 CPU 和内存之间的临时存储器,容量比内存小,但存取速度比内存要快得多。设置缓存的主要目的是解决 CPU 快速运算与内存慢速读写之间不匹配的矛盾。目前流行的 CPU 都采用三级缓存,但是从 CPU 芯片面积和成本的因素考虑,缓存都很小。例如,AMD FX-8350 CPU 的一级缓存只有 128KB、二级和三级缓存也仅仅为 8MB。

(5)内核数量。到 2005 年,当 CPU 主频接近 4GHz 时,Intel 和 AMD 发现,单纯的主频提升已经无法明显地提升系统整体性能。2006 年,Intel 基于酷睿架构的处理器发布,AMD 也发布了双核皓龙和速龙处理器,掀起了"多核 CPU"使用热潮。目前 CPU 芯片往往都包含 2 个、4 个、6 个或更多个 CPU 内核,每个内核都是一个独立的 CPU,有各自的一级、二级 Catch。在操作系统支持下,多个 CPU 内核并行工作,内核越多,CPU 芯片的整体性能越高。

3. 中央处理器基本组成

中央处理器主要由算术逻辑单元(Arithmetic and Logic Unit,ALU)、控制器(Control Unit,CU)、寄存器堆等组成。

（1）算术逻辑单元（ALU）。也称运算器，是 CPU 的核心，负责完成算术运算如加、减、乘、除等运算，逻辑运算如与、或、非、异或和移位运算。当前所有 CPU 中的二进制数都以补码形式表示。

（2）控制器（CU）。发出持续控制信号，从内存取指令和执行指令，调度和协调计算机各个部件完成相应操作，由指令寄存器（Instruction Register，IR）、指令密码器（Instruction Decoder，ID）、操作控制器（Operation Controller，OC）和程序计数器（Program Counter，PC）等部件组成，其作为"决策机构"，主要任务就是发布命令，发挥着整个计算机系统操作的协调与指挥作用。指令寄存器存放正在执行的指令。指令密码器对指令所做的操作进行解释。操作控制器发出操作控制信号控制指令的执行。程序计数器（也称指令指针）指明即将执行的下一条指令的地址。

（3）寄存器（Register）。能够进行高速读写的存储元件，用来暂存指令、数据和地址。它主要包括通用寄存器、数据寄存器、地址寄存器、指令寄存器 IR 和程序计数器 PC 等，还包括一些特殊寄存器，如用来存放运算过程中间结果的寄存器——累加器（Accumulator，ACC）、表示当前指令执行结果的各种状态信息的状态寄存器、暂存内存储器的指令或控制信息的数据缓冲寄存器（Data Buffer Register，DBR）、存放内存地址的存储器、地址存储器（Memory Address Register，MAR）等。

1.2.2　存储系统

1. 存储系统层次结构

在计算机中，CPU 运算的速度很快，而存取数据的速度很慢。当 CPU 要处理数据时，计算机必须把存储在硬盘等辅助存储设备中的程序或数据读取到主存储器中进行使用，反之亦然。为了提高系统的使用效率，就要把各种不同存储容量、不同存取速度、不同价格的存储器按照层次结构组成多层的存储结构，并通过管理软件和辅助硬件有机组合成一个存储系统，有效解决存储器的速度、容量、价格之间的矛盾。目前，计算机系统通常采用三级层次结构来构成存储系统，主要由高速缓冲存储器、主存储器和辅助存储器构成，如图 1-8 所示。其中，缓冲存储器（Cache）位于 CPU 和主存之间，用来保存 CPU 将要处理的指令和数据以及 CPU 运行过程中重复访问的指令和数据，减少 CPU 直接访问速度较慢内存的次数。

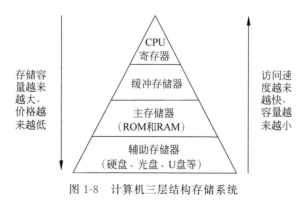

图 1-8　计算机三层结构存储系统

在主存储器和辅助存储器之间,通常还设置虚拟存储器,其目的是扩大内存容量。原因在于,计算机中运行的程序均需经过内存执行,如果执行的程序占用内存很大,则会导致内存消耗殆尽。为此,通过借用硬盘空间来充当内存使用,弥补内存空间不足的问题,例如,运行大型软件或者大型游戏时可能会提示"内存空间不足,无法完成此操作"之类的提示信息,原因可能是内存或虚拟内存不足引起的,这时可通过设置系统的"虚拟内存"解决。

2. 主存储器

主存储器,又称内存,主要用来存放当前系统正在运行的程序数据,各种输入输出数据和中间计算结果以及与外部存储器交换信息时作缓冲使用。由于 CPU 只能直接处理内存中的数据,所以内存是计算机系统中不可或缺的部件,内存的性能直接影响计算机系统的运行速度、稳定性和兼容性。

计算机内部存储器有两种类型,一种是只读存储器(Read Only Memory,ROM),另一种是随机存储器(Read Access Memory,RAM)。

(1) 只读存储器。一种只能从存储器读取信息而不能写入信息的存储器,ROM 中的内容是在系统预先设定好的,机器启动时自动读取 ROM 中的内容。因此,ROM 主要用于存放固化的控制程序,如主板的 BIOS 程序。

(2) 随机存储器。一种随时可以从内存中读取或写入信息的存储器,主要用来存放当前要使用的操作系统、应用程序、输入输出数据及中间计算结果等。

RAM 与 ROM 有显著的区别:RAM 只能临时存储信息,一旦断电信息立即消失;ROM 在断电情况下也可以存储信息。

在计算机中存储数据使用的存储单位有位、字节和字。

(1) 位(bit)。计算机中存储数据的最小单位,用来存储一个 0 或 1 的二进制位。

(2) 字节(Byte,简记为 B)。内存的最小编址单位,一般由连续的 8 位构成,计算机中数据的处理和传输都是按字节的整数倍进行的。

(3) 字(Word)。由若干个字节组成,指计算机作为一个整体一次存取数据的量。例如,8 位机的存储字是 8 位字长,即一个字节。

为了更方便地表示计算机的存储容量,通常使用 KB、MB、GB、TB、PB、EB 等计量单位,其换算关系如下:

$1\text{KB}=1024\text{B}=2^{10}\text{B}$

$1\text{MB}=1024\text{KB}=2^{20}\text{B}$

$1\text{GB}=1024\text{MB}=2^{30}\text{B}$

$1\text{EB}=1024\text{GB}=2^{40}\text{B}$

$1\text{PB}=1024\text{TB}=2^{50}\text{B}$

$1\text{EB}=1024\text{PB}=2^{60}\text{B}$

在计算机系统中,无论是数据还是程序,都以存储字的形式保存在存储器中。一般情况下,存储器由若干个存储单元构成,每个存储单元由若干个存储位构成,图 1-9 表示将字符串"AB"存放在内存连续的一块存储空间中。注意,该存储单元以一个字节,即 8 位作为基本存储单元,41H 为字母"A"的十六进制表示,用 8 位二进制表示。

将以上介绍的存储单元经过封装并进行相应的处理就产生了日常使用的内存条。图 1-10 为台式机和笔记本电脑的内存条。

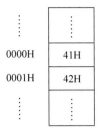
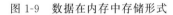

内存地址　存储单元

⋮	⋮
0000H	41H
0001H	42H
⋮	⋮

图 1-9　数据在内存中存储形式　　　　　图 1-10　台式机和笔记本电脑的内存条

内存是计算机必不可少的组成部分,除少量操作系统中必不可少的程序常驻内存外,日常使用其他程序和数据都必须调入内存才能真正发挥作用。因此,内存条的性能直接影响计算机的整体性能。影响内存条性能的因素主要有以下几个方面。

1) 内存容量

计算机的内存容量通常是指 RAM 的容量,是内存条的关键性参数。内存的容量一般是以 2 的整次方幂进行计算,以字节为单位,如 4GB、8GB 等。系统中内存的容量等于插在主板内存插槽上所有内存条容量的总和。计算机的内存容量太小,一定会影响计算机运行的速度,但也不能一味地增加内存容量来提高速度,当内存容量达到一定的数量时对计算机性能的影响就不明显,反而浪费计算机资源。

内存容量的上限受计算机主板芯片组和插槽数量(即使用的主板类型)的限制。实践证明,单条内存要明显好于多条内存,无论在速度上还是出错概率上都优越得多。

2) 内存类型

不同的内存在传输率、工作效率、工作方式以及工作电压等方面都存在差异。目前,市场上的内存条主要有 DDR3 和 DDR4 两种类型。DDR3 和 DDR4 的插槽是不一样的,DDR4 频率更高、速度更快、容量更大、性能更好,将逐渐取代 DDR3。

3) 内存主频

内存主频和 CPU 主频一样,用来表示内存的速度。正常情况下,内存主频越高,内存所能达到的速度越快。目前,主流的 DDR4 内存主频能达到 3600MHz。

3. 辅助存储器

辅助存储器,即外存储器,是指除内存和缓冲存储器以外的存储器,此类存储器一般断电后仍然能保存数据,因此用来长期保存信息。常见的外存储器有硬盘、光盘、U 盘以及远程存储器,如云存储、分布式文件存储等。

1) 硬盘

硬盘指的是固定硬盘,是电脑的主要存储设备,主要由磁盘盘片、读写磁头、马达底座、电路板组成,如图 1-11 所示。

主轴

传动手臂

磁盘盘片

读写磁头

传动轴

图 1-11　硬盘

　　硬盘以扇区大小的块来读写数据,扇区的访问时间包括寻道时间、旋转时间以及传送时间。目前,普通硬盘的转速有 5400r/min,7200r/min,服务器硬盘能够达到 10 000r/min 和 15 000r/min。硬盘容量有记录密度、磁道密度以及面密度来决定,磁盘每个存储表面被划分成若干个同心圆磁场,每到划分成一组扇区,每个扇区包含相同的数据位。与盘片中心主轴距离相等的磁道构成柱面。

　　硬盘的存储容量=磁头数(表示盘面数)×柱面数(表示每个盘面的磁道数)×扇区数(表示每个磁道的扇区数)×扇区大小(一般为 512B)。

　　硬盘分为固态硬盘(SSD)、机械硬盘(HDD)、混合硬盘(HHD)。SSD 采用闪存颗粒来存储,具有读取速度快、抗震性能强、功耗低、携带方便、噪声小等优点,然而它的容量和寿命还具有一定的限制,价格相对较高。HDD 采用磁性碟片来存储,是基本的电脑存储器,常见的 HDD 容量在几十吉字节到几太字节之间不等。SHD 是把磁性硬盘和闪存集成到一起的一种硬盘,它是一种折中方案,既可以提高容量和读写性能,又能够降低功耗和价格。

　　2) 光盘

　　光盘存储器是由光盘和光盘驱动器两部分组成,光盘是存储介质,光盘驱动器是光盘的读写设备。由于多媒体系统技术的兴起,光盘存储介质作为一种新型的计算机信息存储介质应运而生,光盘驱动器作为计算机外部设备也得到相应发展。与软盘相比,光盘具有容量大的特点;与硬盘相比,光盘具有可移动、携带方便、价格低点的优点,此外光盘上的数据不易丢失,适于长期保存数据。

　　目前使用的光盘主要包括 CD、DVD、BD(蓝光光盘)三种。CD 的容量通常为 700MB 左右,DVD 的单片容量达到 4.7GB,BD 的单片容量达到 25GB 或 27GB。这三种光盘都可以分为只读式(ROM)、可记录式(R)和可重复擦写式(RW)三种类型。只读式光盘是在出厂时就已经写入内容,用户只能读取其中的内容;可记录式光盘可以用光盘刻录机将数据一次写入盘片中,但是写入后的数据不能更改和删除;可重复擦写式光盘可以用光盘刻录机反复对光盘上的数据进行更改和删除,这类光盘价格也最高。

　　3) 可移动式存储器

　　目前广泛使用的可移动式存储器主要有移动硬盘、U 盘(优盘、闪存盘)和存储卡,如图 1-12 所示。

(a) 移动硬盘

(b) U盘

(c) 存储卡

图 1-12　可移动存储器

1.2.3　主板

主板是计算机的重要部件之一,是 CPU 与其他设备沟通的桥梁,主要包含印刷电路板、芯片组扩展插槽接口以及其他电子元件。它的核心部分是芯片组,芯片组与CPU 协同工作决定计算机的整体性能,此外主板上还包括定时部件提供时序信号,如时钟发生器等,主机上的设备与外部设备都可以通过主板的连接实现与 CPU 相连接,统一由 CPU 控制主板,如图 1-13 所示。

1.2.4　输入输出设备

输入输出设备(Input/Output Device)是人与计算机直接对话的工具,是人机联系的桥梁,又称为 I/O 设备。

图 1-13　主板

1. 输入设备

输入设备是计算机从外部获得信息的设备,如程序、数据、文字、图形、声音、影像等。输入设备可以把信息转换成电信号,通过接口电路送入到计算机中,并将其转换成计算机能够接收和识别的信息形式,如二进制代码,并按照一定规则将信息送入存储器中。常用的输入设备有键盘、鼠标器、扫描仪、数字化仪、光笔、触摸屏等。

2. 输出设备

输出设备是将计算机处理后的数据、计算结果等内部信息,转换成人或其他设备所接收和识别的信息形式展示出来,如文字、图像、表格、声音等。常用的输出设备有显示器、打印机、绘图仪等。

1.3　计算机软件系统

软件是在解决具体问题过程中,与计算机操作有关的程序、数据与文档。计算机软件按性质和功能划分为系统软件与应用软件两大类。

1.3.1　系统软件

系统软件是指为计算机提供管理、控制、维护等最基本的功能的软件,它可以使计算机硬件协调工作,如操作系统、语言处理程序、数据库管理以及辅助程序等。

1. 操作系统

操作系统(Operating System,OS)是控制和管理计算机系统,合理组织计算机工作流程,为用户提供高效服务的计算机软硬件资源的程序。主流的操作系统有 Windows、UNIX、Linux、Mac OS、iOS、Android、WP(Windows Phone)、Chrome OS 等。

2. 语言处理程序

应用软件是采用高级语言编写的,它不能直接在计算机上运行,只有机器语言级二进制机器指令能够直接被硬件识别和执行,高级语言编写的程序必须通过翻译程序翻译为直接在计算机上执行的机器指令。每一种高级语言都有其对应的翻译程序,也称语言处理程序,功能是将源程序转换成计算机能识别的目标程序。语言处理程序有汇编语言、编译程序和解释程序。其中,编译程序的功能是在程序运行之前,将高级语言程序一次性翻译为等价的机器语言形式的目标程序。解释是指运行某一级机器的程序时,将程序中的指令逐一、实时地提交计算机执行的过程。

3. 数据库管理软件

数据库管理软件是一种具有数据库控制和管理功能,并能保证数据安全性和完整性的软件系统,主要包含数据库建立、数据库操控和数据库维护三个功能。数据库管理软件是数据库系统正确运行的关键。用户借助数据库管理软件对数据库进行增加、修改、查询、删除等操作,数据库管理员借助数据库管理软件对数据库进行维护。主流的数据库管理软件有Microsoft SQL Server、Oracle、Access、DB2、MySQL 等。

4. 辅助程序

辅助程序是为特定目的而开发的,用于协调操作系统与应用软件使用的程序。其主要有测试程序、连接程序、调试程序等。

1.3.2　应用软件

应用软件是根据用户自身需求开发的、能够解决特定问题、帮助用户提高工作质量和效率,如办公软件、商务软件、多媒体软件、分析软件、游戏软件等。

1. 办公软件

办公软件是指具备文字处理、表格制作、幻灯片制作、图形图像处理、阅读和翻译等功能的办公自动化软件。办公软件朝着操作简单化、功能细化等方向发展。目前常用的办公软件有微软的 Office 系列办公软件、金山的 WPS 系列办公软件、Adobe 的 PDF 阅读器等。

2．多媒体软件

多媒体软件是指编辑、管理和展示图形图像、视频、动画、音频等素材的多媒体工具。主要包括图形绘制、图像加工、音频编辑、动画制作等软件，如 Photoshop、Premier、Flash、Dreamweaver、Maya 等。

3．分析软件

分析软件是指进行各种统计数据分析、管理、数据挖掘与预测的软件。

4．游戏软件

游戏软件是指采用动画制作与程序设计结合起来的软件产品。其主要包括动作类游戏、模拟类游戏、策略类游戏、竞赛类游戏、休闲游戏等。

5．商务软件

商务软件是指帮助企业完成财务统计、企业策划、企业规划、资源管理等功能的软件。

其他的常用应用软件还包括聊天工具软件、浏览器软件、下载软件、系统工具软件、安全杀毒软件等。

1.3.3　计算机操作系统

计算机操作系统是计算机系统中最重要的系统软件，是对计算机硬件的首次扩充，也是计算机硬件与软件之间的接口，其他软件都依赖操作系统才能运行，具有承上启下的作用。计算机系统中硬件与软件之间的层次关系如图 1-14 所示。

图 1-14　计算机系统中软件与硬件的层次关系

操作系统是计算机系统的核心，它直接监管计算机软件和硬件资源、协调和控制计算机有效工作，为用户提供良好的交互界面和多样化的服务。

1．操作系统的发展

1）单用户单任务操作系统

每次只有一个用户使用，该用户一次只能提交一个作业，一个用户独自享用系统的全部硬件和软件资源的操作系统称为单用户操作系统。典型的单用户单任务操作系统有 MS-DOS、PC-DOS 操作系统。

2）单用户多任务操作系统

同一时间只能有一个用户使用，该用户一次可以提交多个任务的操作系统，称为多用户操作系统，也就是说，一台计算机可以供多个用户使用，其中一个用户拥有管理系统资源与其他用户的权限。典型的单用户多任务操作系统是 Windows 操作系统。

3）多用户多任务操作系统

一台计算机可以有多个用户同时使用，并且同时可以执行多个用户提交的多个任务的操作系统称为多用户多任务操作系统。典型的多用户多任务操作系统有 UNIX 和 Linux 操作系统。

2. 操作系统的基本功能

操作系统的基本功能包括处理器管理、存储管理、设备管理以及文件管理。

1) 处理器管理

处理器管理也称 CPU 管理,对整个计算机系统的性能具有直接的影响。处理器管理最基本的功能是处理中断事件。处理器只能发现中断事件并产生中断而不能进行处理。配置了操作系统后就可对各种事件进行处理。处理器管理的另一功能是处理器调度。处理器可能是一个,也可能是多个,不同类型的操作系统将针对不同情况采取不同的调度策略。

2) 存储管理

存储管理主要实现对计算机内存资源的管理,为多道程序的运行提供支持。计算机内存容量是有限的,当多道程序共享有限的内存资源时,容易出现一些问题,如内存空间分配问题,内存中的程序和数据之间实现相互独立和资源共享等问题。当内存容量不能满足需求时,需要对内存容量在逻辑上进行扩充,即通过对内存和外存进行统一管理实现虚拟存储器的方式来解决,从而为用户提供一个容量比实际内存更大的存储空间。存储管理的主要功能包括内存分配、地址映射、内存保护和内存扩充。

3) 设备管理

现代计算机 I/O 设备众多,并且在功能和性能上差异较大,操作和信息处理速度也不同,设备管理是指对 I/O 系统中的 I/O 设备进行的管理,为用户的 I/O 请求提供服务,提供 I/O 系统的服务速度以及 I/O 的利用率。设备管理为用户提供一个良好的界面,使用户不必涉及具体设备以及接口的特性,就可以方便地对设备进行操作。

4) 文件管理

文件管理是针对系统中的文件、目录和存储空间的管理。计算机系统中的程序和数据通常以文件的形式存放在外部存储器上,需要时再将它们载入内存。文件管理的主要功能包括文件存储空间的管理、目录管理、文件的读写和存取控制文件系统的安全管理。

文件是存储在存储设备上的相关数据的集合,文件由若干描述实体集的记录所组成,记录又由描述对象具体属性的数据项组成。文件具有多种属性,包括类型、长度、创建时间、存放目录等信息。文件的基本操作包括创建、删除、读、写、打开、关闭等。文件具有逻辑结构和物理结构(也称存储结构)两种结构。其中,逻辑结构分为流式文件(也称无结构文件)和记录式文件(也称有结构文件),流式文件的基本单位是字符或字节,记录文件的基本单位是记录。文件的物理结构与所采用的外存分配方式相关,主要有顺序结构、链接结构、索引结构等。

文件具有多种不同的分类方式,根据文件实现功能可以分为系统文件、库文件和用户文件;根据文件保护程度分为只读文件、只写文件、可读可写文件、可执行文件等;根据文件数据的形式分为源文件、目标文件、可执行文件;根据文件保存时间长短分为临时文件和永久文件。文件采用文件名进行标识,文件名的一般格式为"文件名.扩展名",扩展名用来识别文件的类型文件。文件名中可以包含字母、汉字、数字和部分符号,采用通配符可以给文件的操作带来方便,常用的有"＊"代表一个可用字符串,"?"代表一个可用字符。

3．计算机系统的发展

常用的系统有 DOS 操作系统、Windows 操作系统、UNIX 操作系统和 Linux、Netware 等操作系统。

1）DOS 操作系统

DOS 是 1979 年由微软公司为 IBM 个人电脑开发的 MS-DOS，它是一个单用户单任务的操作系统。最初的版本 DOS 1.0 是在 1981 年 8 月发行的，它由 4000 行汇编语言源代码组成，使用 Intel 8086 处理器运行在 8KB 的内存中。

微软公司在 1983 年发布了 DOS 2.0，它包含对硬盘的支持，并提供了层次目录。在此之前，磁盘只能包含一个目录，最多支持 64 个文件。1984 年微软发布了 DOS 3.0，对存储器的要求增长到了 36KB。随着 80486 的引入，Intel Pentium 芯片提供的功能已经不能用简单的 DOS 来开发。

后来 DOS 的概念也包括了其他公司生产的与 MS-DOS 兼容的系统，如 PC-DOS、DR-DOS 等，它们于 1985—1995 年及其后的一段时间内占据操作系统的统治地位。最著名和广泛使用的 DOS 系统在 1981—1995 年的 15 年间微软在推出 Windows 95 之后，宣布 MS-DOS 不再单独发布新版本。不过 Free DOS 等与 MS-DOS 兼容的 DOS 则在继续发展着。

2）Windows 操作系统

Microsoft Windows 操作系统是美国微软公司研发的一套操作系统，它问世于 1985 年，起初仅仅是 Microsoft-DOS 模拟环境，后续的系统版本由于微软不断地更新升级，不但易用，也慢慢地成为家家户户最喜爱的操作系统。

Windows 1.0 是微软公司第一次对个人电脑操作平台进行用户图形界面的尝试，于 1985 年开始发行，基于 MS-DOS 操作系统。Windows 3.0 系列是 Windows 在桌面 PC 市场开疆扩土的头号功臣，20 世纪 90 年代微软的飞黄腾达完全仰仗 Windows 3.0 的汗马功劳。Windows 3.0 具备了模拟 32 位操作系统的功能，图片显示效果大有长进，对当时最先进的 386 处理器有良好的支持。Windows 98 是一个发行于 1998 年 6 月 25 日的混合 16 位/32 位的 Windows 系统，最大特点就是把微软的 IE 浏览器技术整合到了 Windows 里面，从而更好地满足了用户访问 Internet 资源的需要。为了适应桌面版个人用户的不同需求，微软于 2009 年发布的 Windows 7 分成了几个不同的版本打包出售，用户可以根据自己的需求来选择一个合适的版本，如家庭基本版、家庭高级版、专业版、企业版、旗舰版。同时，微软也提供了主流的 32 位版本和 64 位版本的 Windows 7 供用户选择。

2015 年 7 月 29 日 12 点起，Windows 10 推送全面开启。2015 年 9 月 24 日，百度与微软正式宣布战略合作，百度成为中国市场上 Windows 10 Microsoft Edge 浏览器的默认主页和搜索引擎。

3）UNIX 操作系统

UNIX 操作系统是一个强大的多用户多任务操作系统，支持多种处理器架构，按照操作系统的分类属于分时操作系统，最初是在 1970 年由贝尔实验室开发的。它的商标权由国际开放标准组织所拥有，只有符合单一 UNIX 规范的 UNIX 系统才能使用 UNIX 这个名称，否则只能称为类 UNIX(UNIX-like)。

4) Linux 操作系统

Linux 开始是用于 IBM PC(Intel 80386)结构的一个 UNIX 变种,最初的版本是由芬兰一名计算机学科专业的学生 Linus Torvalds 写的。1991 年 Torvalds 在 Internet 上公布了最早的 Linux 版本,从那以后,很多人通过在 Internet 上的合作,为 Linux 的发展做出了贡献。由于 Linux 是一套免费使用和自由传播的类 UNIX 操作系统,是一个基于 POSIX 和 UNIX 的多用户多任务、支持多线程和多 CPU 的操作系统,因而,它成为其他诸如 Sun 公司和 IBM 公司提供的 UNIX 工作站的较早的替代产品,它能运行主要的 UNIX 工具软件、应用程序和网络协议,它支持 32 位和 64 位硬件。Linux 继承了 UNIX 以网络为核心的设计思想,是一个性能稳定的多用户网络操作系统。

5) Netware 操作系统

Netware 是 NOVELL 公司推出的网络操作系统。Netware 最重要的特征是基于基本模块设计思想的开放式系统结构。Netware 是一个开放的网络服务器平台,可以方便地对其进行扩充。Netware 系统对不同的工作平台(如 DOS、OS/2、Macintosh 等),不同的网络协议环境如 TCP/IP 以及各种工作站操作系统提供了一致的服务。该系统内可以增加自选的扩充服务(如替补备份、数据库、电子邮件以及记账等),这些服务可以取自 Netware 本身,也可取自第三方开发者。

1.4　计算机中的信息表示

计算机可用来处理各种形式的数据,这些数据可以是数字、字符或汉字,它们在计算机内部都是采用二进制数来表示的,下面介绍计算机使用的数字和常用编码。

1.4.1　计算机的数制

按进位的原则进行计数的方法叫作进位计数制,简称数制。日常生活中大都采用十进制计数,但在不同场合亦会使用不同的进制,如在计算时间时会用到六十进制,在计算角度时会用到三百六十进制,而计算机中的信息采用二进制数,主要原因包括便于实现、运算简单、机器可靠性高与通用性强等。

一种数制有两个基本要素:基数和位权。基数是每种数制包括的数字符号的个数,如十进制包括 0、1、2…9 十个记数术符号,它的基数是 10。数码所处的位置不同,代表的数值也不同。如十进制数中个位上的 1 代表 1,十位上的 1 代表 10,百位上的 1 代表 100 等,数值与位置有关。每个位置上的单位值叫作位权,位权的大小是以基数为底,数码所在位置的序号为指数的整数次幂,其中位置序号排列规则为:小数点左边,从右向左分别为 0、1、2 等;小数点右边,从左向右分别为 -1、-2、-3 等。如十进制的个位 a 的位置号为 0,位权是 10^0;十位数位置号为 1,位权为 10^1;小数点后第 1 位的位置号为 -1,位权为 10^{-1}。下面介绍几种常用的数制。

1. 十进制数

十进制主要特点如下:

有十个数字符号：0、1、2、3、4、5、6、7、8、9。

计数规则：逢十进一，借一当十。

例 1-1　十进制数 765.432。

$$765.432 = 7 \times 10^2 + 6 \times 10^1 + 5 \times 10^0 + 4 \times 10^{-1} + 3 \times 10^{-2} + 2 \times 10^{-3}$$

任意一个十进制数可按基数展开为多项式（位权表示法）：

$$(N)_{10} = a_{n-1} \times 10^{n-1} + a_{n-2} \times 10^{n-2} + \cdots + a_1 \times 10^1 + a_0 \times 10^0 + a_{-1} \times 10^{-1} + \cdots + a_{-m} \times 10^{-m}$$

2．二进制数

二进制主要特点如下：

有两个数字符号：0、1。

计数规则：逢二进一，借一当二。

例 1-2　二进制数 1011.11。

$$1011.11 = 1 \times 2^3 + 0 \times 2^2 + 1 \times 2^1 + 1 \times 2^0 + 1 \times 2^{-1} + 1 \times 2^{-2}$$

在计算机中采用的是二进制数。由于二进制只有两种可能的取值，因此在物理上最容易实现，可以用电子元件的两种不同状态来表示。尽管计算机可以处理各种数据和信息，但在计算机内部只能使用二进制数，所有的数值数据和非数值数据都可以看成是 0、1 这两个数字符号的不同组合，所以也称这些组合为"二进制代码"。

使用二进制的一个主要缺点是表示相同的数据要使用更多的位数，为了方便地表示二进制，可以采用八进制或十六进制。

3．八进制数

八进制主要特点如下：

有八个数字符号：0、1、2、3、4、5、6、7。

计数规则：逢八进一，借一当八。

例 1-3　八进制数 257.17。

$$257.17 = 2 \times 8^2 + 5 \times 8^1 + 7 \times 8^0 + 1 \times 8^{-1} + 7 \times 8^{-2}$$

一些编程语言中常常以数字 0 开始表明该数字是八进制。八进制数和二进制数可以按位对应（八进制一位对应二进制三位），因此常应用在计算机语言中。

4．十六进制数

十六进制主要特点如下：

有十六个数字符号：0、1…9、A、B、C、D、E、F。

计数规则：逢十六进一，借一当十六。

例 1-4　十六进制数 14F.A。

$$14F.A = 1 \times 16^2 + 4 \times 16^1 + 15 \times 16^0 + 10 \times 16^{-1}$$

1.4.2　不同数制之间的转换

不同的数制有不同的基数和位权，但它们表示的数值可以相互转换，下面介绍几种常用的数制之间的转换方法。

1. 非十进制转换为十进制

二进制、八进制、十六进制转换为十进制可以采用按权相加法，展开多项式，各项相加。

例 1-5　分别将二进制数 101.01_2、八进制数 37.5_8 和十六进制数 $F3.7_{16}$ 转换为十进制数。

$$(101.01)_2 = 1 \times 2^2 + 0 \times 2^1 + 1 \times 2^0 + 0 \times 2^{-1} + 1 \times 2^{-2} = (5.25)_{10}$$

$$(37.5)_8 = 3 \times 8^1 + 7 \times 8^0 + 5 \times 8^{-1} = (31.625)_{10}$$

$$(F3.7)_{16} = 15 \times 16^1 + 3 \times 16^0 + 7 \times 16^{-1} = (243.4375)_{10}$$

2. 十进制转换为二进制

十进制转换为二进制是将数字的整数部分和小数部分分别转换，再拼接起来。整数部分采用除 2 取余法，把十进制整数除以 2，记录得到的余数和商数，直到商数是零为止。第一次得到的余数为最低位、最后一次得到的余数为最高位；小数部分采用乘 2 取整法，把小数连续乘以 2，记录每次的整数，直到十进制小数为零或满足精度为止。

例 1-6　将 $(25.3125)_{10}$ 转换成二进制数。

结果：$(25.3125)_{10} = (11001.0101)_2$

3. 十进制转换为八进制

如果需要把十进制数转换成八进制数，可以采用"除 8 取余"法。参照前面的"除 2 取余"法，把每次除 2 变成每次除 8，其他过程与十进制转换为二进制的方法相同。

例 1-7　将 $(31.6875)_{10}$ 转换成八进制数。

结果：$31.6875_{10} = 37.54_8$

4．二进制转换为八进制

二进制数与八进制数之间的转换十规则：用三位二进制表示一位八进制数，如表 1-1 所示。

表 1-1　八进制数与二进制数对照表

八　进　制	二　进　制	八　进　制	二　进　制
0	000	4	100
1	001	5	101
2	010	6	110
3	011	7	111

二进制数转换成八进制数，首先以二进制数的小数点为参考点，向左或向右每三位为一组，不足三位用 0 补齐，将每组三位二进制数转换成一位八进制数。

例 1-8　将 $(101011)_2$ 转换成八进制数。

把 101011 进行分组，写成 101,011。二进制数 101 转换为八进制数 5，二进制数 011 转换为八进制数 3。

结果：$(101011)_2 = (53)_8$

5．八进制转换为二进制数

将八进制数转换成二进制数，其过程与二进制数转换成八进制数相反，即将每一位八进制数转换成其等值的三位二进制数，转换结束后去掉最左边多余的 0。

例 1-9　将 $(37)_8$ 转换成二进制数。

与 $(37)_8$ 的每一位相对应的二进制数分别是：011、111。

结果：$(37)_8 = (11111)_2$

6．十进制转换为十六进制

十进制数转换成十六进制数，可以采用"除 16 取余"法。参照前面的"除 2 取余"法，把每次除 2 变成每次除 16，其他过程与十进制转换为二进制的方法相同。

例 1-10　将 $(67)_{10}$ 转换成十六进制数。

```
                              余数
   16 │        67        3
        16 │     4        4
                  0
```

结果：$(67)_{10} = (43)_{16}$

7．二进制转换为十六进制

二进制数与十六进制数之间的转换规则为：用四位二进制数表示一位十六进制数，如表 1-2 所示。

表 1-2　八进制数与二进制数对照表

十 六 进 制	二 进 制	十 六 进 制	二 进 制
0	0000	8	1000
1	0001	9	1001
2	0010	A	1010
3	0011	B	1011
4	0100	C	1100
5	0101	D	1101
6	0110	E	1110
7	0111	F	1111

首先以二进制数的小数点为参考点,向左或向右每四位为一组(不足四位用 0 补齐);将每组四位数用一位十六进制数表示。

例 1-11　将二进制数 110100101 转换成十六进制数。

把 110100101 进行分组,写成 0001,1010,0101。对应的十六进制数分别为:1,A,5。

结果:$(110100101)_2 = (1A5)_{16}$

8. 十六进制转换为二进制

将每位十六进制数用四位二进制数表示,去掉两端多余的 0。

例 1-12　将十六进制数 2E2A 转换成二进制数。

与十六进制数 2E2A 的每一位相对应的二进制数分别是:0010、1110、0010、1010。

结果:$(2E2A)_{16} = (10111000101010)_2$

1.4.3　计算机中的编码

1. 字符编码

计算机中的字符也是用二进制编码表示的,下面介绍常见的 ASCII 码和 Unicode 编码。

1) ASCII 码

ASCII 码(American Standard Code for Information Interchange,美国国家信息交换标准代码)被国际标准化组织(ISO)定为国际标准,称为 ISO 646 标准,适用于所有拉丁文字字母。ASCII 代码对英文中的大写字母、小写字母、数字符号、通用符号(例如:标点符号、运算符号、各种括号、空格符号、常用特殊符号等)、专门符号(各种控制符等)统一进行了编码。

ASCII 码有 7 位码和 8 位码两种形式,ASCII 码于 1968 年提出,用于在不同计算机硬件和软件系统中实现数据传输标准化,大多数小型机和全部个人计算机都使用此码。

因为 1 位二进制数可以表示两种状态:0、1;而 2 位二进制数可以表示 4 种状态:00、01、10、11;依次类推,7 位二进制数可以表示 128 种状态,每种状态都唯一地编为一个 7 位的二进制码,对应一个字符(或控制码),这些码可以排列成一个十进制序号 0~127。所以,7 位 ASCII 码是用 7 位二进制数进行编码的,可以表示 128 个字符。

第 0～32 号及第 127 号(共 34 个)是控制字符或通信专用字符,如控制符:LF(换行)、CR(回车)、FF(换页)、DEL(删除)、BEL(振铃)等;通信专用字符:SOH(文头)、EOT(文尾)、ACK(确认)等。

第 33～126 号(共 94 个)是字符,其中第 48～57 号为 0～9 十个阿拉伯数字;第 65～90 号为 26 个大写英文字母,第 97～122 号为 26 个小写英文字母,其余为一些标点符号、运算符号等。

大小写字母的 ASCII 码之间相差 32,只要记住了一个字母和数字的 ASCII 码(例如记住了 A 的 ASCII 码为 65,0 的 ASCII 码为 48),就可以推算出其余字母和数字的 ASCII 码。

虽然标准 ASCII 码是 7 位编码,但由于计算机基本处理单位为字节(1Byte= 8bit),所以一般仍以一个字节来存放一个 ASCII 字符。每一个字节多余出来的一位(最高位)在计算机内部通常保持为 0(在数据传输时可用作奇偶校验位)。表 1-3 展示了基本 ASCII 对照表。

表 1-3　ASCII 对照表

ASCII 码	键盘	ASCII 码	键盘	ASCII 码	键盘	ASCII 码	键盘
0	NUT	50	2	79	O	108	l
27	ESC	51	3	80	P	109	m
32	SPACE	52	4	81	Q	110	n
33	!	53	5	82	R	111	o
34	"	54	6	83	S	112	p
35	#	64	@	84	T	113	q
36	$	65	A	85	U	114	r
37	%	66	B	86	V	115	s
38	&	67	C	96	`	116	t
39	'	68	D	97	a	117	u
40	(	69	E	98	b	118	v
41	)	70	F	99	c	119	w
42	*	71	G	100	d	120	x
43	+	72	H	101	e	121	y
44	,	73	I	102	f	122	z
45	—	74	J	103	g	123	{
46	.	75	K	104	h	124	|
47	/	76	L	105	i	125	}
48	0	77	M	106	j	126	`
49	1	78	N	107	k	127	DEL

2) Unicode 编码

因为计算机只能处理数字,如果要处理文本,就必须先把文本转换为数字才能处理。最早的计算机在设计时采用 8 个比特(bit)作为一个字节(byte),所以,一个字节能表示的最大的整数就是 255(二进制 11111111 等于十进制 255),0～255 被用来表示大小写英文字母、数字和一些符号,这个编码表被称为 ASCII 编码,例如大写字母 A 的编码是 65,小写字母 z 的编码是 122。

如果要表示中文,显然一个字节是不够的,至少需要两个字节,而且还不能和 ASCII 编码冲突,所以,中国制定了 GB2312 编码,用来把中文编进去。

类似的,日文和韩文等其他语言也有这个问题。为了统一世界上各种文字符号的编码,人们提出了 Unicode(Universal Multiple-Octet Coded Character Sets,UCS)编码方案,并建立了 Unicode 国际标准。Unicode 把所有语言都统一到一套编码里,这样就不会再有乱码问题了。

Unicode 是一种在计算机上使用的字符编码。Unicode 是为了解决传统的字符编码方案的局限而产生的,它为每种语言中的每个字符设定了统一并且唯一的二进制编码,以满足跨语言、跨平台进行文本转换、处理的要求。

ASCII 编码和 Unicode 编码的区别是:ASCII 编码是 1 个字节,而 Unicode 通常是两个字节。Unicode 编码和现在流行的 ASCII 码完全兼容,二者的前 256 个符号是一样的。字母 A 用 ASCII 编码是十进制的 65,二进制的 01000001;如果把 ASCII 编码的 A 用 Unicode 编码,只需要在前面补 0 就可以,因此,A 的 Unicode 编码是 0000000001000001。

2. 汉字编码

ASCII 码只对英文字母、数字和标点符号进行编码。为了在计算机内表示汉字,用计算机处理汉字,同样也需要对汉字进行编码。计算机对汉字信息的处理过程实际上是各种汉字编码间的转换过程。

汉字的输入、转换和存储方法与西文相似,但由于汉字数量多,不能由西文键盘直接输入,所以必须先把它们分别用以下编码转换后存放到计算机中再进行处理操作。汉字编码主要包括国标码、机内码、机外码和字形码等。

1) 国标码

计算机处理汉字所用的编码标准是我国于 1980 年颁布的国家标准 GB 2312—1980《中华人民共和国国家标准信息交换汉字编码》,简称国标码,也称交换码。国标码表共收录了 7445 个汉字字符,其中 6763 个为常用汉字,682 个为非汉字符号,其中使用频度较高的 3755 个汉字为一级汉字,以汉语拼音为序进行排列;使用频度稍低的 3008 个汉字为二级汉字,以偏旁部首为序进行排列。682 个非汉字字符主要包括英文字母、俄文字母、日文假名、希腊字母、汉语注音、序号、数字、罗马数字、常用符号、特殊符号等。

由于一个字节只能表示 256 种编码,显然一个字节不可能表示一个汉字的国标码,所以一个国标码必须用两个字节来表示,即两个字节存储一个国标码。

2) 机内码

机内码,是计算机系统内部对汉字进行存储、处理、传输过程中统一使用的代码,又称为内码。在大多数汉字系统中,汉字机内码采用两个字节来存放;在个别汉字系统中,采用 3 个字节存放一个汉字的机内码,我们这里只讨论用两个字节存放一个汉字机内码的这种情况。在处理汉字时,为了能同时处理英文字符,汉字机内码必须与英文机内码(ASCII 码)不同,以免造成混乱。

英文字符的机内码是用一个字节来存放一个 ASCII 码,而实际上,一个 ASCII 码只占用了一个字节的低 7 位,字节的最高位为 0。为了便于区分,对应于国标码,一个汉字的内码也用两个字节存储,并把每个字节的最高二进制位置"1"作为汉字内码的标识,以免与单字节的 ASCII 码产生冲突。

　　3）机外码

　　机外码,也称输入码,是指操作人员通过西文键盘输入的汉字信息编码。它由键盘上的字母(如汉语拼音或五笔字型的笔画部件)、数字及特殊符号组合构成。

　　为了实现向计算机中输入汉字,采用为每一个汉字准备一个按键的方案是不可取的,应该尽量充分利用现有的英文键盘。在任何一种输入方法中,输入不同的汉字要采用不同的击键方案,每个汉字的击键方案就是该汉字的输入码,或者说汉字输入码都由键盘上的字符或数字组合而成。目前有许多流行的汉字输入编码方案,常用的有音码输入法、形码输入法和音形码输入法等。音码输入法是根据汉字的发音进行编码,如全拼输入法和双拼输入法;形码输入法是根据汉字的字形结构进行编码,如五笔字型输入法;音形码输入法是以拼音为主,辅以字形字义进行编码,如自然码输入法。每一种编码方案对同一个汉字的输入编码虽然不同,但经过转换后能够产生相同的机内码。

　　4）字形码

　　字形码是指文字信息的输出编码。每个汉字都有其特殊的外在形式,当一个汉字出现在不同字体中,其书写风格也各不相同,这不仅需要汉字系统记住每一个汉字,而且需要记住每一个汉字的不同字体。为了提高计算机输出汉字的美观效果,计算机中采用了大量的汉字字体,常用的有宋体、仿宋体、楷体和黑体等。无论哪一种汉字字体,其中的每一个汉字,都是以简单图形的方式保存在计算机中,计算机中使用了大量的存储空间,存放每个汉字的字形点阵,这种点阵称为汉字的字形编码,简称字形码。

　　具有相同字体的所有汉字集合在一起,就构成了相应字体的汉字库,如宋体字库、仿宋体字库等。根据汉字输出精度的不同要求,汉字系统还采用了不同精度的汉字字形点阵字库。汉字字形点阵可以分为:简易型 16×16 点阵,普通型 24×24 点阵,提高型 32×32 点阵和精密型 40×40 点阵等。对于印刷排版系统和某些特殊应用领域,需要使用精度更高的字形点阵,如 96×96 点阵以上。如果在计算机系统中直接存储高点阵字库,势必占用大量的存储空间,为解决这一问题,通常都采用信息压缩存储技术,利用这一技术建立的汉字库,称为矢量汉字字库。在矢量字库中,存储的不再是汉字的点阵信息,而是汉字字形的轮廓。轮廓字形法比汉字点阵法复杂,一个汉字中笔画的轮廓可用一组曲线来勾画,它采用数学方法来描述每个汉字的轮廓曲线。中文 Windows 下广泛采用的 TrueType 字形库就是采用轮廓字形法。这种方法的优点是字形精度高,且可以任意放大、缩小而不产生锯齿现象;缺点是输出之前必须经过复杂的数学运算处理,需要占用计算机的大量工作时间。可以说采用轮廓字形法是利用计算机的工作时间换取计算机的存储空间。

1.5　计算机新技术

　　现代信息技术的普及带来了劳动生产率的提高,正从根本上改变人们的生产方式、生活方式乃至文化观念,促进世界各国产业结构升级,并成为世界经济新的增长点。计算机新技术加快了劳动力与科技人才在不同产业、不同国家之间的流动,并促使企业经济管理、组织结构和人事制度发生深刻变革。

1.5.1　物联网与传感器

物联网是在互联网的基础上,将用户端延伸和扩展到任何物体,进行信息交换和通信的一种网络。在物联网中,传感器对物理世界具有全面感知的能力,传感器技术、通信技术和计算机技术并列为信息技术的三大支柱,它们构成了信息系统的"感官""神经"和"大脑",分别用于完成信息的采集、传输和处理。

1. 物联网定义

物联网可定义为:在互联网、移动网等通信网络的基础上,针对不同应用领域的需求,通过射频识别(RFID)、红外感应器、全球定位系统、激光扫描器等信息传感设备,按照约定的协议把物体与互联网连接起来,进行信息交换和通信,实现全面感知、可靠传输、智能处理,构建人与物、物与物互联的智能信息服务系统。

物联网的英文名称为 The Internet of Things,由该名称可见,物联网就是物与物相连的互联网,这里有两层含义:第一,物联网的核心和基础仍然是互联网,是在互联网基础之上延伸和扩展的一种网络;第二,其用户端延伸和扩展到了任何物体,在物体之间进行信息的交换和通信。物联网被称为继计算机、互联网之后世界信息产业的第三次浪潮。

根据国际电信联盟(ITU)的描述,世界上的万事万物,小到手表、钥匙,大到汽车、楼房,只要嵌入一个微型传感装置,把它变得智能化,这个物体就可以"自动开口说话"。再借助无线网络技术,人就可以和物体对话,物体和物体之间也能交流,搭上互联网这个桥梁,在世界的任何一个地方,人类都可以及时获取万事万物的信息。IT 产业下一阶段的任务就是把新一代的 IT 技术充分运用到各行各业之中,地球上的各种物体将被普遍连接,形成物联网。

2. 物联网特征及体系结构

1) 物联网的基本特征

物联网的主要特征是:全面感知、可靠传输、智能处理。

(1) 全面感知。利用射频识别、二维码、传感器等感知、捕获、测量技术,实时地对物体进行信息采集和获取。

(2) 可靠传输。通过将物体接入信息网络,依托各种通信网络随时随地进行可靠的信息交互和共享。

(3) 智能处理。利用各种智能计算技术,对海量的感知数据和信息进行分析并处理,实现智能化的决策和控制。

2) 物联网体系结构

物联网的体系结构分为三层,从下到上依次为感知层、网络层、应用层,物联网的体系结构如图 1-15 所示。物联网与传统网络的主要区别在于,物联网扩大了传统网络的通信范围,不再局限于人与人之间的网络通信,还将网络的触角伸到了物体之上。

感知层是物联网的感觉器官,用来识别物体、采集信息,能够解决人类社会和物理社会数据获取和数据收集的问题。感知层包括传感器、射频识别(RFID)、二维码、多媒体信息采集、GPS、红外等智能终端设备。感知层的目标是利用诸多技术形成对客观世界物体信息的全面感知。

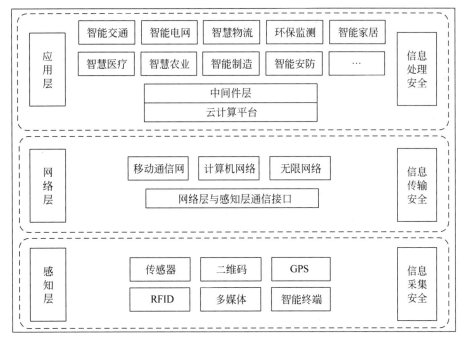

图 1-15 物联网的体系结构

感知层的设备传感器是能感受被测量并按照一定的规律转换成可用输出信号的器件或装置。RFID 是一种非接触式的自动识别技术，它通过射频信号自动识别目标对象并获取相关数据；二维码是用某种特定的几何图形按照一定规律在平面上分布的黑白相间的图形来记录数据符号信息，通过图像输入设备或光电扫描设备自动识读，以实现信息自动处理；多媒体信息采集是对音频、视频信息进行同步采集，并将其存储的技术。所有的这些设备均通过有线或无线的方式进入相关网络，对于目前关注和应用较多的 RFID 网络来说，张贴安装在设备上的 RFID 标签和用来识别 RFID 信息的扫描仪、感应器属于物联网的感知层。这一类物联网中被检测的信息是 RFID 标签内容，高速公路不停车收费系统、超市仓储管理系统等都是基于这一类结构的物联网。

用于信息收集的无线传感器网络，感知层由智能传感节点和接入网关组成，智能节点感知信息，并自行组网传递到上层网关接入点，由网关将收集到的感应信息通过网络层提交到后台处理，农业生产、气象监测等应用是基于这一类结构的物联网。

物联网的网络层建立在移动通信网和互联网的基础上，是物联网信息传递和服务支撑的基础设施，通过泛在的互联功能，实现感知信息高可靠性、高安全性传递、提供业务。

物联网整体的体系结构核心内容就是应用层，应用层也可称为处理层，应用层主要把感知层收集及网络层传递的资料接收过来，进入各类信息系统进行处理，并通过各种设备与人进行交互，从而对整体结构系统进行控制与判定，进而推动企业物联网的发展。

应用层是物联网发展的目的，软件开发、智能控制技术将会为用户提供丰富多彩的物联网应用。各种行业和家庭应用的开发将会推动物联网的普及，也给整个物联网产业链带来利润。物联网的应用可分为监控型（物流监控、污染监控），查询型（智能检索、远程抄表），控制型（智能交通、智能家居、路灯控制），扫描型（手机钱包、高速公路不停车收费）等，目前已经有不少物联网范畴的应用,譬如通过一种感应器感应到某个物体触发信息,然后设定通过网络完成一系列动作、远程车辆启动、智能导航系统、刷脸支付、高速公路不停车收费系统、生活缴费等。

3. 物联网的应用

物联网已经广泛应用于智能交通、智慧医疗、智能家居、环保监测、智能安防、智慧物流、智能电网、智慧农林业、智慧工业等领域,对国民经济与社会发展起到了重要的推动作用,具体如下:

1) 智能交通

智能交通是物联网的一种重要体现形式,利用信息技术将人、车和路紧密地结合起来,改善交通运输环境、保障交通安全以及提高资源利用率。利用 RFID、摄像头、线圈、导航设备等物联网技术构建的智能交通系统,可以让人们随时随地通过智能手机、电子屏幕、电子站牌等方式,了解城市各条道路的交通状况、所有停车场的车位情况、每辆公交车的当前到达位置等信息,合理安排行程,提高出行效率。

2) 智慧医疗

智慧医疗利用最先进的物联网技术,实现患者与医务人员、医疗机构、医疗设备之间的互动,逐步达到信息化。物联网技术是数据获取的主要途径,能有效地帮助医院实现对人和物的智能化管理。对人的智能化管理指的是通过传感器对人的生理状态(如心跳频率、体力消耗、血压高低等)进行监测,主要指的是医疗可穿戴设备,将获取的数据记录到电子健康文件中,方便医生查阅以及科学合理地制定诊疗方案。对物的智能化管理指的是通过 RFID 技术对医疗设备、物品进行监控与管理,实现医疗设备、用品可视化,主要表现为数字化医院。

3) 智能家居

智能家居指的是利用物联网技术来提升人们的生活能力,使家庭变得更舒适、安全和高效。物联网应用于智能家居领域,能够对家居类产品的位置、状态、变化进行监测,分析其变化特征,同时根据人的需要,在一定的程度上进行反馈。例如,可以在工作单位通过智能手机远程开启家里的电饭煲、空调、门锁、监控、窗帘和电灯等,家里的窗帘和电灯也可以根据时间和光线变化自动开启和关闭。智能家居行业发展主要分为三个阶段:单品连接、物物联动和平台集成。其发展的方向首先是连接智能家居单品,随后走向不同单品之间的联动,最后向智能家居系统平台发展。

4) 智慧物流

智慧物流指的是以物联网、大数据、人工智能等信息技术为支撑,在物流的运输、仓储、配送等各个环节实现系统感知、全面分析及处理等功能。当前,应用于物联网领域主要体现在三个方面,仓储、运输监测以及快递终端等,通过物联网技术实现对货物的监测以及运输车辆的监测,包括货物车辆位置、状态以及货物温湿度、油耗及车速等,物联网技术的使用能提高运输效率,提升整个物流行业的智能化水平。

5) 智慧农业

智慧农业指的是利用物联网、人工智能、大数据等现代信息技术与农业进行深度融合,实现农业生产全过程的信息感知、精准管理和智能控制的一种全新的农业生产方式,可实现农业可视化诊断、远程控制以及灾害预警等功能。物联网应用于农业主要体现在两个方面:

农业种植和畜牧养殖。农业种植通过传感器、摄像头和卫星等收集数据,实现农作物数字化和机械装备数字化(主要指的是农机车联网)发展。畜牧养殖指的是利用传统的耳标、可穿戴设备以及摄像头等收集畜禽产品的数据,通过对收集到的数据进行分析,运用算法判断畜禽产品健康状况、喂养情况、位置信息以及发情期预测等,对其进行精准管理。

6)智能安防

物联网技术的普及应用,使得城市的安防从过去简单的安全防护系统向城市综合化体系演变,城市的安防项目涵盖众多的领域,有街道社区、楼宇建筑、银行邮局、道路监控、机动车辆、警务人员、移动物体、船只等。特别是针对重要场所,例如,机场、码头、水电气厂、桥梁大坝、河道、地铁等场所,引入物联网技术后可以通过无线移动、跟踪定位等手段建立全方位的立体防护。兼顾了整体城市管理系统、环保监测系统、交通管理系统、应急指挥系统等应用的综合体系。特别是车联网的兴起,在公共交通管理上、车辆事故处理上、车辆偷盗防范上可以更加快捷准确地跟踪定位处理。还可以随时随地地通过车辆获取更加精准的灾难事故信息、道路流量信息、车辆位置信息、公共设施安全信息、气象信息等信息来源。

7)环保检测

环保检测属于智慧城市的一个部分,其物联网应用主要集中在水能、电能、燃气、路灯等能源以及井盖、垃圾桶等环保装置。如智慧井盖监测水位以及其状态、智能水电表实现远程抄表、智能垃圾桶自动感应等。将物联网技术应用于传统的水、电、光能设备进行联网,通过监测,提升利用效率,减少能源损耗。

8)智慧建筑

建筑是城市的基石,技术的进步促进了建筑的智能化发展,以物联网等新技术为主的智慧建筑越来越受到人们的关注。当前的智慧建筑主要体现在节能方面,将设备进行感知、传输并实现远程监控,节约能源的同时也能减少楼宇的人力运维。目前智慧建筑主要体现在用电照明、消防监测、智慧电梯、楼宇监测以及运用于古建筑领域的白蚁监测。

9)智能制造

智能制造细分概念范围很广,涉及很多行业。制造领域的市场体量巨大,是物联网的一个重要应用领域,主要体现在数字化以及智能化的工厂改造上,包括工厂机械设备监控和工厂的环境监控。通过在设备上加装相应的传感器,使设备厂商可以远程随时随地对设备进行监控、升级和维护等操作,更好地了解产品的使用状况,完成产品全生命周期的信息收集,指导产品设计和售后服务。

10)智能电网

智能电网是建立在集成的、高速双向通信网络的基础上,通过先进的传感和测量技术、先进的设备技术、先进的控制方法以及先进的决策支持系统技术的应用,实现电网的可靠、安全、经济、高效、环境友好和使用安全的目标。通过智能电表,不仅可以免去查表工的大量工作,还可以实时获得用户用电信息,提前预测用电高峰和低谷,为合理设计电力需求响应系统提供依据。

1.5.2 云计算与大数据

大数据是一种移动互联网和物联网背景下的应用场景,而云计算是一种技术解决方案。各种应用产生的海量数据无法用单台的计算机进行处理,必须依托云计算的分布式处理、分布式数据库和云存储、虚拟化技术,挖掘有价值的信息,两者之间既有显著区别又有紧密联系,大数据是云计算非常重要的应用场景,云计算则为大数据的处理和数据挖掘提供最佳的技术解决方案。

1. 云计算

1) 云计算的概念

对云计算的定义有很多说法。现阶段广为接受的是美国国家标准与技术研究院(NIST)给出的定义,云计算是指一种按使用量付费的模式,在这种模式下,用户只要进入服务商提供的可配置的计算资源共享池(资源包括网络、服务器、存储、应用软件、服务),只需投入很少的管理工作或与服务供应商进行很少的交互就可以获得可用的、便捷的、按需的网络访问。"云"是网络、互联网的一种比喻说法,通俗地理解是云计算是一种基于因特网的超级计算模式,云计算的"云"就是存在于互联网上的服务器集群上的资源,它包括硬件资源(如服务器、存储器、CPU 等)和软件资源(如应用软件、集成开发环境等),所有的处理都在云计算提供商所提供的计算机集群来完成,通过对这些硬件基础设施采用虚拟化技术构建不同的资源池,如存储资源池、网络资源池、计算资源池、数据资源池和软件资源池,对这些资源实现自动管理,部署不同的服务供用户应用,这使得企业能够将资源切换成所需要的应用,根据需求访问计算机和存储系统。

云计算实现了通过网络提供可伸缩的、廉价的分布式计算能力,用户只需要在具备网络接入条件的地方,就可以随时随地获取所需的各种 IT 资源。云计算代表了以虚拟化技术为核心,以低成本为目标的、动态可扩展的网络应用基础设施,是近年来最有代表性的网络计算技术与模式。

云计算包括 3 种典型的服务模式,如图 1-16 所示。即 IaaS(基础设施即服务)、PaaS(平台即服务)和 SaaS(软件即服务)。SaaS 将基础设施(计算资源和存储)作为服务出租,PaaS 把平台作为服务出租,SaaS 把软件作为服务出租。

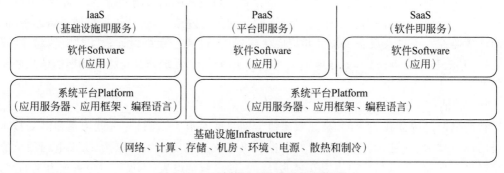

图 1-16　云计算的 3 种典型服务模式

云计算包括公有云、私有云和混合云 3 种类型。公有云面向所有用户提供服务,只要是注册付费的用户都可以使用;私有云只为特定用户提供服务,例如大型企业出于安全考虑自建的云环境,只为企业内部提供服务;混合云综合了公有云和私有云的特点,因为对于一些企业而言,一方面出于安全考虑需要把数据放在私有云中,另一方面又希望可以获得公有云的计算资源,为了获得最佳的效果,可以把公有云和私有云混合搭配使用。

2) 云计算的关键技术

云计算的关键技术包括虚拟化、分布式存储、分布式计算、多租户等。

(1) 虚拟化。

虚拟化技术是云计算基础架构的基石,是指将一台计算机虚拟为多台逻辑计算机,在一台计算机上同时运行多个逻辑计算机,每个逻辑计算机可运行不同的操作系统,并且应用程序都可以在相互独立的空间内运行而不互相影响,从而显著提高计算机的工作效率。

虚拟化的资源可以是硬件(如服务器、磁盘和网络),也可以是软件。以服务器虚拟化为例,它将服务器物理资源抽象成逻辑资源,让一台服务器变成几台甚至上百台相互隔离的虚拟服务器,不再受限于物理上的界限,而是让 CPU、内存、磁盘、I/O 等硬件变成可以动态管理的资源池,从而提高资源的利用率,简化系统管理,实现服务器整合,让 IT 对业务的变化更具适应力。

Hyper-V、VMware、KVM、Virtualbox、Xen、Qemu 等都是非常典型的虚拟化技术。Hyper-V 是微软的一款虚拟化产品,旨在为用户提供成本效益更高的虚拟化基础设施软件,从而为用户降低运作成本,提高硬件利用率,优化基础设施,提高服务器的可用性。VMware(威睿)是全球桌面到数据中心虚拟化解决方案的领导厂商。

近年来发展起来的容器技术(如 Docker),是不同于 VMware 等传统虚拟化技术的一种新型轻量级虚拟化技术,也称为容器型虚拟化技术。与 VMware 等传统虚拟化技术相比,Docker 容器具有启动速度快、资源利用率高、性能开销小等优点,受到业界青睐,并得到了越来越广泛的应用。

(2) 分布式存储。

存储面对"数据爆炸"的时代,集中式存储已经无法满足海量数据的存储需求,分布式存储应运而生。GFS(Google File System)是谷歌公司推出的一款分布式文件系统,可以满足大型、分布式、对大量数据进行访问的应用的需求。GFS 具有很好的硬件容错性,可以把数据存储到成百上千台服务器上面,并在硬件出错的情况下尽量保证数据的完整性。GFS 还支持 GB 或者 TB 级别超大文件的存储,一个大文件会被分成许多块,分散存储在由数百台机器组成的集群里,HDFS(Hadoop Distributed File System)是对 GFS 的开源实现,它采用了更加简单的"一次写入,多次读取"文件模型,文件一旦创建、写入并关闭了,之后就只能对它执行读取操作,而不能执行任何修改操作;同时 HDFS 是基于 Java 实现的,具有强大的跨平台兼容性,只要是 JDK 支持的平台都可以兼容。

谷歌公司后来又以 GFS 为基础开发了分布式数据管理系统 BigTable,它是一个稀疏、分布、持续多维度的排序映射,数组适合于非结构化数据存储的数据库,具有高可靠性、高性能、可伸缩等特点,可在廉价 PC 服务器上搭建起大规模存储集群。HBase 是针对 BigTable 的开源实现。

(3) 分布式计算。

面对海量的数据,传统的单指令、单数据流顺序执行的方式已经无法满足快速数据处理的要求,同时我们也不能寄希望于通过硬件性能的不断提升来满足这种需求,因为晶体管电路已经逐渐接近其物理上的性能极限,摩尔定律已经开始慢慢失效,CPU 处理能力再也不会每隔 18 个月翻一番。在这样的大背景下,谷歌公司提出了并行编程模型

MapReduce,让任何人都可以在短时间内迅速获得海量计算能力,它允许开发者在不具备并行开发经验的前提下,也能够开发出分布式的并行程序,并让其同时运行在数百台机器上,在短时间内完成海量数据的计算。MapReduce 将复杂的、运行于大规模集群上的并行计算过程抽象为两个函数:Map 和 Reduce,并把一个大数据集切分成多个小的数据集,分布到不同的机器上进行并行处理,极大提高了数据处理速度,可以有效满足许多应用对海量数据的批量处理需求,Hadoop 开源实现了 MapReduce 编程框架,被广泛应用于分布式计算。

(4)多租户。

多租户技术目的在于使大量用户能够共享同一堆栈的软硬件资源,每个用户按需使用资源,能够对软件服务进行客户化配置,而不影响其他用户的使用。多租户技术的核心包括数据隔离、客户化配置、架构扩展和性能定制。

3)云计算数据中心

云计算数据中心是一整套复杂的设施,包括刀片服务器、宽带网络连接、环境控制设备、监控设备以及各种安全装置等。数据中心是云计算的重要载体,为云计算提供计算、存储、宽带等各种硬件资源,为各种平台和应用提供运行支撑环境。

数据中心分布在不同的核心城市,辐射到周边城市,提供基础支持,一般都符合国家机房一级标准,具备极强的容灾能力,多数厂商会选择"两地三中心"等方式来架设机房,云计算是在数据中心的基础上提供的从基础服务到增值服务的一种闲置资源利用。

谷歌、微软、IBM、惠普、戴尔等国际 IT 巨头纷纷投入巨资在全球范围内大量修建数据中心,旨在掌握云计算发展的主导权。我国政府和企业也都在加大力度建设云计算数据中心。内蒙古提出了"西数东输"发展战略,即把本地的数据中心通过网络提供给其他省份用户使用。福建省泉州市安溪县的中国国际信息技术(福建)产业园的数据中心是福建省重点建设的两大数据中心之一,由惠普公司承建,拥有 5000 台刀片服务器,是亚洲规模最大的云渲染平台。阿里巴巴集团公司在甘肃玉门建设的数据中心是我国第一个绿色环保的数据中心,电力全部来自于风力发电,用祁连山融化的雪水冷却数据中心产生的热量。2019 年,阿里巴巴投资 62 亿元建造浙江云计算数据中心,并将阿里云相关的产品植入到相应设备中,可以满足不同企业的云数据中心设计及运营需求。

4)云计算的应用

云计算在电子政务、医疗卫生、教育、企业等领域的应用不断深化,对提高政府服务水平、促进产业转型升级和培育发展新兴产业等都起到了关键的作用。政务云上可以部署公共安全管理、容灾备份、城市管理、应急管理、智能交通、社会保障等应用,通过集约化建设、管理和运行,可以实现信息资源整合和政务资源共享,推动政务管理创新,加快向服务型政府转型。教育云可以有效整合幼儿教育、中小学教育、高等教育以及继续教育等优质教育资源,逐步实现教育信息共享、教育资源共享及教育资源深度挖掘的目标。中小企业云能够让企业以低廉的成本建立财务、供应链、客户关系等管理应用系统,大大降低企业信息化门槛,迅速提升企业信息化水平,增强企业市场竞争力。医疗云可以推动医院与医院、医院与社区、医院与急救中心、医院与家庭之间的服务共享,并形成一套全新的医疗健康服务系统,从而有效地提高医疗保健的质量。

2．大数据

1）大数据定义

随着云时代的来临，大数据的关注度也越来越高，大数据分析常和云计算联系到一起，实时的大型数据集分析需要像 MapReduce 一样的框架来向数十、数百甚至数千的电脑分配工作。大数据技术的战略意义不在于掌握庞大的数据信息，而在于对这些含有意义的数据进行专业化处理。换而言之，如果把大数据比作一种产业，那么这种产业实现盈利的关键，在于提高对数据的"加工能力"，通过"加工"实现数据的"增值"。

对于"大数据（Big Data）"的定义，比较权威的有以下几种：

（1）研究机构 Gartner 定义。"大数据"是需要新处理模式才能具有更强的决策力、洞察发现力和流程优化能力来适应海量、高增长率和多样化的信息资产。

（2）麦肯锡定义。一种规模大到在获取、存储、管理、分析方面大大超出了传统数据库软件工具能力范围的数据集合，具有海量的数据规模、快速的数据流转、多样的数据类型和价值密度低 4 大特征。

大数据需要特殊的技术以有效地处理大量的容忍经过时间内的数据。适用于大数据的技术，包括大规模并行处理数据库、数据挖掘、分布式文件系统、分布式数据库、云计算平台、互联网和可扩展的存储系统。

2）大数据特征

大数据是一种规模大到在获取、存储、管理和分析方面大大超出了传统数据库软件工具能力范围的数据集合，大数据特征为 4V，即规模性（Volume）、高速性（Velocity）、多样性（Variety）和价值性（Value）。

（1）规模性。

企业面临着数据量的大规模增长。例如，IDC 最近的报告预测称，到 2020 年，全球数据量将扩大 50 倍。目前，大数据的规模尚是一个不断变化的指标，单一数据集的规模范围从几十 TB 到数 PB 不等。简而言之，存储1PB 数据将需要两万台配备 50GB 硬盘的个人计算机。此外，各种意想不到的来源都能产生数据。

（2）高速性。

实时分析产生的数据流以及大数据，可从各种类型的数据中快速获得高价值的信息。在高速网络时代，通过基于实现软件性能优化的高速电脑处理器和服务器，创建实时数据流已成为流行趋势。企业不仅需要了解如何快速创建数据，还必须知道如何快速处理、分析并返回给用户，以满足他们的实时需求。

（3）多样性。

多样性指有多种途径来源的关系型和非关系型数据。数据多样性的增加主要是由于新型多结构数据，如网络日志、社交媒体、互联网搜索、手机通话记录及传感器网络等数据类型造成。

（4）价值性。

合理利用低密度价值的数据并对其进行正确、准确的分析，将会带来很高的价值回报，以视频为例，连续不间断监控过程中可能有用的数据仅仅一两秒钟。大量的不相关信息，浪里淘沙却又弥足珍贵。

3) 大数据分析的基础

(1) 可视化分析。

大数据分析的使用者有大数据分析专家,同时还有普通用户,但是他们二者对于大数据分析最基本的要求就是可视化分析,因为可视化分析能够直观地呈现大数据特点,让数据自己说话,能够非常容易被读者所接受。

(2) 数据挖掘算法。

大数据分析的理论核心就是数据挖掘算法,聚类、分类、孤立点分析等数据挖掘的算法可以使具有不同类型和格式的数据挖掘算法更加科学地呈现出数据本身具备的特点,能够深入数据内部,挖掘出公认的价值,这些数据挖掘的算法能更快地处理大数据。

(3) 预测性分析。

大数据分析最重要的应用领域之一就是预测性分析,它可以让分析员根据可视化分析和数据挖掘的结果,通过科学地建立模型,之后便可以通过模型带入新的数据,从而预测未来的数据。

(4) 语义引擎。

非结构化数据的多元化给数据分析带来新的挑战,语义引擎可以系统地去分析、提炼数据,从而达到足够的人工智能,能够从"文档"中主动、智能提取信息。

大数据分析广泛应用于网络数据挖掘,可从用户的搜索关键词、标签关键词或其他输入的语义分析和判断用户需求,从而实现更好的用户体验和广告匹配。

(5) 数据质量和数据管理。

大数据分析离不开数据质量和数据管理,高质量的数据和有效的数据管理,无论是在学术研究还是在商业应用领域,都能够保证分析结果的真实和有价值。

大数据分析的基础就是以上 5 个方面,当然需要更加深入大数据分析的话,还有很多更加有特点的、更加深入的、更加专业的大数据分析方法。

1.5.3　人工智能

人工智能是研究使计算机来模拟人的某些思维过程和智能行为(如学习、推理、思考、规划等)的学科,主要包括计算机实现智能的原理、制造类似于人脑智能的计算机,使计算机能实现更高层次的应用。

1. 人工智能的概念

人工智能是计算机科学的一个分支,它企图了解智能的实质,并生产出一种新的能以人类智能相似的方式做出反应的智能机器,该领域的研究包括机器人、语言识别、图像识别、自然语言处理和专家系统等。人工智能从诞生以来,理论和技术日益成熟,应用领域也不断扩大,可以设想,未来人工智能带来的科技产品将会是人类智慧的"容器"。人工智能可以对人的意识、思维的信息过程进行模拟。人工智能不是人的智能,但能像人那样思考,也可能超过人的智能。

2. 人工智能的研究领域

(1) 逻辑推理与定理证明。逻辑推理是人工智能研究中的领域之一,是最典型的逻辑推理问题之一。

（2）博弈。博弈是一个有关对策和斗智问题的研究领域，是人类社会和自然界中普遍存在的一种现象。

（3）自然语言理解。自然语言处理是人工智能的早期研究领域之一，一个能理解自然语言信息的计算机系统和人一样需要有上下文指示，以及根据这些上下文知识和信息用信息发生器进行推理的过程，理解口头和书面的片段语言的计算机系统所取得的进展。

（4）专家系统。专家系统是一个基于人类专家知识的智能计算机程序系统，它将领域专家的经验用知识表示方法表示出来，并放入知识库中供推理机使用。专家系统可以解决的问题一般包括解释、预测、诊断、设计、规划、监视、修理、指导和控制等。

（5）自动程序设计。自动程序设计是人工智能的一个重要研究领域，计算机设计程序只要给出关于某程序要求的高级描述，计算机就会自动生成一个能完成这个目标的具体程序，它能够对高级描述进行处理，通过规划过程生成所需的程序。

（6）机器学习。机器学习是使计算机具有智能的根本途径，机器学习有助于发现人类学习的机理和提示人脑的奥秘。一个学习过程本质上是学习系统把专家提供的信息转换成能被系统理解并应用的形式。

（7）智能机器人。智能机器人能认识工作环境、工作对象及其状态，能根据人给予的指令和"自身"认识外界的结果来独立地决定工作方法，实现任务目标，并能适应工作环境的变化。具体来讲，智能机器人应具备 4 种机能：感知机能、思维机能、人机通信机能和运动机能。智能机器人的特征就在于它与外部世界的对象、环境和人相互协调的工作机制。

（8）人工神经网络。人工神经网络是一种应用类似于大脑神经突触连接的结构进行信息处理的数学模型，用于快速处理非数值计算的形象思维，求解那些信息不完整、不确定性和模糊性的问题。人工神经网络具有 4 个特征：非线性、非局限性、非常定性和非凸性。

（9）模式识别。人工智能所研究的模式识别是指用计算机代替人类或帮助人类感知模式，是对人类感知外界功能的模拟，研究的是计算机模式识别系统，使一个计算机系统具有模拟人类通过感官接收外界信息、识别和理解周围环境的感知能力。在模式识别领域，神经网络方法已经成功地用于手写字符的识别、汽车牌照的识别、指纹识别、语音识别等方面。

（10）计算机视觉。计算机视觉或机器视觉已从模式识别的一个研究领域发展为一门独立的学科。计算机视觉通常可分为低层视觉与高层视觉两类。机器视觉的前沿研究领域包括实时并行处理、主动式定性视觉、动态和时变视觉、三维景物的建模与识别、实时图像压缩传输和复原、多光谱和彩色图像的处理与解释等。

（11）知识库系统。它是从数据库系统发展演变而来的，可以泛指所有包含知识库的计算机系统，也可以仅指拥有某一领域专门知识以及常识的知识咨询系统、专家系统、智能数据库系统等知识库系统。知识库系统的结构包括知识库和知识库管理系统。

（12）智能控制。它是一类无须人的干预就能够独立地驱动智能机器实现其目标的自动控制过程。智能控制涉及许多复杂的系统，难以建立有效的数学模型和用常规控制理论进行定量计算与分析，而必须采用定量数学解析法与基于知识的定性方法的混合控制方式。

（13）智能决策支持系统。它是以信息技术为手段，应用管理科学、计算机科学及有关学科的理论和方法，针对半结构化和非结构化的决策问题，通过提供背景材料、协助明确问题、修改完善模型、列举可能方案、进行分析比较等方式,为管理者做出正确决策提供帮助的智能型人机交互信息系统。

(14)知识发现和数据挖掘。知识发现和数据挖掘是在知识库的基础上实现的一种知识发现系统,它通过综合运用统计学、粗糙集、模糊数学、机器学习和专家系统等多种学习手段和方法,从数据库中抽取和提炼知识,从而揭示出蕴含在客观世界的内在联系和本质原理,实现知识的自动获取。

3.人工智能的研究方法

1)知识表示与知识库

知识是一切智能系统的基础,任何智能系统的活动过程都是一个获取知识和运用知识的过程,而获取和运用知识的前提和基础是对知识进行表示。知识表示有主观知识表示和客观知识表示两种。

知识库类似于数据库,包括知识的组织管理、维护、优化等技术,对知识库的操作要靠知识库管理系统的支持,知识库与知识表示密切相关,知识表示实际也隐含着知识的运用,知识表示和知识库是知识运用的基础,同时也与知识的获取密切相关。

2)运用推理

推理就是根据已有知识运用某种策略推出新知识的过程,一个智能系统仅有知识是不够的,它还必须具有思维能力,即能够运用知识进行推理和解决问题,对推理的研究往往涉及对逻辑的研究,逻辑是人脑思维的规律,机器推理或人工智能用到的逻辑主要包括经典逻辑中的谓词逻辑和由它经某种扩充、发展而来的各种逻辑。按照推理过程的思维方向划分,主要有演绎推理、归纳推理和类比推理。

3)规划技术

规划是指从某个特定问题状态出发,寻找并建立一个操作序列,直到求得目标状态为止的一个行动过程的描述。规划侧重于问题求解过程,对待解决的问题分解转化为若干小问题,对于每个小问题进一步进行分解,由于解决小问题的搜索大为减少,使得原问题的复杂度降低,问题的解决得到简化。规划依靠启发式信息,成功与否决定于启发信息的可靠程度。

4)归纳技术

归纳技术是指机器自动提取概念、抽取知识、寻找规律的技术。归纳技术与知识获取及机器学习密切相关,因此,它也是人工智能的重要基本技术。归纳可分为基于符号处理的归纳和基于神经网络的归纳。

5)启发式搜索

启发式搜索又称为有信息搜索,它是利用问题拥有的启发信息来引导搜索,达到减少搜索范围、降低问题复杂度的目的,这种利用启发信息的搜索过程称为启发式搜索。

启发式策略可以通过指导搜索向最有希望的方向前进,降低了复杂性。通过删除某些状态及其延伸,启发式算法可以消除组合爆炸,并得到令人能接受的解(通常并不一定是最佳解)。

6)数据驱动方法

它是指在系统处理的每一步需要根据此前所掌握的数据内容来决定。人类在解决问题时主要使用数据驱动方式,因此智能程序系统也应该使用数据驱动方式,这样会更接近于人类分析问题、解决问题的习惯。

7) 人工智能语言

人工智能语言是一类适用于人工智能和知识工程领域的,具有符号处理和逻辑推理能力的计算机程序语言。能够让它来编写程序求解非数值计算、知识处理、推理、规划、决策等具有智能的各种复杂问题。

Lisp 是人工智能开发中最古老、最适合的语言之一,具有有效处理符号信息的能力。Prolog 广泛用于医疗项目以及专家 AI 系统的设计。Java 常用于搜索算法和人工神经网络。Lisp 和 Prolog 因其独特的功能,所以在部分人工智能项目中卓有成效,地位暂时难以撼动。而 Java 和 C++的自身优势将在人工智能项目中继续保持。Python 语法简单,可以容易地实现许多人工智能算法。与其他语言(如 Java,C++)相比,Python 需要较短的开发时间。R 是用于统计分析和操纵数据的最有效的语言和环境之一。

在这些编程语言中,Python 因为适用于大多数人工智能场景,所以渐有成为人工智能编程语言之首的趋势。

1.6 本章小结

本章主要介绍了计算机的基本概念,计算机硬件系统的组成及主要技术指标,计算机软件系统,计算机中的数制与编码以及计算机新技术的相关知识,熟练掌握这些知识可以了解计算机的基本工作原理,为进一步学习计算机课程打下坚实的基础。

1.7 习题

一、单项选择题

1. 通常意义上的第一台电子计算机的英文缩写是(   )。
   A. IBM   B. SUN   C. APP   D. ENIAC
2. 计算机中对数据进行加工与处理的部件通常称为(   )。
   A. 控制器   B. 运算器   C. 显示器   D. 存储器
3. 计算机的所有程序和数据都是以(   )存储。
   A. 区位码   B. 二进制编码   C. 二维码   D. 条形码
4. (   )能够完成科学研究和工程技术中提出的数学问题的计算,是计算机最早也是最基本的应用领域。
   A. 科学计算   B. 信息处理   C. 过程控制   D. 人工智能
5. 八进制计数制中,各数据位的权是以(   )为底的方幂。
   A. 2   B. 8   C. 10   D. 16
6. 内存储器与外存储器相比,具有(   )优点。
   A. 存储容量大   B. 存取速度快
   C. 信息可长期保存   D. 存储单位信息量的价格便宜

7. 操作系统是一种(　　)。

    A. 编译程序系统　　　　　　　　　　B. 系统软件

    C. 用户操作规范　　　　　　　　　　D. 高级语言工作环境

8. 在计算机运行中突然断电,下列(　　)中的信息将会丢失。

    A. ROM　　　　　　B. RAM　　　　　　C. CD-ROM　　　　D. 磁盘

9. 第四代电子计算机使用的电子元件是(　　)。

    A. 电子管　　　　　　　　　　　　　B. 晶体管

    C. 中小规模集成电路　　　　　　　　D. 大规模和超大规模集成电路

10. 微型计算机 CPU 指的是(　　)。

    A. 输入输出设备　　　　　　　　　　B. 运算器和控制器

    C. 内存和外存　　　　　　　　　　　D. 键盘和显示器

11. 完整的计算机系统由(　　)组成。

    A. 运算器、控制器、存储器、输入设备和输出设备

    B. 主机和外部设备

    C. 硬件系统和软件系统

    D. 主机箱、显示器、键盘、鼠标、打印机

12. 任何程序都必须加载到(　　)中才能被 CPU 执行。

    A. 磁盘　　　　　　B. 硬盘　　　　　　C. 内存　　　　　　D. ROM

13. 下列叙述中,准确的是(　　)。

    A. 计算机的体积越大,其功能越强

    B. CD-ROM 的容量比硬盘的容量大

    C. 存储器具有记忆功能,故其中的信息任何时候都不会丢失

    D. CPU 是中央处理器的简称

14. CAI 表示(　　)。

    A. 计算机辅助设计　　　　　　　　　B. 计算机辅助制造

    C. 计算机辅助教学　　　　　　　　　D. 计算机辅助军事

15. 计算机中处理信息的最小单位(最基本的单位)是(　　)。

    A. 字　　　　　　　B. 字长　　　　　　C. 位　　　　　　　D. 字节

16. CPU 能直接访问的存储器是(　　)。

    A. 软盘　　　　　　B. 磁盘　　　　　　C. 光盘　　　　　　D. ROM

17. ROM 是指(　　)。

    A. 内存储器　　　　　　　　　　　　B. 随机存取存储器

    C. 只读存储器　　　　　　　　　　　D. 只读型光盘存储器

18. RAM 是指(　　)。

    A. 内存储器　　　　　　　　　　　　B. 随机存取存储器

    C. 只读存储器　　　　　　　　　　　D. 只读型光盘存储器

19. 射频识别技术属于物联网(　　)层。

    A. 感知层　　　　　　B. 网络层　　　　　　C. 应用层　　　　　　D. 识别层

20. 以下(　　)不是大数据的特征。
  A. 价值密度低   B. 数据类型繁多
  C. 访问时间短   D. 处理速度快

二、多项选择题

1. 计算机内部采用二进制主要原因是(　　)。
  A. 存储信息量大
  B. 二进制只有 0 和 1 两种状态,在计算机设计中易于实现
  C. 运算规则简单
  D. 可靠性高
  E. 方便逻辑计算
  F. 占用内存少

2. 下列设备中属于输入设备的是(　　)。
  A. 显示器   B. 键盘   C. 打印机   D. 光笔
  E. 鼠标   F. 扫描仪

3. 下列软件中属于系统软件的是(　　)。
  A. 操作系统   B. 诊断程序   C. 编译程序   D. 目标程序
  E. 用 Python 语言编写的程序   F. 应用软件包

4. 在下列叙述中,正确的命题有(　　)。
  A. 计算机是根据电子元件来划分代次的
  B. 数据处理也称为信息处理,是指对大量信息进行加工处理
  C. 内存储器按功能分为 ROM 和 RAM 两类,关机后它们中信息都将全部丢失
  D. 内存用于存放当前执行的程序和数据,它直接和 CPU 打交道,信息处理速度快

5. 计算机的特点包括(　　)。
  A. 运算速度快   B. 具有存储与记忆能力
  C. 精度高   D. 具有逻辑判断能力
  E. 自动化程度高   F. 具有思维

6. 操作系统的基本功能包括(　　)。
  A. 处理器管理   B. 存储管理   C. 设备管理   D. 文件管理
  E. 软件管理   F. 日期管理

7. 计算机的主要应用领域是(　　)。
  A. 科学计算   B. 数据处理   C. 过程控制   D. 计算机辅助系统
  E. 语音识别   F. 机器学习

8. 在下列有关存储器的几种说法中,(　　)是正确的。
  A. 辅助存储器的容量一般比主存储器的容量大
  B. 辅助存储器的存取速度一般比主存储器的存取速度慢
  C. 辅助存储器与主存储器一样可与 CPU 直接交换数据
  D. 辅助存储器与主存储器一样可用来存放程序和数据
  E. 辅助存储器与主存储器之间一般不进行信息交换

F. 辅助存储器不适宜长期保存信息

9. 关于 CPU,下面说法中(　　)都是正确的。

　　A. CPU 是中央处理单元的简称　　　　B. CPU 可以代替存储器

　　C. 微机的 CPU 通常也叫作微处理器　　D. CPU 是微机的核心部件

　　E. CPU 字长越长运算速度越快　　　　　F. 当前 CPU 字长主要是 64 位

10. 下列(　　)是人工智能的研究领域。

　　A. 机器学习　　　B. 人脸识别　　　C. 图像理解　　　D. 专家系统

　　E. 知识表示　　　F. 启发式搜索

三、判断题

1. 计算机被称为电脑,它完全可以代替人进行工作。(　　)

2. 如果将计算机系统视为"硬件",用户学习计算机的各种操作视为"软件",那么,要使计算机发挥作用,二者缺一不可。(　　)

3. 当用计算机进行数据处理时,首先需要将要解决的实际问题用计算机可以识别的语言编写成计算机程序。(　　)

4. 任何文件和数据只有读入计算机内存后才能被 CPU 使用。(　　)

5. 计算精度与机器字长有关,机器字长越长,精度越高。(　　)

6. 操作系统是计算机软件系统的核心,它直接监管计算机软件资源、协调和控制计算机有效工作。(　　)

7. 计算机的运算速度通常是用单位时间内执行指令的条数来表示的。(　　)

8. 如果计算机上不配置操作系统,那么它就无法使用。(　　)

9. 计算机能直接识别的是 0、1 代码表示的二进制语言。(　　)

10. 计算机处理的任何文件和数据存入磁盘后就能被 CPU 所使用。(　　)

第2章

计算机网络和信息安全

2.1 计算机网络基础知识

2.1.1 计算机网络的定义

计算机网络,通常也简称网络,是利用通信设备和线路将地理位置不同的、功能独立的多个计算机系统连接起来,以功能完善的网络软件实现网络的硬件、软件及资源共享和信息传递的系统。简单地说,即连接两台或多台计算机进行通信的系统,如图 2-1 所示。

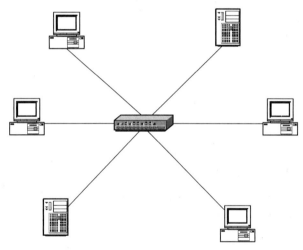

图 2-1 计算机网络

在计算机网络发展过程中,人们曾经从各个侧面对计算机网络提出了不同的定义,这些定义归纳起来,可以分为以下三类:

从强调信息传输的广义观点出发,人们把计算机网络定义为"以计算机之间传输信息为目的而连接起来,实现远程信息处理或进一步达到资源共享的系统"。

从强调资源共享的观点出发,人们把计算机网络定义为"以能够相互共享资源的方式连接起来,并且各自具备独立功能的计算机系统之集合体"。

从用户透明性的角度出发,人们把计算机网络定义为"有一个网络操作系统自动管理用户任务所需的资源,而使整个网络就像一个对用户是透明的计算机系统"。这里"透明"的含义是指用户觉察不到在计算机网络中存在多个计算机系统。

2.1.2　计算机网络的分类

一般来说,依据网络的规模,网络可分为以下四类(见图 2-2):

(1) 能跨越一栋大楼或一个园区的局域网(LAN);

(2) 能跨越一个城市的城域网(MAN);

(3) 能连接多个城市、国家或大洲的广域网(WAN);

(4) 由网络组成的网络:因特网(Internet)。

网络分类	缩写	位置
局域网	LAN	房间
		建筑物
		校园
城域网	MAN	城市
广域网	WAN	国家
因特网	Internet	洲际

图 2-2　网络分布

局域网的地理范围一般在 10km 以内,少则几 Mb/s 多则上万 Mb/s 的总数据速率,并且为一个单位或组织完全拥有。局域网组建方便、使用灵活,是目前计算机网络发展中最活跃的分支。

与局域网相比,广域网覆盖的范围大,一般在几十千米至几万千米。例如,一个国家或洲际网络,用于通信的传输装置和介质多数由电信部门提供,能实现大范围内的资源共享。

介于 LAN 和 WAN 之间的是城市区域网(简称城域网),其范围通常覆盖一个城市或地区,距离从几十千米到上百千米。

局域网技术和广域网技术的关键区别是:广域网的设计者总是出于法律、经济或政治原因去使用现存的公共载体通信网络,而不管它技术上的适用性如何;而对于局域网来说,没有什么能阻止局域网的设计好铺设它们自己的高带宽线缆,并且它们几乎总是这样做。另一个不同点是,局域网的线缆是高度可靠的,差错率远低于广域网。

因特网其实不是一种单一的物理网络,它是由不同的物理网络组合在一起的,是网络组成的网络。它是世界上最大的网络。

2.1.3　计算机网络的发展

一般来说,可以把计算机网络的发展分为四个阶段。

1. 面向终端的计算机网络

其特点是计算机是网络的中心和控制者,终端围绕中心计算机分布在各处,呈分层星状结构,各终端通过通信线路共享主机的硬件和软件资源,计算机的主要任务还是进行批处理。这一阶段的主要是数据集中式处理,数据处理和通信处理都是通过主机完成,这样数据的传输速率就受到了限制;而且系统的可靠性和性能完全取决于主机的可靠性和性能,这样便于维护和管理,数据的一致性也较好。

2．分组交换网

分组交换网由通信子网和资源子网组成,以通信子网为中心,不仅共享通信子网的资源,还可共享资源子网的硬件和软件资源。网络的共享采用排队方式,即由节点的分组交换机负责分组的存储转发和路由选择,给两个进行通信的用户段续(或动态)分配传输带宽,这样就可以大大提高通信线路的利用率,非常适合突发式的计算机数据。

3．形成计算机网络体系结构

为了使不同体系结构的计算机网络都能互联,国际标准化组织 ISO 提出了一个能使各种计算机在世界范围内互联成网的标准框架——开放系统互连基本参考模型 OSI。这样,只要遵循 OSI 标准,一个系统就可以和位于世界上任何地方的,也遵循同一标准的其他任何系统进行通信。

4．面向全球互联的高速计算机网络

20 世纪 90 年代以后,随着数字通信的出现,计算机网络进入到第 4 个发展阶段。这一时期在计算机通信与网络技术方面以高速率、高服务质量、高可靠性等为指标,出现了高速以太网、无线网络等技术,计算机网络的发展与应用渗入了人们生活的各个方面,进入一个多层次的发展阶段。

2.1.4　网络传输介质

1．双绞线（Twisted-Pair）

双绞线是现在使用最普遍的传输介质,它由两条相互绝缘的铜线组成,典型直径为 1mm(见图 2-3)。两根线绞接在一起是为了防止其电磁感应在邻近线对中产生干扰信号。双绞线接头为具有国际标准的 RJ-45 插头和插座。双绞线分为屏蔽（shielded）双绞线 STP 和非屏蔽（unshielded）双绞线 UTP。非屏蔽双绞线有线缆外皮作为屏蔽层,适用于网络流量不大的场合中;屏蔽式双绞线具有一个金属甲套（sheath）,对电磁干扰 EMI（Electromagnetic Interference）具有较强的抵抗能力,适用于网络流量较大的高速网络协议应用。现在常用的为超五类和六类非屏蔽双绞线。

图 2-3　双绞线

(1) CAT-1

目前未被 TIA/EIA 承认。以往用在传统电话网络(POTS)、ISDN 及门钟的线路。

(2) CAT-2

目前未被 TIA/EIA 承认。以往常用在 4Mb/s 的令牌环网络。

(3) CAT-3

目前以 TIA/EIA-568-B 所界定及承认,并提供 16MHz 的带宽。曾经常用在 10Mb/s

以太网络。

（4）CAT-4

目前未被 TIA/EIA 承认。提供 20MHz 的带宽。以往常用在 16Mb/s 的令牌环网络。

（5）CAT-5

目前以 TIA/EIA-568-A 所界定及承认，并提供 100MHz 的带宽。目前常用在快速以太网（100Mbit/s）中。

（6）CAT-5e

目前以 TIA/EIA-568-B 所界定及承认，并提供 125MHz 的带宽。目前常用在快速以太网及吉比特以太网（1Gb/s）中。

（7）CAT-6

目前以 TIA/EIA-568-B 所界定及承认。提供 250MHz 的带宽，比 CAT-5 与 CAT-5e 高出 1.5 倍。

（8）CAT-7

为 ISO/IEC 11801 Class F 缆线标准的非正式名称。此标准定义 4 对分别屏蔽的双绞线包覆在一个屏蔽内。设计以 600MHz 频率传输信号。

2. 同轴电缆（Coaxial）

广泛使用的同轴电缆有两种：一种为 50Ω（指沿电缆导体各点的电磁电压对电流之比）同轴电缆，用于数字信号的传输，即基带同轴电缆；另一种为 75Ω 同轴电缆，用于宽带模拟信号的传输，即宽带同轴电缆。同轴电缆以单根铜导线为内芯，外裹一层绝缘材料，外覆密集网状导体，最外面是一层保护性塑料。金属屏蔽层能将磁场反射回中心导体，同时也使中心导体免受外界干扰，故同轴电缆比双绞线具有更高的带宽和更好的噪声抑制特性，如图 2-4 所示。

图 2-4　同轴电缆

3. 光导纤维（Fiber Optic）

光导纤维是软而细的、利用内部全反射原理来传导光束的传输介质，有单模和多模之分。光纤传输有以下好处：

（1）容量大。光纤工作频率比电缆使用的工作频率高出若干个数量级，所以传输容量大。

（2）衰减小。光纤每千米衰减比目前容量最大的通信同轴电缆每千米衰减要低一个数量级以上。

（3）抗干扰性强。光纤不受强电、电气信号和雷电干扰，抗电磁脉冲能力也很强。

（4）成本低。一般通信电缆要耗用大量的铜。光纤是由石英玻璃制成，成本比金属低。

光纤一般分为单模光纤和多模光纤。单模光纤（single-mode）由于只传输主模，也就是说光线只沿光纤的内芯进行传输。由于完全避免了模式色散，使得单模光纤的传输性能很好，因而适用于长距离的光纤通信。单模光纤使用的光波长为 1310nm 或 1550nm。多模光纤（multi-mode）在一定的工作波长（850nm/1300nm）下有多个模式在传输。由于色散或像差，这种光纤的传输性能较差，适合距离比较短的数据传输。两种光纤光线轨迹图如图 2-5 所示。

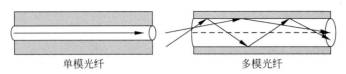

图 2-5　单模/多模光纤光线轨迹图

光纤的芯径因类型而异,通常为几微米到 $100\mu m$,外径大多数约为 $125\mu m$。它是很细也很脆弱的玻璃纤维,所以在现实使用场景当中,它的外表面有塑料被覆层以及其他保护层。光缆是一定数量的光纤按照一定方式组成缆芯,外包有护套,有的还包覆外护层,用以实现光信号传输的一种线缆。光缆的结构如图 2-6 所示。

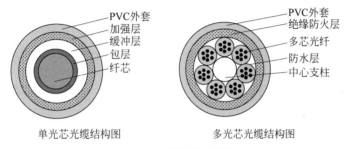

图 2-6　光缆结构示意图

2.1.5　无线网络

无线网络是指任何形式的无线计算机网络,即不通过有线介质即可在节点之间相互链接的网络。无线网络的技术有很多种,如蓝牙、ZigBee、WiMAX、HomeRF、IEEE 802.11 等。

这里我们主要讨论的是最为常见的 IEEE 802.11。IEEE 802.11 是现今无线局域网通用的标准,它是由国际电机电子工程学会(IEEE)所定义的无线网络通信的标准。虽然有人将 IEEE 802.11 俗称为 Wi-Fi,但两者之间还是有一定区别的,实际上 Wi-Fi 只是 Wi-Fi 联盟的一个商标,严格来说并不能作为此类技术的统称。

IEEE 802.11 之前推出的常见标准有 IEEE 802.11a、IEEE 802.11b、IEEE 802.11g,目前主流的标准为 IEEE 802.11n、IEEE 802.11ac 和 IEEE 802.11ax。

IEEE 802.11n 理论最大带宽为 600Mb/s,802.11n 工作在 2.4GHz 和 5GHz 两个频段。

IEEE 802.11ac 理论最大带宽为 6.9Gb/s,802.11ac 工作在 5GHz 频段。

IEEE 802.11ax 理论最大带宽为 9.6Gb/s,802.11ax 工作在 2.4GHz 和 5GHz 两个频段。

IEEE 802.11 是目前无线网络的主流技术,几乎所有的笔记本电脑、智能手机、平板电脑等设备都支持这一标准。

常见的无线路由器或无线 AP 大致有三种类型。

1. 放装型

放装型是最常见的无线路由器或无线 AP 产品形态,可以放置在桌面或者安装于墙壁、天花板等位置。它主要用于家庭、办公室或者广场、图书馆等开阔区域。天线可以内置也可以外置(见图 2-7 和图 2-8)。

图 2-7　内置天线无线路由器

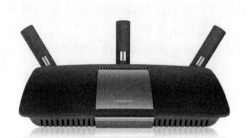

图 2-8　外置天线无线路由器

2. 墙面型

墙面型 AP 尺寸符合标准的 86 开关面板盒规格,而且还集成了网口和电话接口,可以在不破坏墙面装修的情况下安装在接线盒上,是酒店等环境无线网络建设的最佳选择(见图 2-9)。

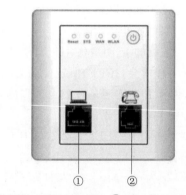

① 有线LAN接口(RJ-45); ② Phone接口(RJ-11)

图 2-9　墙面型 AP

3. 分线型

分线型 AP 适合一些特殊的应用环境(如学生宿舍网、医院病房等),通过延长线缆长度,可将天线延伸至较远的房间内,可实现 AP"一分多"部署模式,不仅保证了每个房间内的信号强度,同时也满足了高流量的用户覆盖(见图 2-10)。

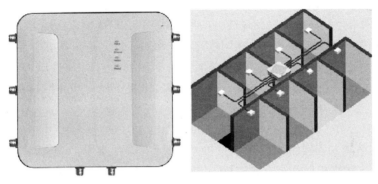

图 2-10　分线型 AP

无线网络等电磁信号对于健康的影响一直是人们非常关心的话题。为了回应公众日益增长的对于暴露在数量和种类越来越多的电磁场来源下可能产生的健康效应的担忧,世界卫生组织(WHO)在 1996 年启动了这一大型的多学科的研究项目。国际电磁场项目整合了现有的知识和主要的国际、国家组织和科研机构可以利用的资源。

在有关非电离性辐射的生物效应和医学应用的领域,在过去几十年中大约已经有 25 000 篇论文发表。虽然部分人士认为需要进行更多的研究,但是这一领域的科学知识广度已经超过了大多数的化学物质。根据最近一项对科学文献的深入回顾,世界卫生组织做出结论,目前的证据不足以确认暴露在低强度下的电磁场会造成任何的健康后果。

也就是说,尽管已经进行了大量、广泛的科学研究,到目前为止也没有发现类似于无线网络、微波炉、电磁炉等发出的电磁信号会对人的身体带来健康风险的有力证据。详细信息请参考世界卫生组织(WHO)官方网站。

2.2　Internet 基础知识

2.2.1　网络协议

网络中不同的工作站,服务器之间之所以能够传输数据,是因为它们遵循了相同的通信规则,这些规则就是网络协议。历史上曾经开发了许多网络协议,但是只有少数被保留了下来。那些淘汰的协议有多种原因——设计不好、实现不好或缺乏支持,而那些保留下来的协议经历了时间的考验并成为有效的通信方法。当今最常见的几个协议是 NETBEUI 协议、IPX/SPX 协议和 TCP/IP 协议。

1. NETBEUI

NETBEUI 是为 IBM 开发的非路由协议,用于携带 NETBIOS 通信。NETBEUI 缺乏路由和网络层寻址功能,既是其最大的优点,也是其最大的缺点。因为它不需要附加的网络地址和网络层头尾,所以很快并很有效且适用于只有单个网络或整个环境都桥接起来的小工作组环境。

因为不支持路由,所以 NETBEUI 永远不会成为企业网络的主要协议。NETBEUI 帧中唯一的地址是数据链路层媒体访问控制（MAC）地址，该地址标识了网卡但没有标识网络。路由器靠网络地址将帧转发到最终目的地，而 NETBEUI 帧完全缺乏该信息。

网桥负责按照数据链路层地址在网络之间转发通信，但是有很多缺点。因为所有的广播通信都必须转发到每个网络中，所以网桥的扩展性不好。NETBEUI 特别包括了广播通信的记数并依赖它解决命名冲突。一般而言，桥接 NETBEUI 网络很少超过 100 台主机。

近年来依赖于第二层交换器的网络变得更为普遍。完全的转换环境降低了网络的利用率，尽管广播仍然转发到网络中的每台主机。事实上，联合使用 100-BASE-T Ethernet，允许转换 NetBIOS 网络扩展到 350 台主机，才能避免广播通信成为严重的问题。

2. IPX/SPX

IPX 是 NOVELL 用于 NETWARE 客户端/服务器的协议群组，避免了 NETBEUI 的弱点。但是，它带来了新的不同弱点。

IPX 具有完全的路由能力，可用于大型企业网。它包括 32 位网络地址，在单个环境中允许有许多路由网络。

IPX 的可扩展性受到其高层广播通信和高开销的限制。服务广告协议（Service Advertising Protocol，SAP）将路由网络中的主机数限制为几千台。尽管 SAP 的局限性已经被智能路由器和服务器配置所克服，但是，对于大规模 IPX 网络的管理员而言仍是非常困难的工作。

3. TCP/IP

TCP/IP（Transmission Control Protocol/Internet Protocol，传输控制协议/互联网络协议）是 Internet 最基本的协议。

TCP 最早由斯坦福大学的两名研究人员于 1973 年提出。1983 年，TCP/IP 被 UNIX 4.2BSD 系统采用。随着 UNIX 的成功，TCP/IP 逐步成为 UNIX 机器的标准网络协议。Internet 的前身 ARPANET 最初使用 NCP（Network Control Protocol）协议，由于 TCP/IP 具有跨平台特性，ARPANET 的实验人员在经过对 TCP/IP 的改进以后，规定连入 ARPANET 的计算机都必须采用 TCP/IP 的协议。随着 ARPANET 逐渐发展成为 Internet，TCP/IP 就成为 Internet 的标准连接协议。

TCP/IP 其实是一个协议集合，它包括 TCP 协议（Transport Control Protocol，传输控制协议）、IP（Internet Protocol，Internet 协议）及其他一些协议。TCP 协议用于在应用程序之间传送数据，IP 协议用于在主机之间传送数据。

2.2.2　IP 地址

最初设计互联网络时，为了便于寻址以及层次化构造网络，每个 IP 地址包括两个标识码（ID），即网络 ID 和主机 ID。同一个物理网络上的所有主机（可以理解为所有联网设备）都使用同一个网络 ID，网络上的一个主机（包括网络上服务器和网络设备等）有一个主机 ID 与其对应。Internet 委员会定义了 5 种 IP 地址类型以适合不同容量的网络，即 A～E 类。

其中 A、B、C 3 类由 Internet NIC 在全球范围内统一分配,D、E 类为特殊地址。

1. A 类 IP 地址

一个 A 类 IP 地址由 1 个字节的网络地址和 3 个字节主机地址组成,网络地址的最高位必须是"0",地址范围为 1.0.0.0~126.0.0.0。可用的 A 类网络有 126 个,每个网络能容纳 1000 多万个主机。

2. B 类 IP 地址

一个 B 类 IP 地址由两个字节的网络地址和两个字节的主机地址组成,网络地址的最高位必须是"10",地址范围为 128.0.0.0~191.255.255.255。可用的 B 类网络有 16 382 个,每个网络能容纳 60 000 多个主机。

3. C 类 IP 地址

一个 C 类 IP 地址由 3 个字节的网络地址和 1 个字节的主机地址组成,网络地址的最高位必须是"110",地址范围为 192.0.0.0~223.255.255.255。C 类网络可达 2 090 000 余个,每个网络能容纳 254 个主机。

4. D 类地址用于多点广播(Multicast)

D 类 IP 地址第一个字节以"1110"开始,它是一个专门保留的地址。它并不指向特定的网络,目前这一类地址被用在多点广播中。多点广播地址用来一次寻址一组计算机,它标识共享同一协议的一组计算机。

5. E 类 IP 地址

以"1110"开始,为将来使用保留。

全零("0.0.0.0")地址对应于当前主机。全"1"的 IP 地址("255.255.255.255")是当前子网的广播地址。

在 IP 地址 3 种主要类型中各保留了 3 个区域作为私有地址,其地址范围如下。

A 类地址:10.0.0.0~10.255.255.255;

B 类地址:172.16.0.0~172.31.255.255;

C 类地址:192.168.0.0~192.168.255.255。

A 类地址的第一组数字为 1~126。注意,数字 0 和 127 不作为 A 类地址,数字 127 保留给内部回送函数,而数字 0 则表示该地址是本地宿主机,不能传送。

B 类地址的第一组数字为 128~191。

C 类地址的第一组数字为 192~223。

2.2.3　域名系统

由于数字形式的 IP 地址难以记忆和理解,为此,Internet 引入了一种字符型的主机命名机制——域名系统,用来表示主机的地址。

1. 域名系统 DNS

域名系统主要由域名空间的划分、域名管理和地址转换三部分组成。

TCP/IP 采用分层次结构方法命名域名。这种命名方法的优点是将结构加入到名字的命名中间。将名字分成若干层次,每个层次只管理自己的内容。此外,每一层又分成若干部分,这样一层一层分开,使整个域名空间成为一个倒立的分层树状结构,每个节点上都有一个名字。这样一来,一台主机的名字就是该树状结构从树叶到树根路径上各个节点名字的一个序列。很显然,只要一层不重名,主机名就不会重名。

一个命名系统,以及按命名规则产生的名字管理和名字与 IP 地址的对应方法,称为域名系统(Domain Name System,DNS)。

域名的写法类似于点分十进制的 IP 地址的写法,用点号将各级子域名分隔开来,域的层次次序从右到左(即由高到低或由大到小)分别称为顶级域名(一级域名)、二级域名、三级域名等。典型的域名结构如下:

主机名.单位名.机构名.国家名

例如,mail. dlufl. edu. cn 域名表示中国(cn)教育机构(edu)大连外国语大学(dlufl)校园网上的一台主机(mail)。

Internet 上几乎在每一子域都设有域名服务器,服务器中包含有该子域的全体域名和地址信息。Internet 每台主机上都有地址转换请求程序,负责域名与 IP 地址转换。域名和地址之间的转换工作称为域名解析,整个过程是自动进行的。有了 DNS 系统,凡域名空间中有定义的域名都可以有效地转换成 IP 地址;反之,IP 地址也可以转换成域名。因此,用户可以等价地使用域名或 IP 地址。

2. 顶级域名

为了保证域名系统的通用性,Internet 规定了一些正式的通用标准,分为区域名和类型名两类。区域名用两个字母表示世界各国或地区。

按区域名登记产生的域名称为地理型域名,按类型名登记产生的域名称为组织机构型域名。在地理型域名中,除了美国的国家域名代码 us 可默认外,其他国家的主机若要按地理模式申请登记域名,则顶级域名必须先采用该国家的域名代码后再申请二级域名。

3. IP 地址与域名的管理

为了确保 IP 地址与域名在 Internet 上的唯一性,IP 地址统一由各级网络信息中心(Network Information Center,NIC)分配。NIC 面向服务和用户(包括不可见的用户软件),在其管辖范围内设置各类服务器。

国际级的 NIC 中的 InterNIC 负责美国及其他地区的 IP 地址的分配,RIPENIC 负责欧洲地区的 IP 地址的分配,总部设在日本东京大学的 APNIC 负责亚太地区的 IP 地址的分配。

中国互联网络信息中心 CNNIC 负责中国境内的互联网络域名注册和 IP 地址分配,并协助政府实施对中国互联网络的管理。其网站地址是 http//www. cnnic. net. cn。

单位在建立网络并预备接入 Internet 时,必须事先向 CNNIC 申请注册域名和 IP 地址。

需要注意的是,单位在向 Internet 网络信息中心申请 IP 地址时,实际获得的是一个网络地址。具体的各个主机地址由该单位自行分配,只要做到该单位管辖范围内无重复的主机地址即可。

2.2.4 万维网

万维网,也叫"WWW""Web",是一个通过互联网访问的,由许多互相链接的超文本组成的系统。科学家蒂姆·伯纳斯-李于 1989 年发明了万维网。1990 年,他在瑞士 CERN 工作期间编写了第一个网页浏览器。网页浏览器于 1991 年在 CERN 以外发行,1991 年 1 月最先向其他研究机构发行,并于 1991 年 8 月在互联网上向公众开放。

万维网是信息时代发展的核心,也是数十亿人在互联网上进行交互的主要工具。网页主要是超文本标记语言(HTML)。除了文字之外,网页还可能包含图片、视频、声音等元素,这些网页元素会在用户的网页浏览器中呈现为多媒体内容的连贯页面。

需要注意的是,万维网并不等同互联网,万维网只是互联网所能提供的众多服务之一。

2.2.5 网络拓扑结构

网络的拓扑结构是抛开网络物理连接来讨论网络系统的连接形式,网络中各站点相互连接的方法和形式称为网络拓扑。拓扑图给出网络服务器、工作站的网络配置和相互间的连接,它的结构主要有星状结构、环状结构、总线结构、树状结构、网状结构等。

1. 星状拓扑结构

星状结构是指各工作站以星状方式连接成网(见图 2-11)。网络中的节点(工作站、服务器)都与中央节点直接相连,这种结构以中央节点为中心,因此又称为集中式网络。它具有如下特点:结构简单,便于管理;控制简单,便于建网;网络延迟时间较小,传输误差较低。但缺点也是明显的:成本高、可靠性较低、资源共享能力也较差。

2. 环状拓扑结构

环状结构由网络中若干节点通过点到点的链路首尾相连形成一个闭合的环,这种结构使公共传输电缆组成环型连接,数据在环路中沿着一个方向在各个节点间传输,信息从一个节点传到另一个节点(见图 2-12)。

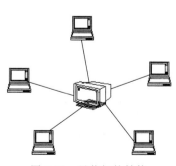

图 2-11 星状拓扑结构

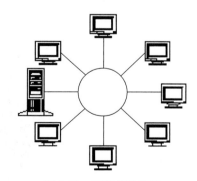

图 2-12 环状拓扑结构

环状结构具有如下特点：信息流在网中是沿着固定方向流动的，两个节点间仅有一条道路，故简化了路径选择的控制；环路上各节点都是自己控制，故控制软件简单；由于信息源在环路中是串联地穿过各个节点，当环中节点过多时，势必影响信息传输速率，使网络的响应时间延长；环路是封闭的，不便于扩充；可靠性低，一个节点故障时将会造成全网瘫痪；维护难，对分支节点故障定位较难。

3. 总线型拓扑结构

总线结构是指各工作站和服务器均挂在一条总线上，各工作站地位平等，无中心节点控制，公用总线上的信息多以基带形式串联传递，其传递方向总是从发送信息的节点开始向两端扩散，如同广播电台发射的信息一样，因此又称广播式计算机网络。各节点在接收信息时都进行地址检查，看是否与自己的工作站地址相符，相符则接收网上的信息（见图 2-13）。

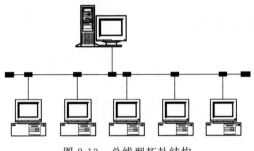

图 2-13 总线型拓扑结构

总线型结构的网络特点如下：结构简单，可扩充性好；当需要增加节点时，只需要在总线上增加一个分支接口便可与分支节点相连，当总线负载不允许时还可以扩充总线；使用的电缆少，且安装容易；使用的设备相对简单，可靠性高；维护难，分支节点故障查找难。

4. 树状拓扑结构

树状结构是分级的集中控制式网络，与星状相比，它的通信线路总长度短，成本较低，节点易于扩充，寻找路径比较方便，但除了叶节点及其相连的线路外，任一节点或其相连的线路故障都会使系统受到影响（见图 2-14）。

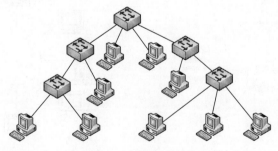

图 2-14 树状拓扑结构

5. 网状拓扑结构

在网状拓扑结构中,网络的每台设备之间均有点到点的链路连接,这种连接不经济,只有每个站点都要频繁发送信息时才使用这种方法(见图 2-15)。它的安装也复杂,但系统可靠性高,容错能力强。

在计算机网络中还有其他类型的拓扑结构,如总线型与星状混合、总线型与环型混合连接的网络。在局域网中,使用最多的是星状结构和总线型结构。

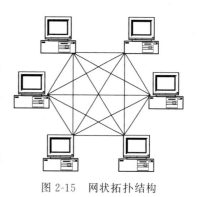

图 2-15　网状拓扑结构

2.3　计算机信息安全

2.3.1　信息和网络安全形势

信息系统和互联网络在经济、政治、文化和社会生活中的地位日趋重要,信息和网络安全形势更为复杂。以互联网为核心的网络空间已成为继陆、海、空、天之后的第五大战略空间,各国均高度重视网络信息安全问题。

2014 年 2 月 27 日,中央网络安全和信息化领导小组成立(后于 2018 年改为中国共产党中央网络安全和信息化委员会),标志着我国已正式将网络安全提升至国家安全的高度,信息及网络安全的重要性上升到了前所未有的高度,加强网络安全已成为当务之急。该委员会着眼国家安全和长远发展,统筹协调涉及经济、政治、文化、社会及军事等各个领域的网络安全和信息化重大问题,研究制定网络安全和信息化发展战略、宏观规划和重大政策,推动国家网络安全和信息化法治建设,不断增强安全保障能力。

中央网络安全和信息化委员会的成立是以规格高、力度大、立意远来统筹指导中国迈向网络强国的发展战略,在中央层面设立一个更强有力、更有权威性的机构;体现了中国最高层全面深化改革、加强顶层设计的意志,显示出在保障网络安全、维护国家利益、推动信息化发展的决心。这是落实党的十八届三中全会精神的又一重大举措,是中国网络安全和信息化国家战略迈出的重要一步,标志着现阶段拥有 9 亿网民的网络大国加速向网络强国挺进。

由全国人民代表大会常务委员会于 2016 年 11 月 7 日发布,自 2017 年 6 月 1 日起施行《中华人民共和国网络安全法》。网络安全法是为保障网络安全,维护网络空间主权和国家安全、社会公共利益,保护公民、法人和其他组织的合法权益,促进经济社会信息化健康发展制定。《中华人民共和国网络安全法》是我国第一部全面规范网络空间安全管理方面问题的基础性法律,是我国网络空间法治建设的重要里程碑,是依法治网、化解网络风险的法律重器,是让互联网在法治轨道上健康运行的重要保障。

2.3.2　安全威胁类别

近年来,不同类别的恶意程序之间的界限逐渐模糊,木马和僵尸程序是黑客最常利用的攻击手段。新的攻击形式和手段也层出不穷。根据国家互联网应急中心发布的《中国互联网网络安全报告》中的定义,恶意程序主要包括计算机病毒、蠕虫、木马、僵尸程序等。具体相关定义如下。

1. 漏洞

漏洞是指信息系统中的软件、硬件或通信协议中存在缺陷或不适当的配置,从而可使攻击者在未授权的情况下访问或破坏系统,导致信息系统面临安全风险。

2. 恶意程序

恶意程序是指在未经授权的情况下,在信息系统中安装、执行以达到不正当目的的程序。对恶意程序分类说明如下。

1) 特洛伊木马(Trojan Horse)

特洛伊木马(简称木马)是以盗取用户个人信息,甚至是远程控制用户计算机为主要目的的恶意程序。由于它像间谍一样潜入用户的计算机,与战争中的"木马"战术十分相似,因而得名木马。按照功能,木马程序可进一步分为盗号木马、网银木马、窃密木马、远程控制木马、流量劫持木马、下载者木马和其他木马 7 类。

(1) 盗号木马是用于窃取用户电子邮箱、网络游戏等账号的木马。

(2) 网银木马是用于窃取用户网银、证券等账号的木马。

(3) 窃密木马是用于窃取用户主机中敏感文件或数据的木马。

(4) 远程控制木马是以不正当手段获得主机管理员权限,并能够通过网络操控用户主机的木马。

(5) 流量劫持木马是用于劫持用户网络浏览的流量到攻击者指定站点的木马。

(6) 下载者木马是用于下载更多恶意代码到用户主机并运行,以进一步操控用户主机的木马。

2) 僵尸程序(Bot)

僵尸程序是用于构建大规模攻击平台的恶意程序。按照使用的通信协议,僵尸程序可进一步分为 IRC 僵尸程序、Http 僵尸程序、P2P 僵尸程序和其他僵尸程序 4 类。

3) 蠕虫(Worm)

蠕虫是指能自我复制和广泛传播,以占用系统和网络资源为主要目的的恶意程序。按照传播途径,蠕虫可进一步分为邮件蠕虫、即时消息蠕虫、U 盘蠕虫、漏洞利用蠕虫和其他蠕虫 5 类。

4) 病毒(Virus)

病毒是通过感染计算机文件进行传播,以破坏或篡改用户数据、影响信息系统正常运行为主要目的的恶意程序。

5) 其他

上述分类未包含的其他恶意程序。

随着黑客地下产业链的发展,互联网上出现的一些恶意程序还具有上述分类中的多重功能属性和技术特点,并不断发展。对此,我们按照恶意程序的主要用途并参照上述定义进行归类。

（1）僵尸网络。

僵尸网络是被黑客集中控制的计算机群,其核心特点是黑客能够通过一对多的命令与控制信道操纵感染木马或僵尸程序的主机执行相同的恶意行为,如可同时对某目标网站进行分布式拒绝服务攻击,或发送大量的垃圾邮件等。

（2）拒绝服务攻击。

拒绝服务攻击是向某一目标信息系统发送密集的攻击包,或执行特定攻击操作,以期致使目标系统停止提供服务。

（3）网页篡改。

网页篡改是恶意破坏或更改网页内容,使网站无法正常工作或出现黑客插入的非正常网页内容。

（4）网页仿冒。

网页仿冒是通过构造与某一目标网站高度相似的页面(俗称钓鱼网站),并通常以垃圾邮件、即时聊天、手机短信或网页虚假广告等方式发送声称来于于被仿冒机构的欺骗性消息,诱骗用户访问钓鱼网站,以获取用户个人秘密信息(如银行账号和账户密码)。

（5）网页挂马。

网页挂马是通过在网页中嵌入恶意程序或链接,致使用户计算机在访问该页面时触发执行恶意脚本,从而在不知情的情况下跳转至"放马站点"(指存放恶意程序的网络地址,可以为域名,也可以直接使用 IP 地址),下载并执行恶意程序。

（6）网站后门。

网站后门事件是指黑客在网站的特定目录中上传远程控制页面从而能够通过该页面秘密远程控制网站服务器的攻击事件。

（7）垃圾邮件。

垃圾邮件是将不需要的消息(通常是未经请求的广告)发送给众多收件人,包括:收件人事先没有提出要求或者同意接收的广告、电子刊物、各种形式的宣传品等宣传性的电子邮件;收件人无法拒收的电子邮件;隐藏发件人身份、地址、标题等信息的电子邮件;含有虚假的信息源、发件人、路由等信息的电子邮件。

（8）域名劫持。

域名劫持是通过拦截域名解析请求或篡改域名服务器上的数据,使得用户在访问相关域名时返回虚假 IP 地址或使用户的请求失败。

（9）非授权访问。

非授权访问是没有访问权限的用户以非正当的手段访问数据信息。非授权访问事件一般发生在存在漏洞的信息系统中,黑客通过专门的漏洞利用程序(Exploit)来获取信息系统访问权限。

（10）路由劫持。

路由劫持是通过欺骗方式更改路由信息,以导致用户无法访问正确的目标,或导致用户的访问流量绕行黑客设定的路径,以达到不正当的目的。

（11）移动互联网恶意程序。

移动互联网恶意程序是指在用户不知情或未授权的情况下,在移动终端系统中安装、运行以达到不正当目的,或具有违反国家相关法律法规行为的可执行文件、程序模块或程序片段。按照行为属性分类,移动互联网恶意程序包括恶意扣费、信息窃取、远程控制、恶意传播、资费消耗、系统破坏、诱骗欺诈和流氓行为 8 种类型。

(12) 勒索软件。

勒索软件,又称勒索病毒,是一种特殊的恶意软件,其与其他病毒最大的不同在于手法以及中毒方式。勒索软件会系统性地加密受害者硬盘上的文件。所有的勒索软件都会要求受害者缴纳赎金以取回对计算机的控制权,或是取回受害者根本无从自行获取的解密密钥以便解密文件。勒索软件通常通过木马病毒的形式传播,将自身掩盖为看似无害的文件,通常会通过假冒成普通的电子邮件等社会工程学方法欺骗受害者单击链接下载,但也有可能与许多其他蠕虫病毒一样利用软件的漏洞在联网的计算机间传播。

2.3.3 计算机病毒

计算机病毒(Computer Virus)在《中华人民共和国计算机信息系统安全保护条例》中被明确定义,病毒是指"编制者在计算机程序中插入的破坏计算机功能或者破坏数据,影响计算机使用并且能够自我复制的一组计算机指令或者程序代码"。计算机病毒是人利用计算机软件和硬件所固有的脆弱性编制的一组指令集或程序代码。它能潜伏在计算机的存储介质(或程序)里,条件满足时即被激活,通过修改其他程序的方法将自己的精确复制或者可能演化的形式放入其他程序中,从而感染其他程序,对计算机资源进行破坏。

计算机病毒有以下几个特征:

(1) 寄生性。计算机病毒寄生在其他程序之中,当执行这个程序时,病毒就会随即起破坏作用;而在未启动这个程序之前,它是不易被人察觉的。

(2) 传染性。计算机病毒不但本身具有破坏性,更有害的是它还具有传染性。一旦病毒被复制或产生变种,其传播速度之快令人难以预防,就如同生物界病毒的传染和扩散一样。在适当的条件下,计算机病毒也可以大量繁殖,并通过各种渠道从已被感染的计算机扩散到未被感染的计算机,从而造成被感染的计算机工作失常甚至瘫痪。

(3) 潜伏性。有些病毒像定时炸弹一样,什么时间发作都是预先设计好的。因此病毒可以静静地躲在磁盘或其他合适的角落,一旦时机成熟,得到运行机会,就要四处繁殖、扩散。潜伏性的第二种表现是指计算机病毒的内部往往有一种触发机制,不满足触发条件时,计算机病毒除了传染外不做任何破坏。

(4) 隐蔽性。计算机病毒具有很强的隐蔽性,有的可以通过病毒软件检查出来,有的则查不出来,有的时隐时现、变化无常,处理起来通常很困难。

(5) 破坏性。计算机病毒的破坏性是其主要特征。它可以删除用户数据,破坏操作系统,从而导致计算机软硬件无法正常工作。

(6) 可触发性。因某个事件或特定条件的出现,诱使病毒实施感染或进行攻击的特性叫作病毒的可触发性。因为病毒既要隐蔽又要维持杀伤力,所以它必须具有可触发性,病毒的触发机制是用来控制感染和破坏动作的频率。

(7) 不可预测性。从病毒的检测角度来看,计算机病毒还具有不可预测性。随着新技术的不断涌现,并被应用在计算机病毒编写上,所以谁也无法预测下一种病毒是什么,它又是否会采用全新的编程技术。

计算机病毒可以根据下面的属性进行分类。

1．按病毒破坏能力

（1）无害型。这类病毒除了传染时减少磁盘的可用空间外，对系统没有其他影响。

（2）无危险型。这类病毒仅仅是减少内存、显示图像、发出声音及同类影响。

（3）危险型。这类病毒在计算机系统操作中造成严重的错误。

（4）非常危险型。这类病毒删除程序、破坏数据、清除系统内存区和操作系统中重要信息。

2．按传染方式

（1）引导区型病毒。主要通过软盘在操作系统中传播，感染引导区，蔓延到硬盘，并能感染到硬盘中的"主引导记录"。

（2）文件型病毒。是文件感染者，也称为"寄生病毒"。它运行在计算机存储器中，通常感染扩展名为 COM、EXE、SYS 等类型的文件。

（3）混合型病毒。具有引导区型病毒和文件型病毒两者的特点。

3．根据病毒传染渠道

（1）常驻型病毒。这种类型的病毒包含复制模块，其角色类似于非常驻型病毒中的复制模块。复制模块在常驻型病毒中不会被搜索模块调用。病毒在被运行时会将复制模块加载内存，并确保当操作系统运行特定动作时，该复制模块会被调用。例如，复制模块会在操作系统运行其他文件时被调用。在这个例子中，所有可以被运行的文件均会被感染。

常驻型病毒有时会被区分成快速感染者和慢速感染者。快速感染者会试图感染尽可能多的文件。例如，一个快速感染者可以感染所有被访问到的文件。这会对杀毒软件造成特别影响的问题。当运行全系统防护时，杀毒软件需要扫描所有可能会被感染的文件。如果杀毒软件没有察觉到内存中有快速感染者，快速感染者可以借此搭便车，利用杀毒软件扫描文件的同时进行感染。快速感染者依赖其快速感染的能力，但这同时会使得快速感染者容易被侦测到。这是因为其行为会使得系统性能降低，进而增加被杀毒软件侦测到的风险。相反地，慢速感染者被设计成偶尔才对目标进行感染，如此一来就可能避免被侦测到的机会。例如，有些慢速感染者只有在其他文件被复制时才会进行感染。但是慢速感染者此种试图避免被侦测到的做法似乎并不成功。

（2）非常驻型病毒。这种类型的病毒可以被看成是具有搜索模块和复制模块的程序。搜索模块负责查找可被感染的文件，一旦搜索到该文件，搜索模块就会启动复制模块进行感染。

2.3.4　计算机蠕虫

计算机蠕虫与计算机病毒相似，是一种能够自我复制的计算机程序。与计算机病毒不同的是，计算机蠕虫不需要附在别的程序内，可能不用使用者介入操作也能自我复制或执行。计算机蠕虫未必会直接破坏被感染的系统，却几乎都对网络有害。计算机蠕虫可能会执行垃圾代码以发动分散式阻断服务攻击，令计算机的执行效率极大程度降低，从而影响计算机的正常使用；可能会损毁或修改目标计算机的档案；亦可能只是浪费带宽。

（恶意的）计算机蠕虫可根据其目的分成两类：

（1）一种是面对大规模计算机使用网络发动拒绝服务的计算机蠕虫；

（2）另一种是针对个人用户的以执行大量垃圾代码的计算机蠕虫。

计算机蠕虫多不具有跨平台性，但是在其他平台下，可能会出现其平台特有的非跨平台性的平台版本。第一个被广泛注意的计算机蠕虫名为："莫里斯蠕虫"，由罗伯特·泰潘·莫里斯编写，于 1988 年 11 月 2 日释出第一个版本。这个计算机蠕虫间接和直接地造成了近 1 亿美元的损失。这个计算机蠕虫释出之后，引起了各界对计算机蠕虫的广泛关注。

病毒和蠕虫的区别：

一般来说，很多资料里把蠕虫也简单归类为计算机病毒之一，其实蠕虫和典型的计算机病毒还是有一定区别的，具体如表 2-1 所示。

表 2-1　病毒和蠕虫的区别

方　　式	类　　型	
	病　　毒	蠕　　虫
存在形式	寄存文件	独立程序
传染机制	宿主程序运行	指令代码执行直接攻击
传染目标	本地文件	网络上的计算机

2.3.5　特洛伊木马

"木马"这一名称来源于一个古希腊神话。攻城的希腊联军佯装撤退后留下了一只木马，特洛伊人将其当作战利品带回城内。当特洛伊人为胜利而庆祝时，从木马中出来了一队希腊兵，他们悄悄打开城门，放进了城外的军队，最终攻克了特洛伊城。计算机中所说的木马一样也是一种有害的程序，其特征与特洛伊木马一样具有伪装性，看起来挺好的，却会在用户不经意间，对用户的计算机系统产生破坏或窃取数据，特别是用户的各种账户及口令等重要且需要保密的信息，甚至控制用户的计算机系统。

一个完整的特洛伊木马套装程序包含了两部分：服务端（服务器部分）和客户端（控制器部分）。植入对方计算机的是服务端，而黑客正是利用客户端进入运行了服务端的计算机。运行了木马程序的服务端以后，会产生一个有着容易迷惑用户名称的进程，暗中打开端口，向指定地点发送数据（如网络游戏的密码、即时通信软件密码和银行账户密码等），黑客甚至可以利用这些打开的端口进入计算机系统。特洛伊木马有两种：universale（普遍的）和 transitive（可传递的）。universal 就是可以控制的，而 transitive 是不能控制。

特洛伊木马不经计算机用户准许就可获得计算机的使用权。程序容量十分小，运行时不会浪费太多资源，因此没有使用杀毒软件是难以发现的；运行后，立刻自动登录在系统启动区，之后每次在 Windows 加载时自动运行；或立刻自动变更文件名，甚至隐形；或马上自动复制到其他文件夹中，运行连用户本身都无法运行的动作；或浏览器自动连往奇怪或特定的网页。

病毒重在破坏，破坏计算机的操作系统或者文件；而木马的用途则在于控制计算机。虽然都是恶意程序，但这是病毒和木马的最大区别。

2.3.6　僵尸网络

僵尸网络(BotNet),是指采用一种或多种传播手段,将大量主机感染 bot 程序(僵尸程序),从而在控制者和被感染主机之间所形成的一个可一对多控制的网络。被感染的主机俗称"肉鸡"。

攻击者通过各种途径传播僵尸程序感染互联网上的大量主机,而被感染的主机将通过一个控制信道接收攻击者的指令,组成一个僵尸网络。之所以用僵尸网络这个名字,是为了更形象地让人们认识到这类危害的特点:众多的计算机在不知不觉中如同中国古老传说中的僵尸群一样被人驱赶和指挥着,成为被人利用的一种工具。

僵尸网络可以称是一个可控制的网络,这个网络并不是指物理意义上具有拓扑架构的网络,它具有一定的分布性,随着 bot 程序的不断传播而不断有新位置的僵尸计算机添加到这个网络中来。这个网络采用了一定的恶意传播手段形成的,例如主动漏洞攻击、邮件病毒等各种病毒与蠕虫的传播手段,都可以用来进行 BotNet 的传播,从这个意义上讲恶意程序 bot 也是一种病毒或蠕虫。

BotNet 的最主要特点:它有别于以往简单的安全事件,是一个具有极大危害的攻击平台。它可以一对多地执行相同的恶意行为,将攻击源从一个转化为多个,乃至一个庞大的网络体系,通过网络来控制受感染的系统,同时不同程度地造成网络危害,例如可以同时对某目标网站进行 DDoS 攻击,同时发送大量的垃圾邮件,短时间内窃取大量敏感信息、抢占系统资源进行非法目的的牟利等。

僵尸网络正是这种一对多的控制关系,使得攻击者能够以极低的代价高效地控制大量的资源为其服务,这也是 BotNet 攻击模式近年来受到黑客青睐的根本原因。僵尸网络的控制者对受控 bot 里的内容不太感兴趣,更多的是利用 bot 作为工具进行非法活动。在执行恶意行为的时候,BotNet 充当了一个攻击平台的角色,这也就使得 BotNet 不同于简单的病毒和蠕虫,也与通常意义的木马有所不同。

表 2-2 是对几种常见的恶意程序进行的比较。

表 2-2　恶意程序比较

恶 意 程 序	传　播　性	可　控　性	窃　密　性	危 害 级 别
僵尸网络	具备	高度可控	有	全部控制:高
木马	不具备	可控	有	全部控制:高
蠕虫	主动传播	一般没有	一般没有	网络流量:高
病毒	用户干预	一般没有	一般没有	感染文件:中

2.3.7　信息安全措施

虽然计算机恶意程序有很多种,传播方式也有很多样,但只要了解有关的安全基本知识,采取预防措施,就可以大大减少受到攻击和危害的概率,保证计算机系统的相对安全。

通常来说,一般资料中将计算机中病毒的症状描述为:

(1) 经常死机;

（2）系统运行速度变慢；

（3）文件打不开；

（4）经常报告内存不够；

（5）提示硬盘空间不够；

（6）出现大量来历不明的文件；

（7）数据丢失；

（8）操作系统自动执行一些操作。

但实际上，目前的恶意程序大部分都是在用户没有任何感知的情况下工作的。那么怎么才能有效地防范恶意程序呢？

一般来说，常规的安全措施包括以下几种：

（1）注意积累安全知识，对恶意程序的总体现状和趋势有较多的了解，注意培养良好的使用习惯。计算机安全是一个系统工程，影响用户的计算机安全的，其实更多的并非技术性的因素，而是使用习惯。没有万能的安全软件，也没有简便而且有效的防范方法，平时注意点滴积累安全知识，培养良好的使用习惯，才是让计算机更安全的根本解决之道。

（2）安装防病毒软件和防火墙等安全软件，并经常升级。

（3）经常更新系统补丁，封堵漏洞。编写程序不可能十全十美，所以软件也免不了会出现 BUG，而补丁是专门用于修复这些 BUG 的。因为原来发布的软件存在缺陷，发现之后另外编制一个小程序使其完善，这种小程序俗称补丁。定期进行补丁升级，升级到最新的安全补丁，可以有效地防止非法入侵。

（4）不要打开来历不明的网站、电子邮件链接或附件。互联网上充斥着各种钓鱼网站、病毒、木马程序。在不明来历的网页、电子邮件链接、附件中，很可能隐藏着大量的病毒、木马，一旦打开，这些病毒、木马会自动进入计算机并隐藏其中，会造成文件丢失与损坏、信息外泄，甚至导致系统瘫痪。

（5）不要打开 QQ 等即时通信软件上传过来的不明文件。

（6）打开移动存储（如移动硬盘和 U 盘）前先用防病毒软件进行检查。移动设备本身是给用户带来便利的，但往往也容易成为计算机病毒和木马传播的便捷渠道。在使用移动设备前进行病毒查杀、避免在无杀毒软件的计算机上使用移动设备、禁止系统的自动播放功能都是防止移动设备感染病毒、传播病毒的有效方法。

（7）定期备份并加密重要数据。尽管目前存在一些恢复数据的手段，但为保护个人隐私、确保数据安全，用户对重要资料进行定期备份也是防范计算机病毒的良好习惯。需要指出的是将资料加密后备份到当前硬盘的非系统分区内的做法并不保险，一旦计算机感染病毒就很可能造成数据丢失。

（8）可以考虑使用非 Microsoft Windows 操作系统。一方面诸如 Linux、Mac OS 这样基于 UNIX 的操作系统的基础架构的安全性很好，开发破坏这样操作系统的恶意程序比较难；另一方面由于大部分人使用的都是 Microsoft Windows，所以针对这个操作系统的恶意程序必然会很多，黑客制作一个恶意程序必然要考虑成本和收益的关系。但这些操作系统也并不是绝对的安全，也有少量的针对这些系统的恶意程序存在。而且更换操作系统需要考虑自己经常使用的软件是否在该操作系统上有可替代的产品，否则为了安全而让自己的使用起来很不方便是不可取的。

2.4 本章小结

当今社会,身处不同的年龄、职业、生活环境的人们,几乎都会随时随地接触到网络,它为我们的生活、学习和工作带来了极大的便利。但随之而来的病毒、木马、黑客等问题,也让我们对网络充满了警惕和疑惑。本章主要介绍了网络基础知识和计算机安全方面的知识。通过对这些知识的学习,我们会对网络的分类、协议类型、IP 地址、有线传输介质和无线网络有了较为深入的了解。通过对本章的学习,我们也会对常见的安全威胁有了系统的认识,并对计算机安全的基本防护措施和目前主流的安全软件有了全面、系统的了解。这些都有助于我们在日常计算机应用中更加便捷、更加安全地使用网络,并对可能出现的网络故障和安全威胁有一定的鉴别和处理能力。

2.5 习题

一、单项选择题

1. Internet 最基本的协议是( )。
   A. NETBEUI　　　　B. IPX/SPX　　　　C. TCP/IP　　　　D. Wi-Fi
2. IEEE 802.11n 最大理论带宽是( )。
   A. 300Mb/s　　　　B. 600Mb/s　　　　C. 800Mb/s　　　　D. 1000Mb/s
3. 在下列关于计算机网络的叙述中,正确的是( )。
   A. 能跨越一个城市的网络叫城域网　　　B. 能跨越一个国家的网络叫国域网
   C. 双绞线里共有 4 条线缆　　　　　　　D. 光纤的传输距离较短
4. 下面不是特洛伊木马的是( )。
   A. 盗号木马　　　　B. 网银木马　　　　C. 窃密木马　　　　D. 引导区型木马

二、简答题

1. 通常对网络是怎样分类的? 各类网络的主要特点是什么?
2. 有线网络的传输介质有哪些? 各有什么特点?
3. 病毒、木马、蠕虫、僵尸网络的区别是什么?
4. 如何做好计算机安全防范工作?

第3章 文字处理软件 Word 2016

Word 2016 是微软公司出品的办公系列软件 Microsoft Office 2016 中的一个重要组成部分,是最常用的文档编辑软件之一。它操作界面友好,功能强大,可以方便地完成各种文档的制作、编辑及排版。

3.1 Word 2016 的启动与退出

3.1.1 启动和退出的方法

1. 启动 Word 2016 常用的方法

1)利用桌面快捷方式启动

如果桌面上有 Microsoft Word 2016 图标,则可以在桌面上双击该快捷方式图标就可以启动 Word 2016。

2)利用"开始"菜单启动

以 Windows 10 为例,在计算机上安装 Microsoft Word 2016 后,单击 Windows 任务栏上的"开始"(⊞)图标;在打开的菜单中指向"W",选择菜单上的"Word 2016"。

3)利用已有文档启动 Word

可以双击一个已有的 Word 文档来启动 Word 2016:在"我的文档""Windows 资源管理器"或"我的电脑"等处中双击一个 Word 文档,在启动 Word 2016 的同时也打开了指定的文档。

2. Word 2016 的退出

使用中文 Word 2016 后,特别是当关闭计算机之前,需要正常退出中文 Word 2016。下面是正常退出中文 Word 2016 的两种方式:

1)从文件选项卡退出

具体方法为:保存已经打开的文档;打开"文件"菜单,单击其中的"关闭"命令。如果在关闭中文 Word 2016 之前没有保存已打开的文档,并且文档已经被修改过,系统会提示是否保存对该文档的修改。

2)使用关闭按钮退出

具体方法为:保存已经打开的文档,然后单击中文 Word 2016 窗口右上角的"关闭"按钮。

3.1.2 Word 2016 用户界面

Word 2016 界面由标题栏、快速访问工具栏、功能区、文档编辑区和状态栏等元素组成，如图 3-1 所示，各部分的说明如下。

图 3-1 Word 2016 用户界面

1．标题栏

标题栏位于界面的正上方，包含了系统控制菜单按钮、正在编辑的文档名、应用程序名称、最小化按钮、最大化按钮和关闭按钮。

2．快速访问工具栏

它位于界面的左上角，用于放置命令按钮，便于用户快速启用经常使用的命令。默认状态下只放置"保存""撤销"等命令，可以依次单击"文件"|"选项"|"快速访问工具栏"自行添加需要的快速命令按钮。

3．功能区

它是界面上方的长条形区域，包含了文档编辑的全部操作命令。表 3-1 中是主要的选项卡及其说明。

表 3-1 主要选项卡及其说明

选项卡名称	功 能 说 明
文件	Word 文件管理相关功能，包括文件的新建、保存、打开、关闭、打印、权限设置等功能
开始	文档编辑的常用功能，包括字体格式设置、段落格式设置、样式设置和剪贴板等功能
插入	包括页面、表格、插图、加载项、媒体、链接、批注、页眉和页脚、文本、符号等功能
布局	包括页面、稿纸、段落、排列等效果设置选项

续表

选项卡名称	功　能　说　明
引用	包括目录、脚注、引文与书目、题注、索引、引文目录等功能
邮件	包括创建邮件、邮件合并、编写和插入域、邮件预览等功能
审阅	包括校对、语言设置、中文简繁转换、批注、修订、更改、比较、保护等功能
视图	包括文档视图选择、显示元素和显示比例选择、窗口排列控制等功能

4. 文档编辑区

文档编辑区即文档工作区,是用于输入、显示和编辑文字、图像、表格等操作对象的区域。用户对文档的各种操作都是在文档编辑区完成的。

5. 状态栏

状态栏位于文档编辑区的正下方,在此栏内显示当前操作的有关信息,依次为当前页号、总页数、字数、语言、输入状态、文档显示比例和视图方式等信息和快捷命令。

3.1.3　创建、保存和打开文档

1. 创建文档

Word 2016 创建的文档文件扩展名为.docx。创建新文档常用的两种方式如下:
(1) 选择"文件"选项卡,单击"新建"命令,选择"空白文档"或者其他模板,如图 3-2 所示。
(2) 在 Word 2016 应用程序中用快捷键 Ctrl+N 可以快速创建空白文档。

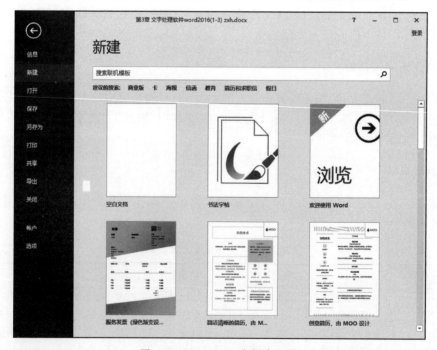

图 3-2　Word 2016 中创建文档

2. 保存文档

编辑完的文档需要保存到磁盘上,以便以后使用。保存文档常用的操作如下。

1) 保存新建文档

保存文档时可以选择"文件"选项卡的"保存"命令,或者单击"快速访问工具栏"的"保存"按钮。对于新建文档,首次保存时会弹出"另存为"对话框让用户选择文档的保存位置,这时也可以输入一个新的文件名。

2) 在编辑过程中保存文档

选择"文件"选项卡的"保存"命令,或者单击"快速访问工具栏"的"保存"按钮。

3) 保存为早期版本的 Word 文档

Word 2016 文档格式有别于 Word 2003 及以前的版本格式,因此 Word 2016 文档无法直接在 Word 2003 及以前版本应用程序中打开。用户可以将当期文档保存为早期版本格式,方法为:选择"文件"选项卡的"另存为"命令,在"另存为"对话框的"保存类型"中选择"Word 97-2003 文档(.doc)",如图 3-3 所示。

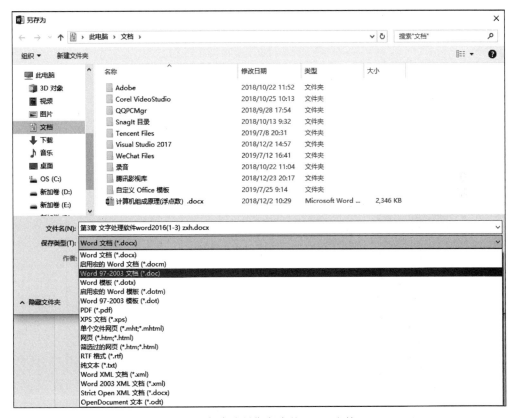

图 3-3　保存为早期版本的 Word 文档

4) 自动保存文档功能

为防止 Word 应用程序意外关闭或是计算机死机造成正在编辑的内容丢失,Word 2016 具有自动保存文档功能,并且可以设置自动保存的时间间隔,方法为:选择"文件"选项卡

"选项"|"保存"命令,打开"自定义文档保存方式"对话框进行设置,如图 3-4 所示。

图 3-4　设置自定义文档保存方式

5)查看文件信息及加密

使用"文件"选项卡|"信息"命令,可以查看当前文档的创建时间、作者、字数、页数等信息。其中的"保护文档"命令允许用户对文档进行加密、设置权限等操作,如图 3-5 所示。

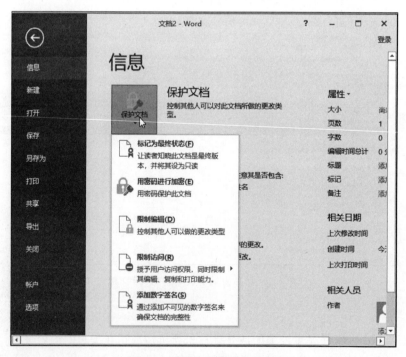

图 3-5　设置文档的安全选项

3. 打开文档

对于已经保存在磁盘上的文档，可以再次对其进行编辑、排版和打印等操作。打开文档常用的方式如下：

(1) 选择"文件"选项卡|"打开"命令，可以打开位于磁盘上任意位置的 Word 文档。

(2) 选择"文件"选项卡|"最近"命令，可以在"最近使用的文档"列表中单击打开近期使用过的文档。Word 2016 中默认显示 20 个最近使用的文档名。

(3) 在 Windows 资源管理器中双击已存在的 Word 文档也可以打开此文档。

3.2 制作公司招聘启事

本节以制作公司招聘启事为例，讲解 Word 2016 中文本的输入、复制和移动、查找和替换、撤销与恢复、字体格式的设置、段落格式的设置、项目符号和编号的设置、用格式刷复制格式等操作。

3.2.1 输入文本

新建一个空白 Word 文档后，在文档的快速访问工具栏中单击"保存"按钮，打开"另存为"对话框。在该对话框中输入新的文件名"招聘启事.docx"，并选择保存位置后单击"保存"按钮，完成文档的保存，然后我们在其中输入和修改文本内容。

1. 插入点

在正在编辑文档"招聘启事.docx"的编辑区中闪烁着的垂直竖线，就是插入点。插入点的位置表明可以由此开始输入文本、图像等其他对象。在编辑文本的时候要注意插入点的位置，因为插入的对象是出现在该位置上的。

2. 输入法的选择

(1) Ctrl+空格键可以快速切换中英文输入法。

(2) 键盘上的大写锁定键 CapsLock 可以切换英文字母大小写输入状态。

3. 插入和改写编辑方式

输入文本时还应该注意当前的编辑方式是插入方式还是改写方式。

(1) 在插入方式下。新输入的文本将增加到插入点原来的位置，原来位于插入点后的字符只是向后移动了。

(2) 在改写方式下。新输入的文本将改写原来插入点所在的位置，原来位于插入点后的字符被删除。

(3) 改写方式和插入方式是可以互相切换，方法是在文档中单击鼠标，将插入点光标放置到需要改写的文字前面，按下键盘上的 Insert 键将插入模式变为改写模式，再次按下 Insert 键改写模式又将变为插入模式。

4. 选定文本

常用的选择操作有：

（1）选定一个单词。鼠标双击该单词。

（2）选定任意数量的文本。把鼠标指针指向要选定的文本开始处，按住左键并扫过要选定的文本，当拖动到选定文本的末尾时，松开鼠标左键，选定的文本呈现反白。

（3）选定一句。这里的一句是以句号为标记的。按住 Ctrl 键，再单击句中的任意位置。

（4）选定大块文本。先把插入点移到要选定文本的开始处，按住 Shift 键，再单击要选定文本的末尾。这种方法适合于那些跨页内容的选定。

（5）选定一行文本。先将鼠标光标向屏幕左边移动直到其变成斜向箭头，即移到选定栏中；再将鼠标光标移到要选择字块的行首；单击鼠标即可选中此行文本。

（6）选定多行文本。将鼠标移到第一行左侧的选定栏中，按住鼠标左键在各行的选定栏中拖动。

（7）选定一段。鼠标双击该段左侧的选定栏，也可连续三击该段中的任意部分。

（8）选定多段。将鼠标移到第一段左侧的选定栏中，左键双击选定栏并在其中拖动。

（9）选定整篇文档。按住 Ctrl 键，在鼠标单击文档中任意位置的选定栏，或按 Ctrl＋A 快捷键。

3.2.2　复制和移动文本

在文档编辑中经常需要复制或移动文本，现在我们就来介绍具体的操作方法。

1. 复制文本

在 Word 2016 中复制文本有两种方式。

1）键盘复制

（1）选中公司网站中公司简介中的“亿洋公司成立于 1983 年，主营房地产开发与经营、物业管理、建材购销、房地产咨询等业务”部分，同时按 Ctrl＋C 快捷键，所选中的文字已经复制到剪切板。

（2）在刚才新建文档“招聘启事.docx”中的光标处同时按 Ctrl＋V 快捷键，所需文字被粘贴到光标处，如图 3-6 所示。

2）鼠标复制

（1）选中所需要的文字，在它上面单击鼠标右键，在弹出的快捷菜单中选择“复制”命令，文字就被复制到剪贴板中了。

（2）在需要粘贴文字的位置单击鼠标右键，在弹出的快捷菜单中选择第一个粘贴图标，文字就被复制到需要的位置上了，如图 3-7 所示。

2. 移动文本

在 Word 2016 中移动文本有两种方式。

下面我们拟把图 3-7 文档中第一行的“亿洋公司成立 1983 年”，移动到第二行的“现面向社会诚聘销售管理人员。”的后面来加以讲解。

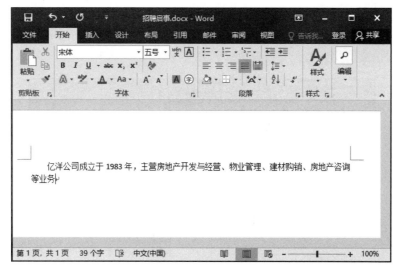

图 3-6　文字的键盘复制

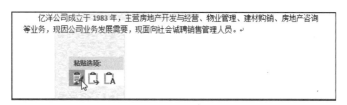

图 3-7　文字的鼠标复制

1）键盘移动文本

（1）首先选中"亿洋公司成立于 1983 年"，同时按 Ctrl＋X 键，所选中的文字已经剪切到剪切板。

（2）在"现面向社会诚聘销售管理人员。"后而后光标处，同时按 Ctrl＋V 键，所需文字就被移动到光标处了。

2）鼠标移动文本

（1）选中文字"亿洋公司成立于 1983 年"。

（2）把鼠标移动选中的文字"亿洋公司成立于 1983 年"的上面，按住左键不放，拖动鼠标，此时文字"亿洋公司成立于 1983 年"被拖起来，把鼠标移到"现面向社会诚聘销售管理人员。"后面，放开左键，这样"亿洋公司成立于 1983 年"就被移到"现面向社会诚聘销售管理人员。"后面了。

提示：一次可以移一行、一段甚至更多文本，只要选中它们，拖动鼠标到目标位置放开左键即可。

3.2.3　查找和替换文本

1. 文字的查找

在 Word 2016 的"导航"窗格中可以查找任意组合的字符，其中包括中文、英文、全角、半角等，甚至可以查找到英文单词的各种形式。具体如下。

（1）勾选"视图"选项卡中"显示"功能区里的"导航"窗格命令，打开"导航"窗格。

（2）在"导航"窗格的"搜索栏"中输入需查找的内容，按回车键，Word 2016 会在文档中用黄色背景突出显示找到的所有内容，如图 3-8 所示。

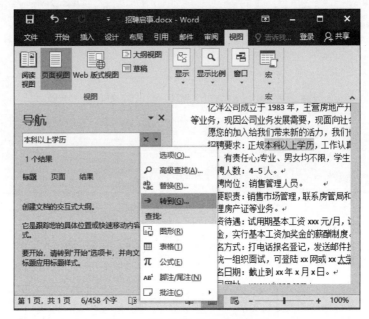

图 3-8　"导航"窗格的查找功能

2．文字的替换

如果要对查到的多处文字进行统一替换，可以通过如下方法完成：

（1）单击"导航"窗格"搜索栏"右侧的下拉按钮，在弹出的菜单中选择"替换"命令，在出现的"查找和替换"对话框中的"查找内容"框中输入需要替换的源内容，在"替换为"框中输入需替换的目标内容。

（2）单击"全部替换"按钮，可以完成选区范围内的所有查到内容的替换。

（3）连续单击"替换"按钮，可以逐一进行替换。

（4）单击"查找下一处"按钮，可以略过暂时不需要替换的目标内容。

3．查找和替换高级用法

使用查找和替换高级功能可以实现带格式文本或特殊字符的查找和替换，具体方法如下：

（1）在"开始"选项卡里的"编辑"功能，选择"查找"|"高级查找"命令，弹出"查找和替换"对话框，在其右下角的"更多"按钮，或单击"导航"窗格搜索栏右侧下三角形按钮，选择"高级查找"命令，打开"高级"设置，如图 3-9 所示。

（2）"搜索"下拉列表框用于选择查找和替换的方向，选择"全部"表示在整个文档中搜索待查内容；"向上"选项表示搜索光标所在位置前面的内容。

（3）"搜索选项"中复选框可以用来设置查找和替换的文本的格式，例如是否区分大小写、是否使用通配符等。例如：通配符"?"可以代表任意单个字符。

图 3-9　"查找和替换"高级设置界面

（4）单击"查找和替换"对话框下方的"特殊格式"按钮，可以选择更多的特殊查找格式。

（5）如果要查找带格式的内容，可以在输入查找内容后单击对话框左下角的"格式"按钮，设置要查找的格式。

4. 非文字对象的查找

Word 2016 导航窗格可以查找图形、表格、公式等非文字对象。例如，可以通过以下操作查找图形：单击"导航"窗格搜索栏右侧的下三角形按钮，选择"图形"命令，就可以搜索到文档中的图形，单击搜索栏下方的向下或向上的三角形按钮，可以向前或向后查看被搜索出来的其他图片。查找图形的方式如图 3-10 所示。

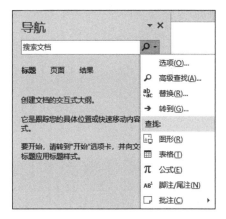

图 3-10　图形的查找

3.2.4　撤销与恢复操作

在 Word 2016 中撤销与恢复操作可以用两种方式来实现：单击 Word 2016 界面里的"快速访问工具栏"中的 来撤销刚刚进行的操作，单击 来恢复刚才撤销的操作；或者使用 Ctrl＋Z 快捷键来撤销刚刚进行的操作，使用 Ctrl＋Y 快捷键来恢复刚才撤销的操作。

3.2.5　设置字体格式

Word 2016 在"开始"选项卡的"字体"功能区域中集中了"字体""字号""颜色""底纹""上下标""下画线""加粗"等设置工具,还增加了发光和阴影效果,使编辑的文本更加生动,如图 3-11 所示。

（1）字体设置。选择"开始"选项卡|"字体"功能区中 宋体 旁边的下三角形按钮。

（2）文字大小设置。选择"开始"选项卡|"字体"功能区中 五号 旁边的下三角形按钮。

（3）增大/缩小字号。选择"开始"选项卡|"字体"功能区中的 A⁺ A⁻ 。

（4）设置文字边框。选择"开始"选项卡|"字体"功能区中的 A 。

（5）加粗字体。选择"开始"选项卡|"字体"功能区中的 B 。

（6）设置斜体。选择"开始"选项卡|"字体"功能区中的 I 。

（7）设置下画线。选择"开始"选项卡|"字体"功能区中的 U 。

（8）大/小写、全角/半角切换。选择"开始"选项卡|"字体"功能区中的 Aa▾ 。

（9）设置文字底纹。选择"开始"选项卡|"字体"功能区中的 A 。

（10）设置文字颜色。选择"开始"选项卡|"字体"功能区中的 A▾ 。

（11）将文字设为下标/上标。选择"开始"选项卡|"字体"功能区中的 x_2 x^2 。

（12）设置文字发光、阴影等特效。选择"开始"选项卡|"字体"功能区中的 A▾ 。

（13）更多设置。单击"字体"功能区右下角的按钮,打开"字体"对话框,选择"高级"选项卡,可以进一步设置字符间距等属性,如图 3-12 所示。

图 3-11　"字体"功能区　　　　　　　　　　图 3-12　"字体"对话框

3.2.6　设置段落格式

段落是文章划分的基本单位,也是文章的重要格式之一。段落的设置是使文档变得美观大方的重要步骤之一。段落的相关设置可以在"开始"选项卡中的"段落"功能区中选择相应的命令按钮完成,如图 3-13 所示。

图 3-13　"段落"功能区

1. 段落的对齐

段落水平对齐方式,就是指段落中的文字在水平方向上的布局方式,包括左对齐、居中对齐、右对齐、两端对齐和分散对齐。

(1) 居中对齐。将段落的位置设置在页面的水平中间,例如,一般文档的标题是居中对齐的。设置方法:在"开始"选项卡的"段落"功能区中选择 ≡ 。在打开的 Word 文档"招聘启事.docx"中将标题"招聘启事"设置为居中对齐。

(2) 两端对齐。把段落中除了最后一行文本外,其余行的文本的左右两端分别以文档的左右边界为基准向两端对齐。这种对齐方式是文档中最常用的,我们平时看到的书籍的正文都采用该对齐方式。设置方法:在"开始"选项卡的"段落"功能区中选择 ≡ 。

(3) 左/右对齐。将段落中每行文本一律以文档的左/右边界为基准向左/右对齐。设置方法:在"开始"选项卡的"段落"功能区中选择 ≡ 或 ≡ 。以左对齐为例,对于中文文本来说,左对齐方式和两端对齐方式没有什么区别;但是如果段落中有英文单词,左对齐使得英文文本的右边缘参差不齐。

(4) 分散对齐。将段落的所有行的文本的左右两端分别沿页的左右两端对齐。设置方法:在"开始"选项卡的"段落"功能区中选择 ▤ 。

2. 段落缩进

所谓段落缩进,就是指改变文本和页边距之间的距离,目的是段落更加清晰美观。Word 提供的段落缩进方式包括首行缩进、悬挂缩进、左缩进和右缩进等,可以使用"标尺"或"段落"对话框设置。

1) 使用标尺设置缩进

(1) 勾选"视图"选项卡里"显示"功能区中的"标尺"复选框。

(2) 水平标尺上有几个缩进标记,可以移动它们来改变段落的缩进方式,图 3-14 给出了水平标尺中缩进标记的名称。把鼠标悬停在标记几秒也可以显示相应的名称提示。各缩进标记的含义如下:

图 3-14　标尺

① 首行缩进。首行缩进能控制段落第一行第一个字的起始位置。

② 悬挂缩进。悬挂缩进能控制段落第一行以外的其他行的起始位置。

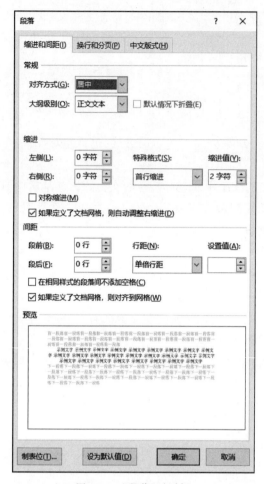

图 3-15　"段落"对话框

③ 左缩进和右缩进。左缩进能控制段落左边界的位置，右缩进控制段落右边界的位置。

2）使用"段落"对话框设置缩进

使用"段落"对话框设置缩进能够精确地设置缩进值，方法为：单击"段落"功能区右下角的按钮，打开"段落"对话框，可以在"缩进和间距"中设置详细的缩进属性，如图 3-15 所示。

3. 设置行距

行距是指段落中行与行之间的距离，设置行距可以使各行之间的文字距离稀疏合适，编辑和打印出来的效果美观、便于阅读。Word 中默认的行距是"单倍行距"，调整行间距方法如下：

（1）把插入点移动到要设置行距的段落中。如果同时设置多个段落的行距，则需要选定多个段落。

（2）在"开始"选项卡的"段落"功能区中选择"行距"按钮 ‡≡▾。

（3）在下拉列表中选择行距倍数。

（4）单击"行距选项…"设置详细行距属性。

4. 设置段间距

段间距是指一个段落与它相邻的前后段之间的距离，调整段间距能优化文档的显示效果。

设置段间距方法如下：

（1）选定要设置段间距的段落。

（2）在"开始"选项卡的"段落"功能区中选择"行距"按钮 ‡≡▾。

（3）在下拉列表中单击"增加段前间距"或"增加段后间距"命令。

（4）还可以单击"段落"功能区右下角的按钮，打开"段落"对话框，可以在"间距"中设置精确的段间距数值，如图 3-15 所示"段落"对话框。

3.2.7 设置项目符号和项目编号

项目符号和编号可以使得文档结构变得更加清晰,易于阅读和理解。

1. 设置项目符号

设置项目符号有利于用符号把一系列相关的条目与文档中的其他内容区别开,方便阅读,版面看起来也更加整齐。设置方法如下:

(1) 选定要添加项目符号的文本。

(2) 在"开始"选项卡的"段落"功能区中选择"项目符号"按钮 ≔,设置项目符号为默认样式。

(3) 选择"项目符号"按钮右边的下三角形按钮,可以在项目符号库中选择更多项目符号样式,还可以定义新的项目符号。

2. 设置项目编号

创建编号列表的方法如下:

(1) 选定要添加项目编号的文本。

(2) 在"开始"选项卡的"段落"功能区中选择"项目编号"按钮 ≔▾,设置项目编号为默认样式。

(3) 选择"项目符号"按钮右边的下三角形按钮,可以在项目编号库中选择更多项目编号样式,也可以定义新的项目编号。

3.2.8 用格式刷复制格式

格式刷主要用于解决格式设置的重复性操作,提高效率。在 Word 2016 文档中"开始"选项卡里的"剪贴板"功能区找到格式刷按钮 ✍,选中需要复制格式的文字,单击格式刷按钮,然后移动到待更改格式的文字上刷过,格式复制完成。需要说明的是格式刷单击可使用一次,双击可使用多次。

课堂实战

使用本节所学知识,制作招聘启事。

(1) 打开文档"招聘启事.docx",选中标题文字"招聘启事",设置为"黑体",二号字;字间距设置为"加宽",1.5 磅;居中对齐。除标题以外设置为"宋体",小四号字。

(2) 选中除第一行以外文字,利用标尺设置首行缩进,如图 3-16 所示。然后在"段落"对话框中设置行间距为 1.5 倍。

(3) 选中招聘的几项要求,在"开始"选项卡中的段落区域,选择项目编号数字 1.2.3.…,添加编号,并利用标尺移动到适当位置。

(4) 最后将公司网址、邮箱、联系电话、联系人设置为"宋体",五号字,利用标尺移动到适当的位置,完成制作。

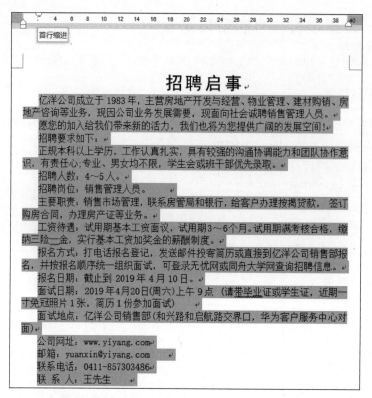

图 3-16　利用标尺设置首行缩进

3.3　制作社团招聘海报

本节将以制作社团招聘海报为例讲解图片、剪贴画的插入和编辑，艺术字的插入，使用形状和 SmartArt 图形，设置主题和背景，使用文本框，设置分栏，首字下沉等操作。

3.3.1　图片、剪贴画的插入和编辑

Word 2016 提供了强大的图形图像处理功能，能够在文档中插入并编辑图片等艺术对象，使文档更加生动、美观，给人留下深刻的印象。

1. 插入外部图片

插入外部图片是指将已经编辑好，并以一定格式保存的图片插入文档的适当位置。具体方法如下：

（1）将光标定位于要插入图片的位置。

（2）单击"插入"选项卡的"插图"功能区中的"图片"命令。

（3）在"插入图片"对话框中选择外部图片所在的位置。

（4）单击要插入的图片，在功能区出现的"图片工具"中单击"格式"选项卡，在其中可以进行图片编辑操作，例如图片裁剪、大小布局修改、艺术效果添加和色彩调整等。

新建 Word 文档,插入图片"舞.gif",调整好大小,保存为"社团招聘海报.docx"。

2. 插入剪贴画

(1) 将光标定位于要插入剪贴画的位置。

(2) 单击"插入"选项卡中"插图"功能区中的"剪贴画"命令。

(3) 在"剪贴画"导航窗格的"结果类型"框中只勾选"插图"。

(4) 单击"搜索"按钮,获取 Office 库中的剪贴画列表。

(5) 单击要插入的剪贴画,完成插入。

3. 编辑图片

在文档中选定图片,这时会出现"图片工具格式"选项卡,选择选项卡上相应的命令可以对图片进行编辑。"图片工具格式"选项卡如图 3-17 所示。

图 3-17　"图片"工具栏

(1)"调整"功能区:调整图片的亮度、对比度和着色,"重设图片"可以恢复图片的初始大小、颜色等状态。

(2)"图片样式"功能区:设置图片的边框和效果,可以打开"设置图片格式"对话框进行细节设置。

(3)"排列"功能区:设置图片的位置、环绕方式、图片旋转、组合和对齐等效果。

(4)"大小"功能区:设置图片的剪裁和大小,可以打开"布局"对话框进行细节设置。

新建一个空白文档,并将文档保存为"社团招聘海报.docx",在适当的位置插入图片"芭蕾 1.jpg",选定图片"芭蕾 1.jpg",单击鼠标右键,在弹出的快捷菜单中将图片的"环绕文字"方式设置为"衬于文字下方",然后调整到适当的位置,如图 3-18 所示,保存文档。

图 3-18　设置图片文字环绕方式

3.3.2　插入艺术字

1. 插入艺术字的方法

在 Word 2016 文档中插入艺术字体的方法如下:

(1) 将光标定位到要插入艺术字的位置。

(2) 在"插入"选项卡的"文本"功能区中单击"艺术字"命令。

(3) 选择艺术字样式,输入艺术字文本。

2．设置艺术字

如果要改变艺术字的字体和字号，可以选中艺术字中的文本，然后切换到"开始"选项卡，选中"字体"功能区中的命令按钮实现。

如果要改变艺术字的外观，可以双击艺术字，在出现的"绘图工具"的"艺术字样式"功能区和其他功能区中设置艺术字格式，如图 3-19 所示。

图 3-19　设置艺术字格式

打开文档"社团招聘海报.docx"，在"舞.jpg"图片的下面插入艺术字"舞蹈社团"，格式为"填充—金色，着色 4，软棱台"，文字方向为"垂直"，文字效果为"转换—桥形"，环绕文字形式为"紧密型环绕"，调整文字大小移动到适当的位置，如图 3-20 所示，保存文档。

图 3-20　插入图片和艺术字

3.3.3　使用文本框

文本框是一种可以在其中独立地进行文字输入和编辑的特殊图形对象。在编辑文档的操作过程中，借助文本框可以完成特殊设置，例如文档中的标题、分栏中间的标题、竖排标题等效果。

1．文本框的插入

在文档中插入文本框可按如下方法操作：

（1）将光标置于要插入文本框的文档中。

（2）选择"插入"选项卡|"文本"功能区|"文本框"命令。

（3）在下拉列表中选择文本框样式。

（4）选择"绘制文本框"命令或"绘制竖排文本框"命令，鼠标指针变成十字形，在需要添加文本框的位置按下鼠标并拖动就可以创建一个文本框。

2．编辑文本框

文本框刚创建时,一般是浮于文字上方的,有可能会盖住文字。另外,文本框的位置、文本框中的文本格式、文本框的边框等属性都可以通过编辑文本框来进一步设置。

1）调整文本框的大小

鼠标选中后的文本框上有 8 个控点,可以用鼠标在控点上调整文本框的大小。文本框 4 个角上的控点用于同时调整文本框的宽度和高度,左右两边中间的控点用于调整文本框的宽度,上下两边中间的控点用于调整文本框的高度。

2）调整文本框的位置和文字环绕方式

（1）调整文本框的位置

将光标放在文本框边框线上时,鼠标指针变为十字形箭头形状。此时按住并拖动鼠标,会出现虚线框表示文本框的新位置,拖动到指定位置时,松开鼠标左键,文本框就调整到新的位置了。

（2）设置文本框的文字环绕方式

可以单击文本框边框线,单击"布局选项"按钮,在弹出的布局选项对话框中选择"文字环绕"中按钮,选择文本框的环绕方式,如图 3-21 所示。

（3）调整文本框的颜色和边框

在文本框的边框线上单击鼠标右键,选择"设置形状格式"命令,打开窗口右侧"设置形状格式",在这里可以设置文本框的填充颜色和透明度以及边框线条的颜色、线型、阴影、发光、三维格式等属性,如图 3-22 所示。

图 3-21　设置文本框的文字环绕方式

图 3-22　设置文本框的形状格式

打开文档"社团招聘海报.docx",在"插入"选项卡中的文本功能区,选择"文本框"|"绘制竖排文本框"命令,在文档中绘制文本框。在文本框中输入文字"社团招新:我们一起,铸就你一生的美丽",设置为"隶书,金黄色,加粗 3 号字",并设置文本框为"无填充、无线条、环绕文字—四周型",移动到适当的位置,如图 3-23 所示。

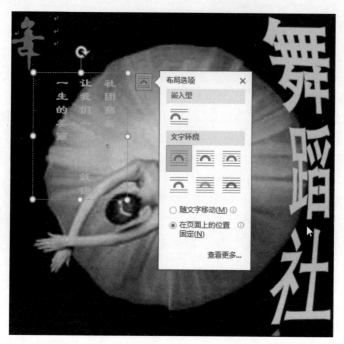

图 3-23　文本框的插入和设置

3.3.4　设置分栏

分栏格式是类似于报纸将文档分为若干栏目的排版方式,文本从一栏的底端连续显示到下一栏的顶端。Word 提供了对栏数、栏宽和栏间距的设置,在页面视图方式和打印预览视图方式下可以看到分栏的效果,而在其他视图方式下,只能看到按一栏宽度显示的文本。

1. 设置分栏

具体操作如下:

(1)选定要进行分栏的文档段落,也可以把插入点移动到要进行分栏的段落中。

(2)选择"布局"选项卡|"页面设置"功能区|"分栏"命令,在下拉列表中选择合适的分栏方式。

(3)可以选择下拉列表中的"更多分栏"命令,弹出如图 3-24 所示的"分栏"对话框,设置栏数、栏宽、栏间距、分隔线等选项。其中单击"应用于",可以在其下拉列表中选择分栏的应用范围。

打开文档"社团招聘海报.docx",在适当的位置输入文字"招新报名时间:2019 年 09 月 09 日,填写报名联系电话和联系地址,报名截止时间:2019 年 09 月 27 日",选中刚输入的文字,设置为"两栏、有分隔线、栏宽 19.1 字符、间距 1.34 字符",再插入二维码图片,并输入适当修饰的文字"舞蹈人生",如图 3-25 所示,保存文档。

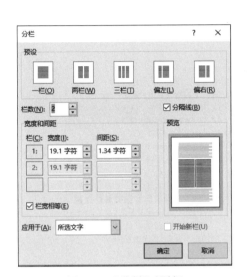

图 3-24　"分栏"对话框

图 3-25　文档中文字的分栏

2. 取消分栏

取消分栏排版可以在选择要取消分栏的段落后,选择"页面布局"选项卡|"页面设置"功能区|"分栏"命令,在下拉列表中选择"一栏"。

3.3.5　设置主题和背景

1. 设置主题

Word 2016 提供了丰富的页面效果,包括配色、字体和效果等方面的页面格式整体设计方案,这一系列设计方案称为主题。单击"设计"选项卡中的"主题"命令,可以在打开的主题库中选择合适的主题,如图 3-26 所示。

2. 背景的设置

在"设计"选项卡的"页面背景"功能区中可以选择"页面颜色""页面边框""水印"命令,具体选项如图 3-27 所示。

(1)"页面颜色"命令,可以添加页面背景为纯色、过渡色、图案、图片或纹理,在"填充"效果中可以设置更多页面背景效果。

（2）"页面边框"命令，可以给文档页面添加边框。

（3）"水印"命令，可以将文字或图片设置一定透明度并衬于文档页面的底部。

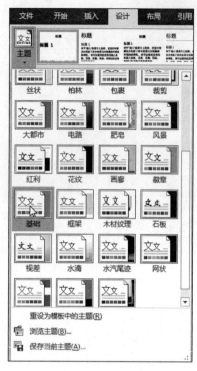

图 3-26　主题设置

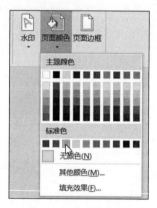

图 3-27　页面背景设置

3.3.6　首字下沉

首字下沉就是在第一段开头的第一个字被放大占据了两行或者三行，周围的字围绕在它的右下方，形成第一个字下沉的效果。这种排版方式在报刊杂志中很常见，能醒目地显示文章的起始位置。设置首字下沉方法如下：

（1）将插入点移动到要设置首字下沉的段落中。

（2）选择"插入"选项卡|"文本"功能区|"首字下沉"命令，在下拉列表中选择"下沉"或"悬挂"。

（3）还可以选择下拉列表中的"首字下沉选项"命令，设置首字的字体和下沉的行数等，如图 3-28 所示。

课堂实战

图文混排综合实例：

（1）新建 Word 文档，选择菜单"文件"|"另存为"命令，打开"另存为"对话框，在其中输入新的文件名并选择保存位置后单击"保存"按钮。

（2）插入艺术字标题"心静如水，自在随缘"，设置为"填充—白色，着色 1，轮廓—着色 2，清晰阴影—着色 2"，形状效果为"向上偏移"。选中艺术字，设置居中对齐。

（3）输入"效果样张"（见图 3-29）中的正文文本

一个人真正成熟的标志，不是他赚了多少钱，有了多少成就，而是他能拥有一个好的心态，不会再为了几句闲言碎语大动肝火，也不会对求而不得的东西执念过深。

道家有云：心静则清，心清则明。抛却不必要的杂念，日子才能过得知足且安宁，人生如树，修剪掉多余的枝丫，才能愈发枝繁叶茂。

不声不响地生长，不疾不徐地前进，不刻意讨好谁，也不无故怨恨谁。

保持心灵的简单和纯粹，对人对己，不苛刻，不强求。

心静，是一种境界，也是一种智慧。做一个心静如水的人，处事淡然，遇事坦然，是最好的生活态度。

心累，是因为心上的负担太重，放下纷扰，就是放过自己。这并不是让你从此不思进取、得过且过，而是丢掉包袱，心无旁骛地向前。

人这一生说长不长，说短不短，心里开阔的人，才能走得更高更远。其实当你想通了的时候，就不会再因眼下的不如人意而寝食难安。

图 3-28　"首字下沉"对话框

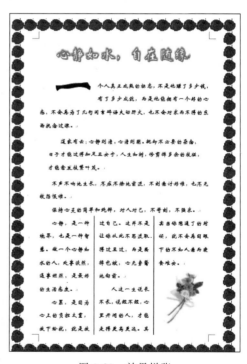

图 3-29　效果样张

（4）所有文本格式化：设置字体为"华文新魏"，字号为"四号"。

（5）设置所有文本的首行缩进。

（6）设置第一段首字下沉 2 行。

（7）设置第二段文字的段前、段后间距均为"6 磅"（自行输入，默认的单位是"行"），左、右缩进均为"2 字符"。

（8）插入图片和剪贴画，设置图文混排。

单击正文中图片的插入点，在菜单栏中选择"插入"|"图片"|"来自文件"命令，在弹出的

"插入图片"对话框中选择相应的图片分别插入。

双击插入的图片,在弹出的"插入图片"对话框中设置图片大小为合适尺寸,设置图片的颜色与线条,设置图片环绕方式为"紧密型"再调整到适合的位置。

(9) 设置文字分栏。

拖动选定第五、第六、第七段文字,在菜单栏中选择"布局"选项卡 | "分栏"命令,在弹出的"分栏"对话框中选择"三栏"、选中"分隔线"复选框,在对话框最下方的"应用于"下拉列表中选中"所选文字"。

注意:如果"应用于"下拉列表中未选中"所选文字",分栏效果将应用于整篇文档。

(10) 设置页面艺术边框。

选择"设计"选项卡,在"页面背景"功能区中选择"页面边框",在出现的"边框和底纹"对话框中的"页面边框"选项卡中选择"艺术性"类别中的"苹果",单击"确定"按钮完成设置。

3.4　排版公司考勤规范制度

本节排版"公司考勤规范制度",完成后效果如图 3-30 所示。"公司考勤规范制度"属于长文档,长文档排版需要掌握页面设置、样式、页眉页脚和打印等操作。

图 3-30　排版后的"公司考勤规范制度"

3.4.1　页面设置

合理地设置页面属性可以得到整齐美观的整体布局和输出效果。页面设置包括页边距、纸张方向、纸张大小等。

1．页边距设置

页边距的设置是设定文本正文与纸张的上、下、左、右边界之间的距离。Word 2016 在 A4 的纸型下默认的页边距是：左右页边距为 3.17cm，上下页边距为 2.54cm，并且无装订线。用户可以根据自己具体的需要来改变设置，例如为了装订方便，可以在设置页边距时留出一些空间，用来作为以后的装订区。

在"页面布局"选项卡的"页面设置"组中，单击"页边距"按钮，在打开的下拉菜单中，可以选择 Word 2016 预置好的页边距，也可以选择"自定义页边距"命令，打开"页面设置"对话框，在该对话框的"页边距"选项卡中自定义页边距，如图 3-31 所示。

2．纸张方向和大小设置

Word 2016 在建立新文档时，已经默认了纸张大小、纸张方向等，用户可以根据需要改变这些设置。

打印文档之前，首先要考虑好用多大的打印纸来打印，Word 2016 默认的纸型大小是 A4（宽度 210mm，高度 297mm）、页面方向是纵向。假如用户设置的纸型和实际的打印纸的大上不一样，打印时会出现诸如分页错误等现象。

设置纸张大小，在"页面布局"选项卡的"页面设置"组中，单击"纸张大小"按钮，在打开的下拉菜单中，可以选择 Word 2016 预置好的纸张大小，也可以选择"其他纸张大小"命令，打开"页面设置"对话框，在该对话框的"纸张"选项卡中自定义纸张大小。

图 3-31　"页面设置"对话框中的"页边距"选项卡

设置纸张方向，在"页面布局"选项卡的"页面设置"组中，单击"纸张方向"按钮，在打开的下拉菜单中，可以选择纸张方向为横向或纵向。

3．版式设置

版式是指整个文档的页面布局，是关于"页眉""页脚""页面对齐"和"行号"等内容的版式设置。

设置版式，在"页面布局"选项卡的"页面设置"组中，单击右下角的对话框启动器，打开"页面设置"对话框，选择"版式"选项卡，如图 3-32 所示，在该选项卡下可完成以下设置。

（1）节的起始位置。选定开始新节同时结束前一节的内容。

（2）取消尾注。选中时，避免把尾注打印在当前节的末尾，Word 2016 将在下一节中打印当前节的尾注，使其位于下一节的尾注之前。注意，只有在将尾注设置在节末尾时，该复选框才是可选的。

（3）页眉和页脚。其中，"奇偶页不同"指是否在奇数和偶数页上设置不同的页眉或页脚；"首页不同"指文档首页的页眉或页脚与其他页的页眉或页脚不同。

（4）垂直对齐方式。指在页面上垂直对齐文本的方式。

（5）应用于。可以选定应用文档的范围。

（6）行号。在某节或整篇文档的左边添加行号。

（7）边框。用于给文档页面添加边框。

4. 字符数和行数的设置

Word 2016 允许用户将文档看作是带有网格的，此时可以设置一页文档包含的行数和每行包含的字符数。

设置字符数和行数，在"页面布局"选项卡的"页面设置"组中，单击右下角的对话框启动器，打开"页面设置"对话框，选择"文档网格"选项卡，如图 3-33 所示，在该选项卡下可完成以下设置。

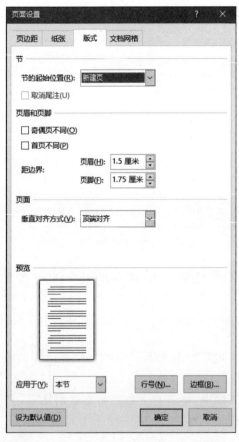

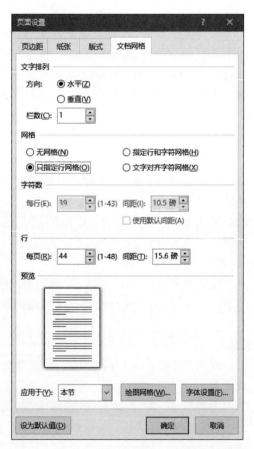

图 3-32　"页面设置"对话框中的"版式"选项卡　　　图 3-33　"页面设置"对话框中的"文档网格"选项卡

（1）文字排列。选择文字排列的方向和分栏数量。

（2）网格栏。选择设置网格的方式。

（3）字符数栏。设置每行的字符数和字符跨度。

（4）行数。设置每页行数和跨度。

3.4.2　文档样式

样式是字体、段落等格式的某种组合，并对这一组合命名后加以存储。这样，当需要给某些文本应用这种格式组合时，只需直接套用其所对应的样式就可以了，从而避免了一次次重复设置同一种格式。在"开始"选项卡的"样式"组中，可以针对样式进行如下操作。

1．套用内置样式

选中一段或多段文字，在"样式"组展开"样式"下拉菜单，在该下拉菜单中可选择内置样式，如图 3-34 所示。

图 3-34　"样式"下拉菜单

2．修改样式

在"样式"下拉菜单中，右击要修改的样式，弹出快捷菜单。在快捷菜单中选择"修改"命令，打开"修改样式"对话框，如图 3-35 所示。在该对话框中可修改样式的基本设置，如字体、字号和对齐方式等；如果需要更详细地修改样式，可单击"格式"按钮，选择"字体""段落"和"编号"等命令，进行样式的全面修改。

3．创建新样式

在"样式"下拉菜单中选择"创建样式"命令，打开"根据格式化创建新样式"对话框，如图 3-36 所示。在该对话框中可指定新样式的名称，单击"修改"按钮，可打开"修改样式"对话框。

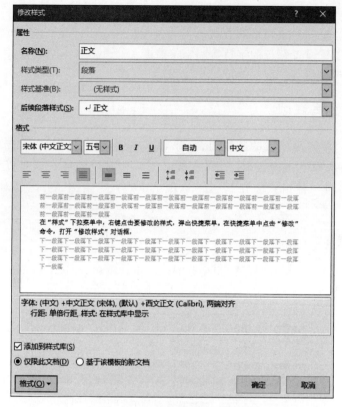

图 3-35　"修改样式"对话框

图 3-36　"根据格式化创建新样式"对话框

3.4.3　添加页眉、页脚和页码

页眉/页脚是指在文档页的顶端和底端重复出现的文字或图片等信息。在草稿视图、Web 版式视图和大纲视图中无法看到页眉/页脚,在页面视图中看到的页眉/页脚会变淡,但是不会影响打印的效果。图书中常见的页码,实际上就是最简单的一种页眉/页脚,页眉/页脚中也可以出现日期、时间、文字或图片等。

1. 进入页眉页脚视图

创建或修改页眉/页脚前,需要先进入页眉页脚视图。进入页眉页脚视图的方法有两种:

（1）在"插入"选项卡的"页眉和页脚"组中，单击"页眉"或"页脚"按钮，在弹出的下拉菜单中选择一种预置页眉/页脚格式，也可以选择"编辑页眉"或"编辑页脚"命令。

（2）在页面的页眉/页脚处双击鼠标左键。

进入页眉页脚视图后，页面中的文字会变淡并且不可编辑。此时，可以在页眉/页脚的位置输入文字并编辑，即插入页眉/页脚，同时功能区会出现"页眉和页脚工具设计"选项卡，如图 3-37 所示。

图 3-37 "页眉和页脚工具设计"选项卡

2．不同的页眉/页脚

默认情况下，Word 文档的页眉/页脚是统一的，即每一页的页眉/页脚都是一样的，此时只需要在其中一页中添加页眉/页脚，其他页将自动保持一致。如果需要在文档的不同部分添加不同的页眉/页脚，可采用以下三种方式：

（1）每一节不同。将文章分节后，进入页眉页脚视图，将鼠标光标置入某一节的页眉/页脚中，在"页眉和页脚工具设计"选项卡中的"导航"组中，单击"链接到前一节"按钮，去掉本节与上一节的链接，此时本节可添加与上一节不同的页眉/页脚。

注意：文章分节是指将 Word 文档分为几个小节，通过在需要分节的位置插入分节符实现。在"布局"选项卡中的"页面设置"组中，单击"分隔符"按钮，在弹出的下拉菜单中选择"下一页""连续""偶数页"或"奇数页"命令，可插入一个分节符。

（2）首页不同。在"页眉和页脚工具设计"选项卡的"选项"组中勾选"首页不同"复选框，此时本节的首页可添加与其他页不同的页眉/页脚。

（3）奇偶页不同。在"页眉和页脚工具设计"选项卡的"选项"组中勾选"奇偶页不同"复选框，此时本节的奇数页和偶数页可以分别添加不同的页眉/页脚。

3．设置页码

页码是以域的形式插入到页眉和页脚中的，数值会随着页数增加而自动增加的一项常用功能。在给文档插入页码时，可以按照以下步骤完成：

（1）进入页眉页脚视图。

（2）在"页眉和页脚工具设计"选项卡的"页眉和页脚"组中，单击"设置页码格式"按钮，打开"页码格式"对话框。在该对话框中，设置编号格式、是否包含章节号、起始页码等选项，如图 3-38 所示。

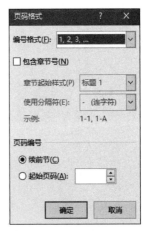

图 3-38 "页码格式"对话框

（3）在"页眉和页脚工具设计"选项卡的"页眉和页脚"组中，单击"页码"按钮，打开"页码"下拉菜单。在该下拉菜单中，选择添加页码位置和预置格式："页面顶端""页面底端"或"当前位置"。

3.4.4　打印输出

打印编排好的文档，通常是文档处理的最后一步操作。在 Word 2016 中，用户可以灵活地选择打印方式，设置打印格式，从而完成文档的打印输出。

在打印文档前，用"打印预览"功能可以查看文档打印到纸上的效果，这样可以在打印前做到心中有数，以免打印时才发现错误。打印预览功能可以使用户在打印前看到非常逼真的打印效果，还能在预览时对文档进行调整和编辑，以得到满意的效果。

在"文件"选项卡中选择"打印"命令，出现打印预览窗口。在该窗口中，可以预览打印效果，并进行如下设置。

1. 打印机

通常显示默认打印机，如果要选择不同的打印机，可以单击打印机名称旁边的下拉按钮，在下拉列表中选择一种打印机。

2. 打印范围

有时可能只需要打印一篇文档中的几页，或是其中的一小部分。在"设置"选项下可以选择以下的打印范围。

（1）打印所有页。打印文档的全部内容。

（2）打印当前页面。仅打印文档的当前页。

（3）自定义打印范围。自定义需要打印的页码范围或节。例如，可以用 1,2,5-10 来表示打印第 1 页，第 2 页，第 5 页～第 10 页。

（4）仅打印奇数页或偶数页。可以隔页打印。

课堂实战

1. 新建并保存 Word 文档

（1）启动 Word 2016，新建一个空白文档。

（2）保存文档，选择"文件"|"保存"命令或单击"快速访问工具栏"中的"保存"按钮，指定文档的名称为"考勤管理制度"。

2. 录入正文

3. 页面设置

在"布局"选项卡的"页面设置"组中完成以下设置：

（1）纸张方向。单击"纸张方向"|"横向"按钮，设置纸张方向为横向。

（2）页边距。单击"页边距"|"自定义页边距"按钮，打开"页面设置"对话框。在该对话

框中设置上、下、左、右页边距分别为“2.4 厘米”“2.4 厘米”“2.2 厘米”“2.2 厘米”。

效果如图 3-39 所示。

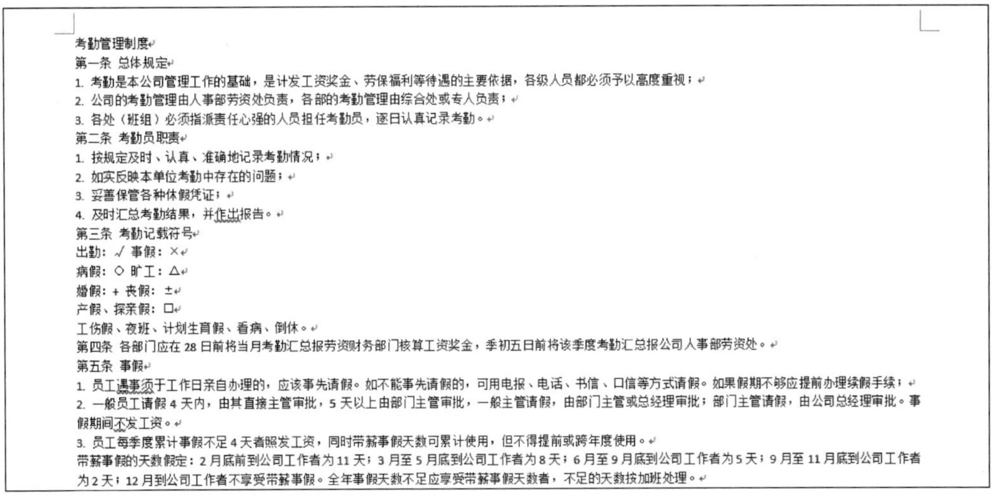
考勤管理制度
第一条 总体规定
1. 考勤是本公司管理工作的基础，是计发工资奖金、劳保福利等待遇的主要依据，各级人员都必须予以高度重视；
2. 公司的考勤管理由人事部劳资处负责，各部的考勤管理由综合处或专人负责；
3. 各处（班组）必须指派责任心强的人员担任考勤员，逐日认真记录考勤。
第二条 考勤员职责
1. 按规定及时、认真、准确地记录考勤情况；
2. 如实反映本单位考勤中存在的问题；
3. 妥善保管各种休假凭证；
4. 及时汇总考勤结果，并作出报告。
第三条 考勤记载符号
出勤：√ 事假：×
病假：○ 旷工：△
婚假：+ 丧假：±
产假、探亲假：□
工伤假、夜班、计划生育假、看病、倒休。
第四条 各部门应在 28 日前将当月考勤汇总报劳资财务部门核算工资奖金，季初五日前将该季度考勤汇总报公司人事部劳资处。
第五条 事假
1. 员工遇事须于工作日亲自办理的，应该事先请假。如不能事先请假的，可用电报、电话、书信、口信等方式请假。如果假期不够应提前办理续假手续；
2. 一般员工请假 4 天内，由其直接主管审批，5 天以上由部门主管审批，一般主管请假，由部门主管或总经理审批；部门主管请假，由公司总经理审批。事假期间不发工资。
3. 员工每季度累计事假不足 4 天者照发工资，同时带薪事假天数可累计使用，但不得提前或跨年度使用。
带薪事假的天数假定：2 月底前到公司工作者为 11 天；3 月至 5 月底到公司工作者为 8 天；6 月至 9 月底到公司工作者为 5 天；9 月至 11 月底到公司工作者为 2 天；12 月到公司工作者不享受带薪事假。全年事假天数不足应享受带薪事假天数者，不足的天数按加班处理。

图 3-39　页面设置效果图

4. 设置文档样式

1）正文样式

在“开始”选项卡的“样式”组中，右击“正文”按钮，在弹出的快捷菜单中，单击“修改”按钮，打开“修改样式”对话框。在该对话框中，设置正文为“小四号、楷体、左对齐”。在“修改样式”对话框中，单击“格式”按钮，在弹出的菜单中选择“段落”命令，打开“段落”对话框。在该对话框中，设置“1.5 倍行距”。

2）题目样式

类似正文样式的修改方法，修改题目样式为“隶书、二号、居中对齐、无缩进、1.5 倍行距、段前段后 0.5 行”。

3）条目样式

默认情况下，Word 2016 中并没有名称为条目的样式，此时可以创建一个条目样式。在“样式”下拉菜单中选择“创建样式”命令，打开“根据格式化创建新样式”对话框。在该对话框中，设置名称为“条目”，单击“确定”按钮。此时，在样式菜单中会出现一个名称为条目的样式，修改条目样式为“楷体、小四号、加粗、倾斜、1.5 倍行距、段后 0.5 行”。

4）设置样式

使用样式设置文中标题和条目的格式。

效果如图 3-40 所示。

5. 添加页眉和页码

1）添加页眉

在“插入”选项卡的“页眉和页脚”组中，单击“页眉”|“空白”按钮，进入页眉页脚视图。在“页眉和页脚工具设计”选项卡的“选项”组中，勾选“奇偶页不同”复选框。在奇数页页眉

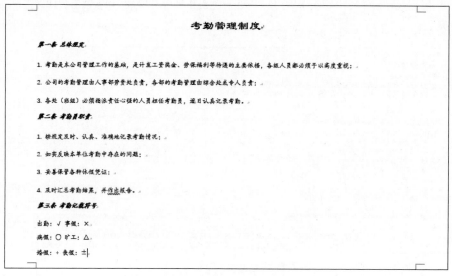

图 3-40　文档样式效果图

处输入"xxx 股份有限公司",并设置格式为"隶书、五号、左对齐",在偶数页页眉处输入"考勤管理制度",并设置格式为"隶书、五号、右对齐"。

2) 添加页码

在"插入"选项卡的"页眉和页脚"组中,选择"页码"|"设置页码格式"命令。打开"页码格式"对话框。在该对话框中,设置编号格式为"-1-,-2-,-3-"。在"页眉和页脚"组中,选择"页码"|"页面底端"|"普通数字 2"命令。

效果如图 3-41 所示。

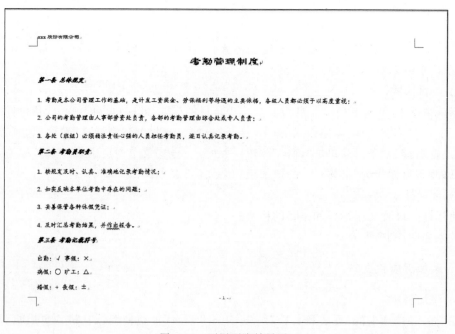

图 3-41　页眉页脚效果图

6. 保存文档

单击"快速访问工具栏"中的"保存"按钮,保存文档。

3.5　制作班级成绩表

本节制作"班级成绩表",完成后效果如图 3-42 所示,制作"班级成绩表"需要掌握表格的创建、布局、设计和表格中数据的处理等操作。

班级成绩表

学号	姓名	语文	数学	英语	总分	排名
0001	学生 1	75	70	66	211	5
0002	学生 2	57	94	53	204	7
0003	学生 3	97	67	58	222	4
0004	学生 4	73	90	61	224	3
0005	学生 5	83	96	89	268	1
0006	学生 6	58	82	68	208	6
0007	学生 7	98	53	88	239	2

图 3-42　班级成绩表

3.5.1　创建表格的方法

在 Word 2016 中,可以通过以下 4 种方式来创建一个新的表格。

1. 使用"表格"网格创建表格

在"插入"选项卡的"表格"组中,单击"表格"按钮,弹出"表格"下拉菜单,如图 3-43 所示。在该菜单上方的网格中,拖动鼠标选择新建表格的行数与列数。

2. 使用"插入表格"命令创建表格

在"插入"选项卡的"表格"组中,选择"表格"|"插入表格"命令,打开"插入表格"对话框,如图 3-44 所示。在该对话框中,设置表格的列数与行数后,单击"确定"按钮可添加一个新表格。

图 3-43　"表格"下拉菜单

3. 绘制表格

在"插入"选项卡的"表格"组中,选择"表格"|"绘制表格"命令。此时,鼠标光标变为 ℓ ,拖动鼠标光标可绘制任意结构的新表格。表格绘制完成后,按 Esc 键,退出"绘制表格"状态。

4. 使用表格模板快速创建新表格

在"插入"选项卡的"表格"组中,选择"表格"|"快速表格"命令,弹出"快速表格"子菜单,如图 3-45 所示。在该子菜单中,选择需要的模板,可快速添加一个表格。

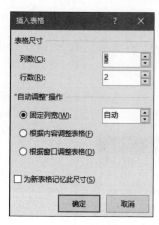

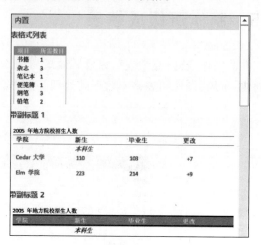

图 3-44　"插入表格"对话框　　　　　　图 3-45　"快速表格"子菜单

3.5.2　表格的布局

1. 选择表格

(1) 选择整个表格。将鼠标光标置于表格上方的任意位置。此时,表格的左上角将出现 ⊞ 图标,单击该图标可选中整个表格。

(2) 选择行。将鼠标光标置于表格某行的左侧,当鼠标光标变为 ⊿ 时,单击鼠标左键可选中该行。此时,拖动鼠标可选中连续的多行,而按住 Ctrl 键后,单击鼠标左键可选中不连续的多行。

(3) 选择列。将鼠标光标置于表格某列的上方,当鼠标光标变为 ↓ 时,单击鼠标左键可选中该列。此时,拖动鼠标可选中连续的多列,而按住 Ctrl 键后,单击鼠标左键可选中不连续的多列。

(4) 选择单元格。将鼠标光标置于某个单元格内即可选中该单元格,或者将鼠标光标移动到某个单元格的右下角,当鼠标光标变为 ➴ 时,单击鼠标左键可选中该单元格。此时,拖动鼠标可选中连续的多个单元格,而按住 Ctrl 键后,单击鼠标左键可选中不连续的多个单元格。

此外,当选择一个单元格后,功能区中将出现"设计"和"布局"两个选项卡,如图 3-46 所示。选择"布局"选项卡,在"表"组中,单击"选择"按钮,在弹出的菜单中,可选择单元格或单元格所在的行、列以及整个表格。

2. 调整表格结构

(1) 添加或删除表格、行、列或单元格。选择需要进行添加或删除操作的表格、行、列或

图 3-46　"表格工具""布局"选项卡

单元格后,在"表格工具""布局"选项卡的"行或列"组中,可对表格及其各部分进行插入或删除操作。

（2）调整表格、行、列或单元格的尺寸。可以通过用鼠标拖曳表格边框的方式,粗略调整表格及其各部分的尺寸；也可以选择需要调整尺寸的表格、行、列或单元格后,在"表格工具布局"选项卡的"单元格大小"组中进行尺寸的精确调整。此外,还可以单击"单元格大小"组右下角的对话框启动器,打开"表格属性"对话框来对表格及其各部分的尺寸进行调整,如图 3-47 所示。

图 3-47　"表格属性"对话框

（3）合并或拆分单元格。合并单元格是指把相邻的多个单元格合并成一个单元格,而拆分单元格是指把一个或多个单元格分成更多的单元格,从而达到增加表格行数或列数的目的。选择要进行合并或拆分操作的单元格后,在"表格工具布局"选项卡的"合并"组中,通过"合并单元格"和"拆分单元格"两个按钮可对单元格进行合并或拆分的操作。此外,单击"拆分表格"按钮还可以将表格一分为二。

（4）设置单元格对齐方式、边距和文字方向。对于添加到单元格里面的文本,其对齐方式可分为水平对齐方式和垂直对齐方式两种。水平对齐方式可设置为"左""中""右",垂直对齐方式可设置为"上""中""下",两种对齐方式相组合可得到9种单元格的对齐方式。而在"表格工具布局"选项卡的"对齐方式"组中,其左侧的9个按钮分别对应这9种对齐方式,如图3-48所示。

单元格的边距是指单元格内部的文本与单元格上下左右四个边线之间的距离。在"表格工具布局"选项卡的"对齐方式"组中,单击"单元格边距"按钮,弹出"表格选项"对话框,如图3-49所示。在该对话框中,可设置单元格的边距。

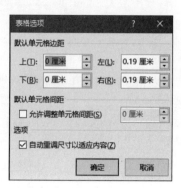

图3-48　"单元格对齐方式"按钮　　　　图3-49　"表格选项"对话框

此外,单击"对齐方式"组中的"文字方向"按钮,可将单元格内部文本的书写方向在横向与纵向间切换。

3.5.3　设计表格

表格的设计主要指设计表格的边框、底纹和样式。在 Word 2016 中,可通过功能区里的"表格工具设计"选项卡来完成关于表格设计的一系列操作。

1. 添加边框

为表格添加边框的基本步骤如下。

步骤1:选择需要添加边框的一个或多个单元格。

步骤2:在"表格工具设计"选项卡的"边框"组中,选择绘制边框所用的线条样式、颜色与宽度。

步骤3:在"边框"组中,单击"边框"按钮,弹出"边框"菜单,如图3-50所示。在该菜单中,选择如何添加边框。

2. 添加底纹

为表格添加底纹的基本步骤如下。

步骤1:选择需要添加底纹的一个或多个单元格。

步骤2:在"表格工具设计"选项卡的"表格样式"组中,单击"底纹"按钮,弹出"底纹"菜单,如图3-51所示。在该菜单中,选择底纹的颜色,可以选择主体颜色或标准色,也可以选择无颜色。如果菜单中没有满意的颜色,单击"其他颜色"命令,打开"颜色"对话框。在该对话框中,可以选择更加丰富的颜色。

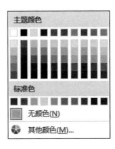

图 3-50 "边框"菜单　　　　　　图 3-51 "底纹"菜单

3.应用内置样式

Word 2016 还提供了很多已设计完成的内置样式,应用内置样式的基本步骤如下。

步骤 1:将鼠标光标置于表格的任意位置。

步骤 2:在"表格工具设计"选项卡的"表格样式选项"组中,选择要应用样式的特殊行或列。

步骤 3:在"表格工具设计"选项卡的"表格样式"组中,选择要应用的样式,如图 3-52 所示。

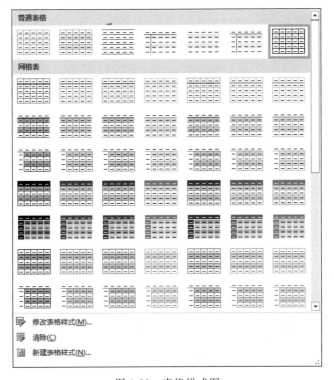

图 3-52 表格样式图

3.5.4　表格数据化处理

1. 数据排序

表格数据排序的基本步骤如下。

步骤 1：将鼠标光标置于任意单元格中，此时 Word 2016 会自动选择整个表格进行排序。如果仅需要对部分单元格进行排序，可以手动选择这些单元格。

步骤 2：在"表格工具布局"选项卡的"数据"组中，单击"排序"按钮，弹出"排序"对话框，如图 3-53 所示。在该对话框中，设置排序信息。

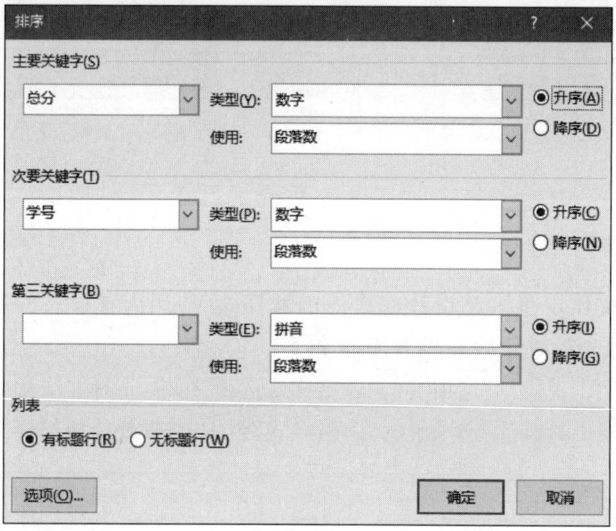

图 3-53　"排序"对话框

其中，"主要关键字"下拉列表作为选择排序的根据，一般是标题行中某个单元格的内容；"升序"和"降序"两个单选按钮用于选择排序的顺序。用户可根据要求选择，排序依据分别为主要关键字、次要关键字、第三关键字。排序时，如果"主要关键字"值相同，则依据"次要关键字"决定顺序，如"次要关键字"值仍相同，则按"第三关键字"决定顺序。此外，有无标题行决定着待排序数据的首行是否参与排序。

步骤 3：单击"确定"按钮，完成排序。

2. 公式计算

利用公式计算单元格里的数据，基本步骤如下。

步骤 1：将光标置于计算结果的单元格中，然后在"表格工具布局"选项卡的"数据"组中，单击"公式"按钮，打开"公式"对话框，如图 3-54 所示。

步骤 2：对话框中的"公式"文本框用于设置计算所用的公式。公式可以用"粘贴函数"下拉列表框中所列的函数。"编号格式"下拉列表框则用于设置计

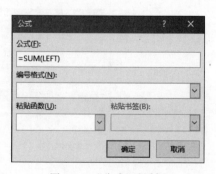

图 3-54　"公式"对话框

算结果的数字格式。

在公式计算中可输入单元格引用,从而引用单元格的内容。表格中的单元格可用诸如 A1、A2、B2 之类的形式来引用。其中,字母代表列,而数字代表行。在公式中引用单元格时,需用逗号分隔,选定区域的首尾单元格之间需用冒号分隔。例如,SUM(A1,B2)表示对单元格 A1 和 B2 求和;而 SUM(A1:B2)表示对选定区域单元格 A1、A2、B1 及 B2 求和。

可以采用两种方法表示一整行或一整列,第一种方法是用 1:1 表示一行,第二种方法是用 al:c1 表示一行,其中 al 是该行的第一个单元格,c1 是该行的最后一个单元格。

步骤 3:单击"确定"按钮,完成计算。

课堂实战

1．新建并保存 Word 文档

(1) 启动 Word 2016,新建一个空白文档。

(2) 保存文档,选择"文件"|"保存"命令或单击"快速访问工具栏"中的"保存"按钮,指定文档的名称为"班级成绩表"。

2．添加表头

(1) 录入文字"班级成绩表"。

(2) 设置字体。在"开始"选项卡的"字体"组中,设置该段文字为"隶书""小一""加粗"。

(3) 设置段落。在"开始"选项卡的"段落"组中,设置该段文字为"居中对齐"。

表头效果,如图 3-55 所示。

班级成绩表

图 3-55　表头效果图

3．插入表格

在表头后,另起一段插入表格。在"插入"选项卡的"表格"组中,选择"表格"|"插入表格"命令,打开"插入表格"对话框。在该对话框中,设置"行数"为 8,"列数"为 7,单击"确定"按钮,添加一个 8 行 7 列的表格。

4．设计表格

选中整个表格,在"表格工具设计"选项卡中,完成以下操作:

(1) 设置表格样式。在"表格样式"组中,单击按钮 ⤓,展开"表格样式"下拉菜单,单击"网格表"|"网格表 4—着色 1"按钮。

(2) 设置表格边框。选中整个表格后,在"边框"组中,设置边框线条为"双线条""0.75 磅""深蓝,文字 2,淡色 40％",选择"边框"|"外侧框线" 命令,完成表格外部边框的绘制。选中表格的第一行,设置边框线条为"双线条""0.75 磅""深蓝,文字 2,淡色 40％",选择"边框"|"外侧框线"命令,完成表格第一行边框的绘制。

5．调整表格布局

(1) 调整表格尺寸。选中整个表格,通过拖动鼠标的方式调整表格尺寸。

（2）设置单元格对齐方式。选中表格第一行后，在"布局"选项卡的"对齐方式"组中，单击"水平居中"按钮。选中其他行，单击"中部两端对齐"按钮。

调整后的表格效果如图 3-56 所示。

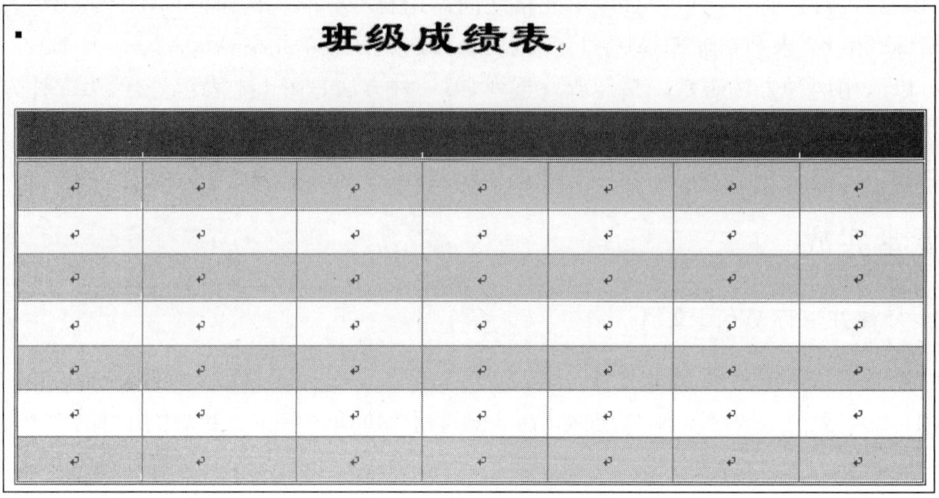

图 3-56　表格效果图 1

6. 录入表格内容

（1）录入表格内容，如图 3-57 所示。

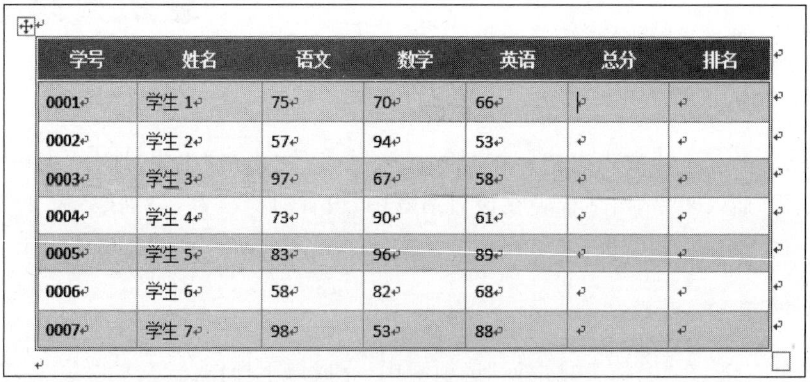

图 3-57　表格内容

（2）计算总分。选中 F2 单元格，在"数据"组中，单击"公式"按钮，打开"公式"对话框，在"公式"中输入"＝SUM(LEFT)"后，单击"确定"按钮，完成"学生 1"的总分录入。采用同样方式，录入其他学生的总分。

（3）排序。选中整个表格或其中的一个单元格，在"数据"组中，单击"排序"按钮，打开"排序"对话框。在该对话框中，设置"主要关键字"为"总分""降序"，"次要关键字"为"学号""升序"，"有标题行"，单击"确定"按钮，完成按总分排序。

（4）录入排名及重新排序。录入排名 1～7 后，重新按照"学号"排序。

录入内容后表格效果如图 3-58 所示。

班级成绩表

学号	姓名	语文	数学	英语	总分	排名
0001	学生1	75	70	66	211	5
0002	学生2	57	94	53	204	7
0003	学生3	97	67	58	222	4
0004	学生4	73	90	61	224	3
0005	学生5	83	96	89	268	1
0006	学生6	58	82	68	208	6
0007	学生7	98	53	88	239	2

图 3-58 表格效果图 2

7．保存文档

单击"快速访问工具栏"中的"保存"按钮，保存文档。

3.6 本章小结

Word 2016 是目前为止最常用的文档处理软件，它旨在为用户提供最专业的文档处理功能，利用它用户可以更加高效、更加轻松地完成文档的处理。本章对 Word 2016 的具体操作进行了详细的讲解，其中不仅有文档的建立与保存这样的基本操作，也有公式编辑、自动添加文档目录这样的高级操作。

在使用 Word 2016 编辑文档时，绝大多数的操作都是通过功能区来完成的。在功能区中包含了多个选项卡，从而把功能区划分为几个部分。其中，常用到的选项卡所具备的功能如下。

"文件"选项卡：负责和文档相关的操作，如保存文档、打印文档等。

"开始"选项卡：负责字体、段落和样式等最常用、最基本的操作。

"插入"选项卡：负责向文档中插入一些表格、图片等其他形式的信息。

"布局"选项卡：负责纸张方向、页面背景等对文档整体布局产生影响的操作。

"引用"选项卡：负责向文档中添加目录和索引等高级操作。

"审阅"选项卡：负责拼写和语法检查、字数统计、添加批注等操作。

此外，还有一些选项卡只有在针对特定内容进行操作时才会显示出来，如选中一个表格后出现的"表格工具设计"和"表格工具布局"选项卡。

3.7　上机实验

上机实验1　图文混排综合实例

【实验目的】

熟练掌握 Word 2016 的页面设置与文本格式化,以及如何向文档中添加图片、艺术字、文本框和自选图形等非文本内容,并对其进行相应设置。最终,可以在 Word 2016 中设计出一个包含图片等非文本内容在内的优美文档。

【实验内容及步骤】

1. 新建 Word 文档

新建一个空白 Word 文档后,将该文档保存为"图文混排.docx"。

2. 页面设置

选择功能区中的"布局"选项卡,在如图 3-59 所示的"页面设置"对话框中完成以下设置。

(1)纸张方向。单击"纸张方向"按钮,设置纸张方向为"横向"。

(2)页边距。单击"页边距"|"自定义页边距"按钮,打开"页面设置"对话框。在该对话框中,设置上、下、左、右页边距分别为"2.54 厘米""2.54 厘米""2.54 厘米""3.81 厘米"。

(3)分栏。单击"栏"按钮,设置分栏为"两栏"。

3. 艺术字

(1)插入艺术字。在"插入"选项卡的"文本"组中,单击"艺术字"按钮,选择第二行第二列的艺术字样式。在艺术字文本框中,输入文章标题"大连外国语大学",设置文字字体为"宋体"、字号为"小初"。

(2)设置艺术字样式。选中艺术字后,在"形状格式"选项卡的"艺术字样式"组中,单击"文本效果"|"阴影"|"透视"|"左上"按钮。

图 3-59　"页面设置"对话框

(3)设置艺术字位置和对齐方式。在"形状格式"选项卡的"排列"组中,单击"位置"|"嵌入文本行中"按钮。设置艺术字所在段落"居中对齐"。"艺术字"设置完成后的效果如图 3-60 所示。

图 3-60　"艺术字"效果图

4．文本与段落

录入文章正文。选择功能区中的"开始"选项卡，完成以下设置。

（1）设置字体。选中所有文本，在"字体"组中，设置文字为"宋体""四号字"。

（2）设置字形。选中第一段的第一句话，设置文字为"楷体_GB2312""四号字""加粗倾斜""双下划线"。

（3）设置文字效果与底纹。选中第三段中的"学校秉承'崇德尚文 兼收并蓄'的校训"，单击"文本效果和版式"按钮，在弹出的菜单中，选择第一行第二列的效果。单击"字符底纹"按钮，为文本添加底纹。

（4）设置段落。选中所有文本，在"段落"组中，单击右下角的对话框启动器，打开"段落"对话框。在该对话框中，设置段落为"左对齐""首行缩进2字符""单倍行距"，如图3-61所示。

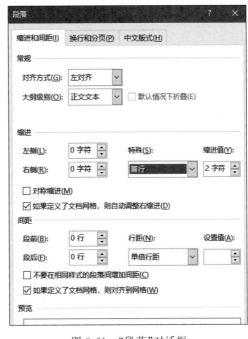

图 3-61 "段落"对话框

5．首字下沉

选中第二段文字，在"插入"选项卡的"文本"组中，选择"首字下沉"|"首字下沉选项"命令，打开"首字下沉"对话框。在该对话框中，设置字体为"华文行楷""下沉2行""距正文0.5厘米"。

完成前5步后的效果如图3-62所示。

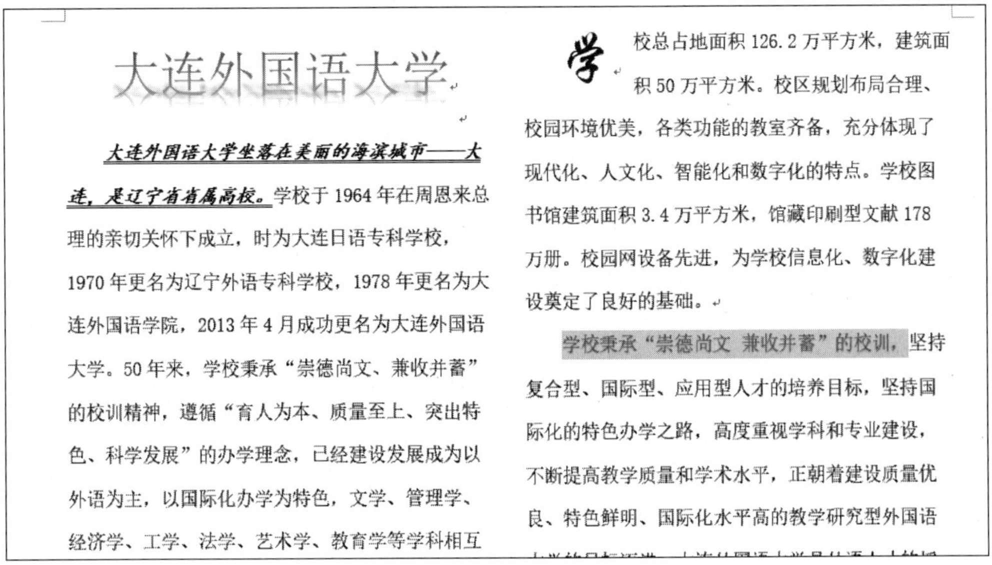

图 3-62 完成后的效果图

6. 图片

（1）插入图片。收集一张图片"大外校标.png"，并保存在本地磁盘中。在"插入"选项卡的"插图"组中，单击"图片"按钮，打开"插入图片"对话框。在该对话框中，找到图片"大外校标.png"，双击该图片，将图片插入到文档中。

（2）设置图片位置。选中插入的图片，在"图片格式"选项卡的"排列"组中，单击"位置"｜"顶端居左，四周型文字环绕"按钮。

（3）裁剪图片。在"图片格式"选项卡的"大小"组中，选择"裁剪"｜"裁剪"命令，在图片上将出现黑色边框，拖动这些黑色边框，确定图片保留部分，如图 3-63 所示。再次单击"裁剪"按钮，将黑色边框外的内容裁剪掉。拖动图片，调整其大小及位置至第一段文字左侧，如图 3-64 所示。

图 3-63　裁剪图片

图 3-64　图片大小及位置

7. 文本框

（1）插入文本框。在"图片格式"选项卡的"文本"组中，单击"文本框"｜"绘制竖排文本框"按钮，在文档的右侧绘制一个竖排文本框。在文本框中输入文本"崇德尚文 兼收并蓄"，并将文字设置为"华文彩云""加粗""二号字""红色，个性 2，深色 25％"。

（2）设置文本框。选中文本框，在"形状格式"选项卡的"形状样式"组中，单击"形状效果"｜"阴影"｜"内部"｜"内部：左"按钮。拖动文本框，调整文本框的大小及位置。

8. 保存文档

在文档的"快速访问工具栏"中单击"保存"按钮，保存文档。样张效果如图 3-65 所示。

上机实验 2　毕业论文综合排版

【实验目的】

熟练掌握长文档的制作方法，能正确使用样式和大纲视图，能自动生成文档目录，掌握论文的基本结构和编辑方法。

【实验内容及步骤】

1. 准备工作

构思毕业论文内容，准备所需的各种素材，下载学校提供的毕业论文书写规范。

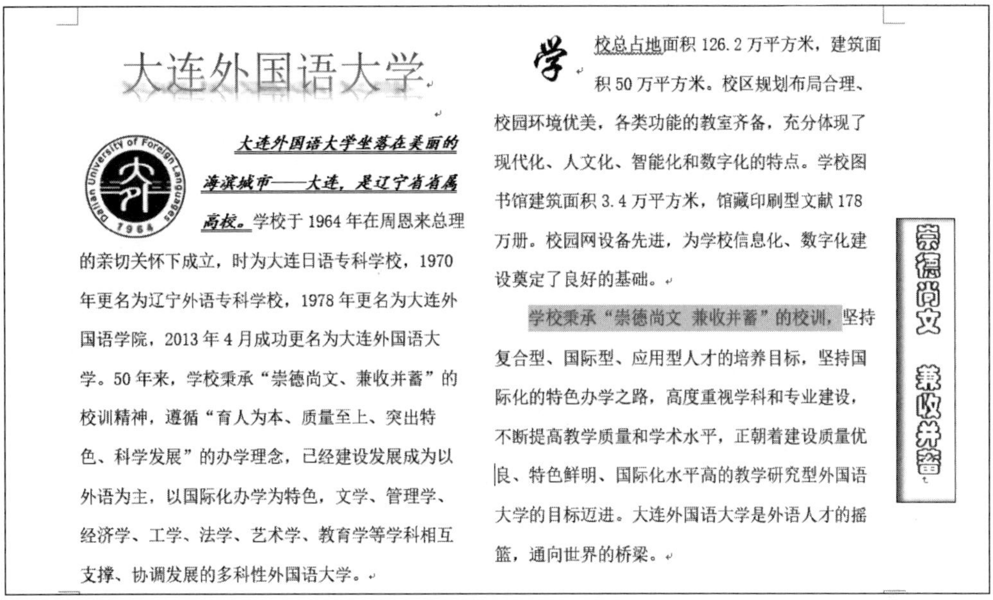

图 3-65　上机实验 1 完成效果图

注意：每个学校的毕业论文书写规范可能与读者所在院校提供的规范不尽相同，读者可以根据所在院校提供的毕业论文书写规范为标准酌情更改。

2．新建 Word 文档

新建一个空白 Word 文档后，将该文档保存为"论文排版.docx"。

3．设置文档样式

1）正文样式

在"开始"选项卡的"样式"组中，右击"正文"按钮，在弹出的快捷菜单中，单击"修改"按钮，打开"修改样式"对话框。在该对话框中，设置正文为"小四号、宋体、两端对齐"。在"修改样式"对话框中，单击"格式按钮"按钮，在弹出的菜单中选择"段落"命令，打开"段落"对话框，如图 3-66 所示。在该对话框中，设置"首行缩进 2 字符""1.5 倍行距"。

2）标题 1 样式

标题 1 通常为每章的标题。类似于正文样式的修改，设置标题 1 文字为"黑体、小二、居中对齐"；段落格式为"无缩进、1.5 倍行距、段前段后 1 行"。

3）标题 2 样式

标题 2 通常为每章的小节标题，如 1.1 节、1.2 节和 2.1 节等。类似于正文样式的修改，设置标题 2 文字为"黑体、小三、两端对齐"；段落格式为"无缩进、1.5 倍行距、段前段后 0.5 行"。

如上所示，根据具体需要设置标题 3、标题 4、引用等样式。

4．设置多级列表

在"开始"选项卡的"段落"组中，单击"多级列表"|"定义新多级列表"按钮，打开"定义新

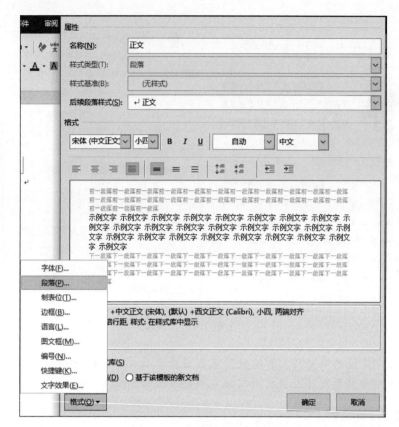

图 3-66　"修改样式"对话框

多级列表"对话框。在该对话框中,选择要修改的级别"1",设置"此级别的编号样式"为"1,2,3,…"后,在"输入编号的格式"文本框内的字符"1"前后,分别输入"第"和"章",设置"文本缩进位置"为 0 厘米。单击"更多"按钮,在新展开的内容中,设置"将级别链接到样式"为"标题 1",如图 3-67 所示。

在该对话框中,选中要修改的级别"2",设置"文本缩进位置"为 0 厘米,"将级别链接到样式"为"标题 2";选中要修改的级别"3",设置"文本缩进位置"为 0 厘米,"将级别链接到样式"为"标题 3"。以此类推,根据具体需要将列表级别与样式相关联。

5. 录入文本并设置样式

录入文本,并用样式设置论文中各级标题的格式。将论文每一章的标题设置为样式"标题 1";"1.1""1.2""2.1"等次一级标题设置为样式"标题 2";"1.1.1""1.2.1""2.1.1"等再次一级标题设置为样式"标题 3"。以此类推,通过样式设置论文各级标题格式,其他内容为"正文"样式。

注意:复用已有的格式,除了使用样式外,还可以运用格式刷工具。运用方法:选定已经格式化的文本,在"开始"选项卡的"剪贴板"组中,单击"格式刷"按钮,把带格式刷的鼠标指针拖过需要复制格式化信息的文本。如果双击"格式刷"按钮,可以多次复制格式化信息,再次单击该按钮,可结束格式刷操作。

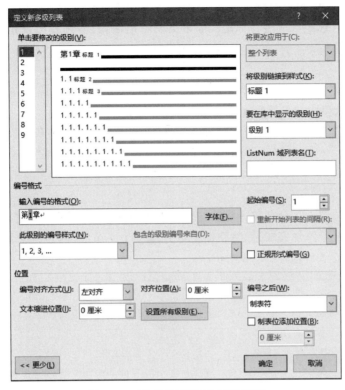

图 3-67　"定义新多级列表"对话框

6．插入题注

在论文排版中，需要对文章中出现的图片、表格、公式等进行编号。除手动添加编号的方法外，Word 2016 还提供了"插入题注"功能来帮助用户快速完成编号的添加。将光标放置到需要插入题注的位置，在"引用"选项卡的"题注"组中，单击"插入题注"按钮，弹出"题注"对话框。在该对话框中，可以在"标签"右侧的下拉框中选择合适的标签，也可以单击"新建标签"按钮新建一个标签。

注意：当添加完题注后，"样式"中会出现类似叫作"题注"的样式，修改该样式可改变题注的格式。

7．生成目录

将光标置于要插入目录的位置。在"引用"选项卡的"目录"组中，单击"目录"|"自动目录 1"按钮。

注意：目录能否成功添加与各段落的大纲级别密切相关。默认情况下，样式"标题 1"的大纲级别是 1 级；样式"标题 2"的大纲级别是 2 级；样式"标题 3"的大纲级别是 3 级。

8．拼写和语法检查

在"审阅"选项卡的"校对"组中，单击"拼写和语法"按钮，打开"拼写和语法"对话框。在该对话框中,可显示检测到的拼写与语法错误,当发现错误的或者不可识别的单词时,Word会在该单词下用红色波浪线进行标记。如果出现了语法错误,则在出现错误的部分用绿色波浪线进行标记。

9. 文章分节

在对文档排版时,如果需要对整篇文档的不同部分进行不同的设置,如添加不同的页眉、页脚,又或是进行不同的页面设置等。此时,就需要用"分节符"将整篇文章分成不同的"节"来处理。将光标置于要插入分节符的位置,在"页面布局"选项卡的"页面设置"组中,单击"分隔符"|"下一页"按钮,插入分节符。此时,整篇文档在分节符所在位置一分为二。

本例在以下位置插入分节符:目录与第一章之间、第一章与第二章之间、第二章与第三章之间。所有分节符添加完成后,将整篇文章分成 4 个小节,此时进入页眉页脚视图,可看到每页文档所属的节数,如图 3-68 所示。

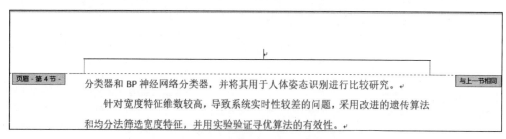

图 3-68　分节后的页眉页脚视图

10. 插入页眉

奇偶页不同:在"插入"选项卡的"页眉和页脚"组中,选择"页眉"|"空白"按钮,进入页眉页脚视图,同时在功能区出现"页眉和页脚工具设计"选项卡。在"页眉和页脚工具设计"选项卡的"选项"组中,勾选"奇偶页不同"复选框。

每一节不同:默认情况下,下一节的页眉或页脚会与上一章节的页眉或页脚保持相同,即页眉或页脚处的右侧有"与上一节相同"字样,如图 3-69 所示。而在"页眉和页脚工具设计"选项卡的"导航"组中,单击"链接到前一节"按钮,可使本节与上一节的关系在相同与不相同间切换。设置每一节的奇数页页眉为"毕业论文",每一节的偶数页为章节名称。

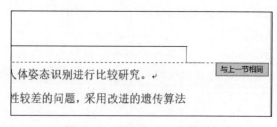

图 3-69　页眉"与上一节相同"

11. 插入页码

在"插入"选项卡的"页眉和页脚"组中，单击"页码"|"页面底端"|"普通数字 2"按钮。

12. 保存文档

在文档的"快速访问工具栏"中单击"保存"按钮，保存文档。

上机实验3　求职简历表格

【实验目的】

熟练掌握 Word 2016 中表格的创建和编辑，以及表格结构和样式的更改。最终，可以设计出结构合理、内容优美的表格。

【实验内容及步骤】

1. 新建 Word 文档

新建一个空白 Word 文档后，将该文档保存为"求职简历.docx"。

2. 标题及制表日期

（1）插入标题。在文档中，输入"个人简历"四个字作为表格标题。选中该标题，设置标题的字体为"隶书""一号""加粗""加下画线""居中对齐""字符宽度 8 字符"。

（2）插入自动更新日期。在标题的下一行输入文本"填表日期："后，在"插入"选项卡的"文本"组中，单击"日期和时间"按钮，打开"日期和时间"对话框。在该对话框中，选择第二种格式，并勾选"自动更新"复选框，如图 3-70 所示。设置本段文字为"隶书""三号""右对齐"。

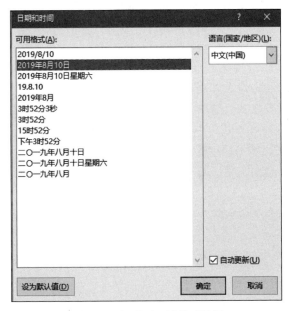

图 3-70　"日期和时间"对话框

3．插入表格

在"插入"选项卡的"表格"组中，单击"表格"按钮，选择合适的网格，在"填表日期"的下一行插入一个 8 行 5 列的表格，如图 3-71 所示。

图 3-71　一个 8 行 5 列的表格

4．设置表格布局

选中表格，选择"表格工具布局"选项卡，完成以下设置。

（1）调整表格结构。在"合并"组中，使用"合并单元格"和"拆分单元格"按钮，调整表格结构。

（2）调整表格尺寸。选中第一行单元格，在"单元格大小"组中设置其高度为"17.5磅"；选中其余行的单元格，设置其高度为"28.5磅"。调整后的表格如图 3-72 所示。

（3）设置单元格对齐方式。选中第一行单元格，在"对齐方式"组中，单击"中部两端对齐"按钮，设置单元格的对齐方式为中部两端对齐。选中其余单元格，单击"水平居中"按钮，设置单元格的对齐方式为水平居中。

（4）添加行和列。选中最后一行单元格，在"行和列"组中，单击"在下方插入"按钮，新插入一行。按照此方法，插入表格的第 9～第 20 行。

注意：如果要在某一行后面添加新行，也可以单击这一行结束位置的 标记，再按回车键，即可快速添加新行。

调整新表格的结构、尺寸和对齐方式，如图 3-73 所示。

5．录入表格内容

在各单元格中，录入相应内容并设置其格式。其中，第 1、第 9、第 14、第 19 行单元格字

图 3-72 调整尺寸后的表格

体为"隶书""四号""左对齐",第 2~第 8 行单元格字体为"宋体""五号""字符宽度 4.3 字符",第 10 和第 15 行单元格字体为"宋体""五号",第 20 行第一个单元格字体为"宋体""五号""文字竖排"。录入内容后的表格如图 3-74 所示。

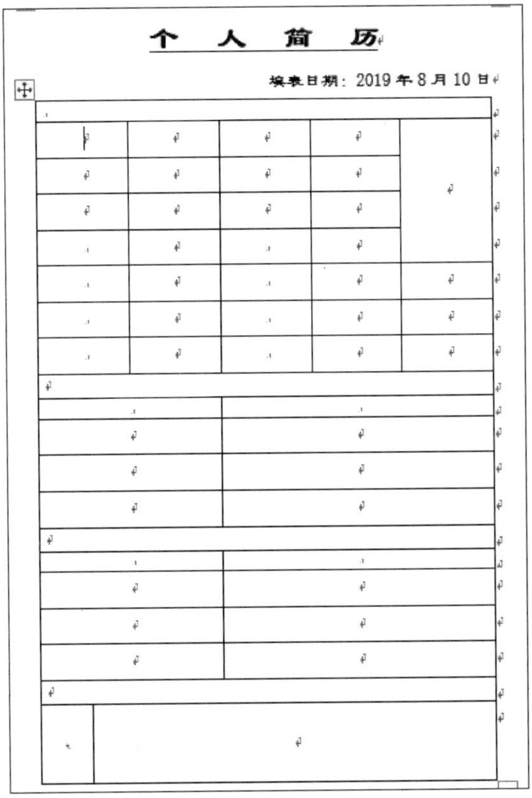

图 3-73 完成后的表格布局 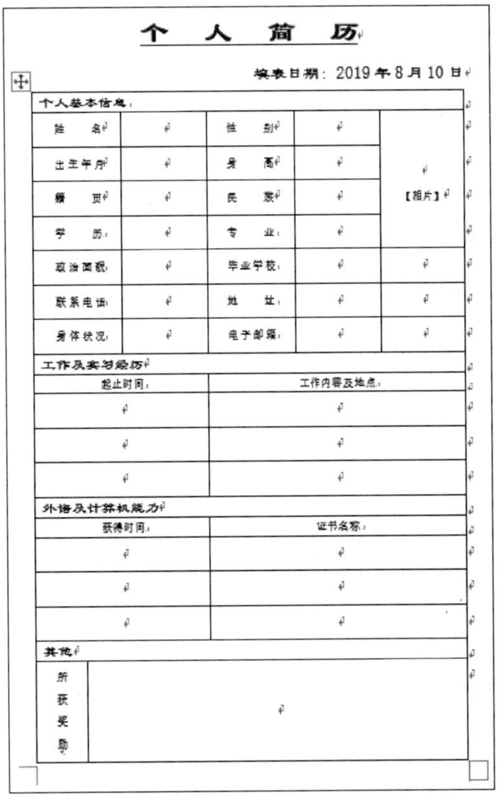　　　　　　　　图 3-74 录入内容后的表格

6. 设置表格样式

选择"表格工具设计"选项卡,完成以下设置。

(1) 添加底纹。选中表格的第1、第9、第14和第19行后,在"表格样式"组中,单击"底纹"按钮,在弹出的菜单中选择颜色"深蓝,文字2,单色80%"。

(2) 绘制表格边框。选中整个表格后,在"边框"组中,设置边框线条为"单线条""0.25磅",单击"边框"|"内部框线"按钮,完成表格内部边框的绘制;再次设置边框线条为"单线条""1.5磅",单击"边框"|"外侧框线"按钮,完成表格外部边框的绘制。

(3) 绘制单元格边框。选中表格的第1、第9、第14和第19行后,在"绘图边框"组中,设置边框线条为"单线条""1.5磅",单击"边框"|"外侧框线"按钮,完成特定单元格的边框绘制。

7. 添加水印

在"表格工具设计"选项卡的"页面背景"组中,单击"水印"|"自定义水印"按钮,打开"水印"对话框。在该对话框中,选择"文字水印",设置文字为"大连外国语大学",字体为"华文彩云",版式为"斜式",如图3-75所示。

8. 保存文档

在文档的"快速访问工具栏"中单击"保存"按钮,保存文档。样张效果如图3-76所示。

图3-75　"水印"对话框　　　　　　　　　图3-76　实验3样张

3.8　习题

一、单项选择题

1. 段落标记是在选择(　　)操作之后产生的。

    A. Shift＋Enter　　　B. 分页符　　　　　　C. Enter 键　　　　　D. 句号

2. 段落的对齐方式不包括(　　)。

    A. 左对齐　　　　　B. 两端对齐　　　　　C. 分散对齐　　　　D. 四周对齐

3. 在 Word 2016 的窗口中,主要包括(　　)。

    A. 功能区、快速访问工具栏、编辑栏、状态栏和文档编辑区域

    B. 功能区、状态栏、菜单栏和文档编辑区域

    C. 功能区、快速访问工具栏、状态栏和文档编辑区域

    D. 功能区、快速访问工具栏、菜单栏和文档编辑区域

4. Word 2016 文档默认扩展名是(　　)。

    A. TXT　　　　　　B. WRI　　　　　　C. DOCX　　　　　D. DOC

5. 在 Word 2016 中,使用 Ctrl＋A 快捷键的作用是(　　)。

    A. 撤销上一次操作　　　　　　　　B. 保存文档

    C. 删除文本　　　　　　　　　　　D. 文档全部选中

6. 使用 Word 2016 打印文件时,在"页数"栏中输入了打印页码"2-6,10,15",表示要打印的是(　　)。

    A. 第 2 页、第 6 页、第 10 页、第 15 页

    B. 第 2 页、第 6 页、第 10 页至第 15 页

    C. 第 2 页至第 6 页、第 10 页、第 15 页

    D. 第 2 页至第 6 页、第 10 页至第 15 页

7. 以下不是 Word 2016 中的选项卡的是(　　)。

    A. 布局　　　　　　B. 引用　　　　　　C. 设计　　　　　D. 公式

8. 在 Word 2016 中,无论鼠标指向何处,单击鼠标右键都会弹出一个菜单,该菜单称为(　　)。

    A. 主菜单　　　　　B. 子菜单　　　　　C. 快捷菜单　　　　D. 目录菜单

9. 为了可以自动生成文章的目录,需要给每一段文字设置适当的(　　)。

    A. 页眉　　　　　　B. 页脚　　　　　　C. 大纲级别　　　　D. 页码

10. 使用(　　)可以进行文章分节。

    A. 换行符　　　　　B. 分节符　　　　　C. 分页符　　　　　D. 分栏符

11. 设置段落为(　　),可以实现段落的开始空两格。

    A. 首行缩进 2 个字符　　　　　　　B. 悬挂缩进 2 个字符

    C. 左缩进 2 个字符　　　　　　　　D. 首行缩进 2 个空格

12. 以下不可以实现分栏的操作是(　　)。

    A. 在"布局"选项卡的"页面设置"组中,单击"栏"|"两栏"按钮

B. 在"页眉设置"对话框的"文档网格"选项卡中,设置"栏数"位 4

C. 在"栏"对话框中,单击"两栏"按钮

D. 在"页眉设置"对话框的"文档网格"选项卡中,设置"栏数"位 5

13. (　　)不是 Word 2016 中的视图。

    A. 阅读视图　　　　B. 大纲视图　　　　C. 草稿视图　　　　D. 全屏视图

14. (　　)操作,可以将多个连续的单元格合并成一个单元格。

    A. 插入单元格　　　　　　　　　　　　B. 删除单元格

    C. 合并单元格　　　　　　　　　　　　D. 拆分单元格

15. 选中整个表格后,敲击(　　),可以清空表格中的内容。

    A. Del 键　　　　　　B. Esc 键　　　　　C. Home 键　　　　D. F4 键

16. 只想观看文档的一级标题可以(　　)。

    A. 隐藏除一级标题外的内容

    B. 切换到大纲视图

    C. 切换到大纲视图后,设置显示级别为 3

    D. 切换到大纲视图后,设置显示级别为 1

17. 在 Word 2016 中,保存文档的快捷键是(　　)。

    A. Ctrl+A　　　　　B. Ctrl+S　　　　　C. Ctrl+T　　　　　D. Ctrl+C

18. 在 Word 2016 中,插入一张图片后,不可以(　　)。

    A. 缩放图片　　　　B. 裁剪图片　　　　C. 合并图片　　　　D. 旋转图片

19. 在对表格中的内容排序时,当主要关键字相同时,(　　)。

    A. 按"次要关键字"的值决定排序位置

    B. 随机决定排序位置

    C. 不能排序

    D. 产生排序错误提示

20. 插入(　　)符,可以在下一页开始新的一节。

    A. 分节符|下一页　　　　　　　　　　　B. 分页符|下一页

    C. 分页符|分页符　　　　　　　　　　　D. 分节符|连续

二、多项选择题

1. 要选取 Word 文档的全部内容,可进行的操作有(　　)。

    A. 使用快捷键 Ctrl+Q

    B. 将鼠标移至页面左侧,当鼠标变成向右上箭头时三击鼠标左键

    C. 在"开始"选项卡的"编辑"组中,单击"选择"|"全选"按钮

    D. 使用快捷键 Ctrl+A

2. 在 Word 文本中(　　)。

    A. 文字颜色和背景可以相同　　　　　　B. 文字颜色和背景可以不同

    C. 文字颜色和背景必须相同　　　　　　D. 文字颜色和背景必须不同

3. 分节符包括(　　)。

    A. 下一页　　　　　B. 偶数页　　　　　C. 奇数页　　　　　D. 连续

4. 分隔符包括(　　　)。

  A. 分页符　　　　　　B. 分栏符　　　　　　C. 自动换行符　　　D. 分节符

5. 文档视图包括(　　　)。

  A. 页面视图　　　　　B. 阅读视图　　　　　C. 大纲视图　　　　　D. 草稿视图

三、判断题

1. 中文文章中段首空两格的操作,可以通过设置段落首行缩进 2 个字符来完成。(　　　)

2. 在 Word 2016 中,只能修改已有样式,不能新建样式。(　　　)

3. 插入到文档里的形状,不能在其中添加文字。(　　　)

4. 一篇文档的页眉和页脚都是统一的,不能在一篇文档中设置不同的页眉页脚。(　　　)

5. 文章分节后,可以在不同的节内添加不同的页码。(　　　)

6. 在 Word 2016 中,每一个形状只能有一种形状效果。否则,新的形状效果将替换旧的形状效果。(　　　)

7. 在 Word 2016 中,表格的底纹必须是统一的,即不能为不同的单元格设置不同的底纹。(　　　)

8. 水印既可以是图片也可以是文字。(　　　)

9. 在 Word 2016 中,想要插入一个公式,必须安装第三方公式编辑器插件。(　　　)

10. 在 Word 2016 中,添加的页码必须从 1 开始计数。(　　　)

第4章 电子表格软件Excel 2016

Excel 2016(以下称 Excel)是 Microsoft Office 2016 中的电子表格软件,它具有强大的数据处理功能。使用 Excel,用户可以对各种数据进行组织、计算、统计和分析,完成复杂数据运算和制作图表等功能,并将其以形象直观的形式展示出来,可突出显示重要的数据趋势。

本章将由浅入深地详细介绍 Excel 的基础知识和高级应用。

4.1 电子表格的基本操作

4.1.1 Excel 2016 的启动和退出

1. 启动 Excel 2016

在 Windows 中启动 Excel 的方法有很多,常用的启动方法有以下几种。

1) 使用"开始"菜单启动

(1) 单击 Windows 任务栏上的"开始"图标。

(2) 在打开的菜单中选择"所有程序"命令,弹出"所有程序"菜单。

(3) 选择"所有程序"菜单上 Microsoft Office 文件夹,在弹出的应用程序组中选择 Microsoft Excel 2016。

2) 使用桌面快捷方式启动

对于像 Excel 这样经常使用的程序,可以在桌面上创建一个快捷方式,之后双击该快捷方式图标就可以启动 Excel。

3) 使用已有表格启动 Excel

通过双击 Excel 表格来启动 Excel,在启动 Excel 2016 的同时也打开了该表格。

另外,如果要打开一个最近使用过的工作簿,可以单击"文件"菜单,在"打开"选项中选择"最近"命令,找到想要打开的 Excel 表格,单击打开即可,如图 4-1 所示。

2. 退出 Excel

每次使用 Excel 后,特别是当关闭计算机之前,需要正常退出 Excel。

(1) 保存已经打开的文档。

(2) 单击 Excel 窗口右上角的"关闭"按钮。

如果在退出之前尚未保存文档,Excel 会显示如图 4-2 所示的消息框,询问是否要保存工作簿,操作同上。

图 4-1 最近使用过的 Excel 工作簿

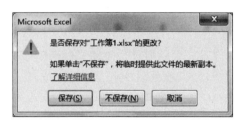

图 4-2 消息框

4.1.2 认识工作簿、工作表和单元格

扩展名为 .xlsx 的文件就是通常所称的工作簿文件,它是计算和存储数据的文件,也是用户进行 Excel 操作的主要对象和载体,是 Excel 最基本的电子表格文件类型。用户使用 Excel 创建数据表格、在表格中进行编辑,以及操作完成后进行保存等一系列操作的过程大都是在工作簿中完成的。在 Excel 中可以同时打开多个工作簿。

每个工作簿可以由一个或多个工作表组成,默认情况下新建的工作簿名称为"工作簿 1",此后新建的工作簿将以"工作簿 2""工作簿 3"等依次命名,通常每个新的工作簿中的第一张工作表以 Sheet1 命名,启动 Excel 工作簿后,在标题上就会显示出"工作簿 1",如图 4-3 所示。

工作表是由单元格按行列方式排列组成的,一个工作表由若干个单元格组成,它是工作簿的基本组成单位,是 Excel 的工作平台。在工作表中主要进行数据的存储和数据处理工作。工作表是工作簿的组成部分,如果把工作簿比作书本,那么工作表就类似于书本中的书页。工作簿中的每个工作表以工作表标签的形式显示在工作簿编辑区内,以便用户进行切换,书本中的书页可以根据需要增减或改变顺序,工作簿中的工作表也可以根据需要增加、删除和移动,表现在具体的操作中就是对工作表标签的操作。

图 4-3　工作簿 1 及单元格区域 A1:B3

单元格是使用工作表中的行线和列线将整个工作表划分出来的每一个小方格,它是 Excel 中存储数据的最小单位。一个工作表由若干个单元格组成,在每个单元格中都可以输入符号、数值、公式及其他内容。可以通过行号和列标来标记单元格的具体位置,即单元格地址。单元格地址常应用于公式或地址引用中,其表示方法为“列标加行号”,如工作表中最左上角的单元格地址为“A1”,即表示该单元格位于 A 列 1 行。单元格区域表示为“单元格:单元格”,如 A1 单元格与 B3 单元格之间的单元格区域表示为“A1:B3”,如图 4-3 所示。

工作簿、工作表和单元格三者之间的关系是包含与被包含的关系,即一张工作表中包含多个单元格,它们按行列方式排列组成了一张工作表,而一个工作簿中又可以包含一张或多张工作表。

4.1.3　保存和打开工作簿

Excel 文件制作完成后,可以将工作簿进行另存,并设置新的保存位置和保存名称。日常工作中,为了避免无意间对工作簿造成错误修改,还可以用只读方式打开工作簿。

1. 保存为普通工作簿

(1) 工作簿编辑完成后,在主程序界面上单击左上角的“保存”按钮 ,或者依次单击“文件”|“保存”选项,即可将工作簿保存到原来的位置,而若是要更改保存位置或者对文件名等进行编辑,可依次单击“文件”|“另存为”选项,打开“另存为”窗口,如图 4-4 所示。

(2) 双击“这台电脑”选项,打开“另存为”对话框,选择好保存位置后,在“文件名”框中重新设置文件的保存名称;在“保存类型”框中单击右侧的下拉按钮,可选择保存类型,设置完成后单击“保存”按钮即可将工作簿以指定的名称保存到指定的位置中,如图 4-5 所示。

图 4-4　保存工作簿

图 4-5　"另存为"对话框

2. 用只读方式打开工作簿

用户如果只是要查看或复制 Excel 工作簿中的内容,为了避免无意间对工作簿造成错误修改,可以用只读方式打开工作簿。

(1)打开任意 Excel 文件,选择文件菜单,选择"打开"选项卡,选择"这台电脑"选项,单击"浏览"按钮,弹出"打开"对话框。

(2)在素材文件中选择要打开的工作簿,单击"打开"按钮下拉列表,在弹出的下拉列表中选择"以只读方式打开"选项,如图 4-6 所示,此时即可打开选中的工作簿,并在标题栏中显示只读字样。

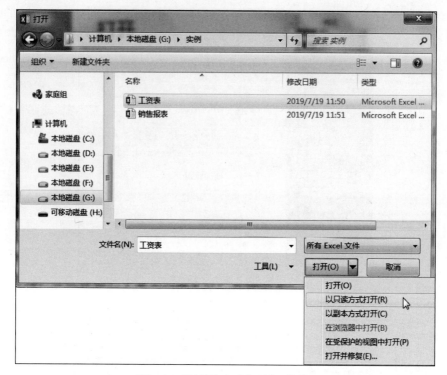

图 4-6 "以只读方式打开"工作簿

4.1.4 工作表的基本操作

1. 插入与删除工作表

在 Excel 2016 中,默认情况下一个工作簿中仅包含一个工作表,这通常不能满足用户的使用需求,往往需要插入更多的工作表,当操作完成后,发现有多余的工作表可以将其删除,保留有用的工作表。

1) 插入工作表

在 Excel 2016 中插入工作表,可以通过以下几种方法实现。

(1) 单击工作表标签右侧的"插入工作表"按钮 ⊕ 。

(2) 在"开始"选项卡的"单元格"选项组中,单击"插入"按钮,在弹出的下拉列表中,选择"插入工作表"命令即可,如图 4-7 所示。

(3) 按下 Shift+F11 快捷键。

(4) 右击工作表标签,在弹出的快捷菜单中选择"插入"命令,双击"工作表"选项,或者在弹出的"插入"对话框中选择"工作表"选项,单击"确定"按钮即可,如图 4-8 所示。

2) 删除工作表

在一个工作簿中,如果新建了多余的工作表或有不需要的工作表,可以将其删除,以有效地控制工作表的数量,方便进行管理。

(1) 选中需要删除的工作表,单击"单元格"工具组中的"删除"按钮。

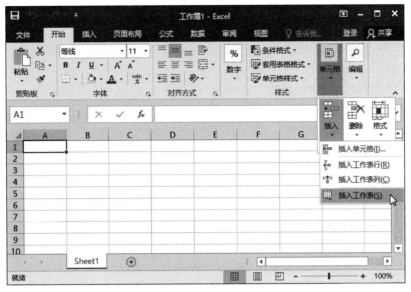

图 4-7 选择"插入工作表"命令

图 4-8 选择"工作表"选项

（2）在弹出的下拉列表中选择"删除工作表"命令，如图 4-9 所示。

删除一张工作表更简洁的办法是在要删除的工作表标签处，单击鼠标右键，在弹出的快捷菜单中选择"删除"选项，如图 4-10 所示。

2. 重命名工作表

默认情况下，工作表以 Sheet1、Sheet2、Sheet3 形式依次命名，为了区分工作表，可以根据表格名称、创建日期、表格编号等对工作表进行重命名。在 Excel 2016 中重命名工作表的方法主要有以下两种。

图 4-9　"删除工作表"命令

图 4-10　"删除"选项

（1）在一个 Excel 窗口中，双击需要重命名的工作表标签，此时工作表标签呈可编辑状态，直接输入新的工作表名称，然后按下 Enter 键即可。

（2）右击工作表标签，在弹出的快捷菜单中选择"重命名"命令，此时工作表标签呈可编辑状态，直接输入新的工作表名称后，然后按下 Enter 键确认即可。

3．移动或复制工作表

移动或复制工作表是使用 Excel 管理数据时较常用的操作，主要分工作簿内操作与跨工作簿操作两种情况。

1）在同一工作簿内操作

在同一工作簿中移动或复制工作表的方法很简单，主要是利用鼠标拖动来操作方法，具体如下。

（1）将鼠标指针指向需要移动的"绩效表"工作表的标签，按住鼠标左键将"绩效表"标签拖动到目标位置"工资汇总表"右侧，然后释放鼠标即可将"绩效表"工作表移动到"工资汇总表"右侧，如图 4-11 所示。

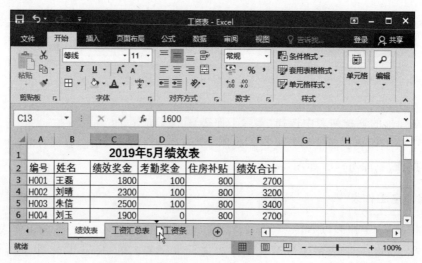

图 4-11　移动工作表

（2）将鼠标指针指向要复制的"工资条"工作表标签，按住 Ctrl 键的同时拖动鼠标指针到"工资汇总表"工作表标签的右侧，释放鼠标后，即可在指定位置复制得到"工资条(2)"工作表，如图 4-12 所示。

图 4-12　复制工作表

2）跨工作簿操作

通过拖动鼠标的方法，在同一工作簿中移动或复制工作表是最快捷的，如果需要在不同的工作簿中移动或复制工作表，则需要使用"开始"选项卡"单元格"工具组中的命令来完成，操作步骤如下。

（1）选择如图 4-13 所示的"工资条(2)"工作表，单击"单元格"工具组中的"格式"按钮，在弹出的下拉列表中选择"移动或复制工作表"命令。

图 4-13　跨工作簿移动或复制工作表

（2）打开"移动或复制工作表"对话框，在"将选定工作表移至工作簿"下拉列表框中选择要移动到的"新工作簿"选项，若保留"工资表"工作簿中的"工资条(2)"工作表，则勾选"建立副本"复选框，如图 4-14 所示，然后单击"确定"按钮，即可创建一个新工作簿，并将"工资表"工作簿中的"工资条(2)"工作表移动到新工作簿中，如图 4-15 所示。

4. 保护工作表

1）隐藏和显示工作表

为了避免别人看到工作表中的重要信息，可以将包含

图 4-14　"移动或复制工作表"
对话框

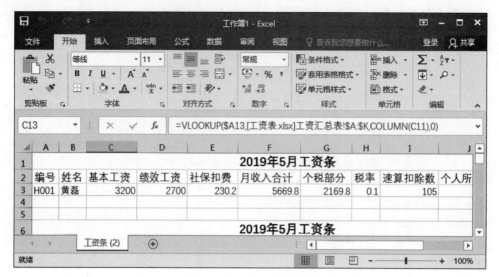

图 4-15 复制"工资条(2)"工作表至新工作簿

重要内容的工作表隐藏起来,若是操作需要再次执行显示工作表即可。

(1) 隐藏工作表。

隐藏工作表的方法很简单,右击要隐藏的"工资汇总表"工作表的标签,在弹出的快捷菜单中选择"隐藏"命令即可,如图 4-16 所示。

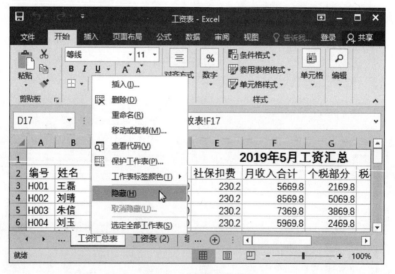

图 4-16 隐藏工作表

(2) 显示工作表。

隐藏工作表后如果需要将其显示出来进行查看或编辑,首先右击隐藏了工作表的工作簿中的任意工作表标签,在弹出的快捷菜单中选择"取消隐藏"命令,如图 4-17 所示。在打开的"取消隐藏"对话框中选择要显示的"工资汇总表"工作表,单击"确定"按钮,如图 4-18所示。

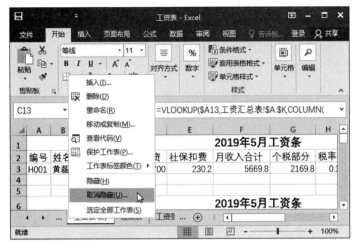

图 4-17 取消隐藏工作表

图 4-18 选择"工资汇总表"工作表

2）保护工作表

为了防止工作表被查看或编辑，可为其设置密码保护，首先打开工作簿，切换到"文件"选项卡，默认打开"信息"子选项卡，然后选择"保护工作簿"|"用密码进行加密"命令，在弹出的"文档加密"对话框中输入要设置的密码，单击"确定"按钮，接着在弹出的"确定密码"对话框中重新输入一遍密码，单击"确定"按钮确认即可。

4.2 制作图书清单

本节制作的"图书清单"需要掌握 Excel 2016 的输入数据、编辑数据、行与列的基本操作、单元格的基本操作、设置单元格格式和套用样式等基本操作。

4.2.1 输入数据

若要进行 Excel 表格的制作和数据分析，输入数据是第一步，录入数据后还需要根据实际需要对数据进行编辑。

1. 输入不同类型数据

输入数据是使用 Excel 时必不可少的操作，输入表格数据包括输入普通数据、特殊数据、特殊符号等。

要在单元格中输入数值和文本类型的数据，可以先选中目标单元格，使其成为当前活动单元格后，就可以直接向单元格内输入数据。数据输入完毕后按 Enter 键或者使用鼠标单击其他单元格都可以确认完成输入。若要在输入过程中取消本次输入的内容，则可以按 Esc 键退出当前输入状态。

当用户输入数据的时候（Excel 工作窗口底部状态栏的左侧显示"输入"字样），原有编辑栏的坐标出现两个新的图标,分别是"×"和"√"的按钮。当用户单击"√"按钮后,可以对当前的输入内容进行确认,如果单击"×"按钮,则表示取消输入。虽然单击"√"按钮和按Enter键都可以对输入内容进行确认,但是两者的效果并不完全相同。当用户按Enter键确认输入后,Excel会自动将下一个单元格激活为活动单元格,这为需要进行连续数据输入的用户提供了便利,而当用户单击"√"按钮确认输入后,Excel不会改变当前活动单元格。

1) 文本和数值

文本通常是指一些非数值性的文字、符号等,例如企业的部门名称、学生的考试科目、个人的姓名等。除此之外,许多不代表数量的、不需要进行数值计算的数字也可以保存为文本形式,例如电话号码、身份证号码、股票代码等。Excel将许多不能理解为数值(包括日期时间)和公式的数据都视为文本,此时只需要在输入的数字前面加上一个单引号"'"(注意是英文半角符号)。例如,在单元格中输入身份证号码"220124200011010521",操作步骤如下:

(1) 在 A1 单元格中直接输入身份证号码按 Enter 键,由于单元格无法容纳 18 位数,系统会自动以科学记数法显示所输入的文本内容,如图 4-19 所示。

(2) 在 A2 单元格中输入"'220124200011010521"按 Enter 键,即可将其以文本的格式显示出来,如图 4-19 所示。

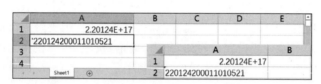

图 4-19　文本的输入

文本不能用于数值计算,但可以比较大小,默认的对齐方式为左对齐。

数值是指所有代表数量的数字形式,例如企业的产值和利润、学生的成绩、个人的身高体重等。数值可以是正数,也可以是负数,但是都可以用于进行数值计算,例如加、减、求和、求平均值等。在 Excel 2016 中文版中,数值除了数字(0~9)组成的字符串外,还包括+、−、E、e、\$、¥、%、/、()以及小数点(.)和千位符号(,)这些特殊符号(如¥10000)。数值型数据在单元格中默认右对齐,数值型数据输入方法如下:

(1) 负数。

若输入一个负数,应在数字前加一个负号;或者将数字放在圆括号(注意是英文半角的圆括号)内。例如:−12 和(12)都表示负数 12。

(2) 分数。

若输入一个分数,应先输入一个"0"及一个空格,再输入该分数。若要表示分数"1/3",应输入"0 1/3"。如果省略 0 和空格,Excel 2016 中文版将它作日期处理,表示 1 月 3 日(也可以先设置该单元格为分数类型,再输入分数)。

(3) 百分数。

若输入一个百分数,应先输入数字,再输入百分号"%"。

(4) 多位整数。

若输入的数值是超过 12 位的整数,将自动转换为科学记数法表示;如果是小数,超过

12 位的部分将被舍去。

提示：若单元格的数字格式设置为带两位小数，而此时输入的数字有三位小数，则末尾将自动进行四舍五入，但是 Excel 计算时仍以输入数值而不是显示数值为准。

2）时间和日期

Excel 2016 中文版把日期和时间当作特殊的数值进行处理。在输入时，单元格的格式就会被自动地转换为日期和时间的格式，输入的日期在单元格中右对齐。

（1）任意日期与时间的输入。

数字键与斜线"/"或者分隔符"－"配合可快速输入日期，而数字键与"："配合可输入时间：如输入"1/8"，然后按 Enter 键即可得到"8 月 1 日"；又如输入"6：25"，按 Enter 键即可得到"6：25"，其在编辑栏中显示"6：25：00"。

（2）当前日期与时间的快速输入。

选定要插入的单元格，按下"Ctrl＋；"组合键，即可插入当前日期；而要输入当前时间，同时按住"Ctrl＋Shift＋；"组合键，即可插入当前时间。

（3）日期与时间格式的快速设置。

如果对日期或时间的格式不满意，可以右击该单元格，选定"设置单元格格式"|"数字"|"日期"或"时间"，然后在类型框中选择即可，如图 4-20 所示。

图 4-20　设置日期与时间格式

默认的是按 24 小时制输入，如果要按 12 小时制输入，就需要在输入的时间后加上"AM"或"PM"字样，表示上午或下午，如图 4-21 所示。

3）公式

在单元格中使用输入公式后按 Enter 键表示输入有效，该单元格显示公式的计算结果，编辑栏则显示公式内容。公式中可以包含数字、运算符、单元格地址和函数。

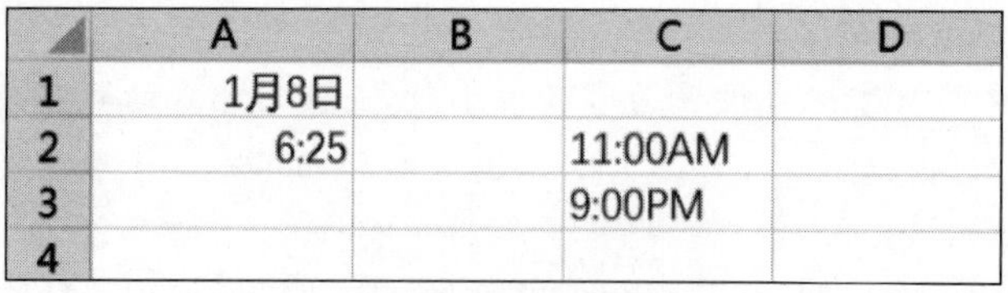

	A	B	C	D
1	1月8日			
2	6:25		11:00AM	
3			9:00PM	
4				

图 4-21　输入日期和时间

输入公式的方法：先输入一个"＝"号，表示公式开始，再输入数字和运算符等公式内容，例如，计算英语、语文和数学这三门课程成绩的总分，如图 4-22 所示。具体操作步骤如下：

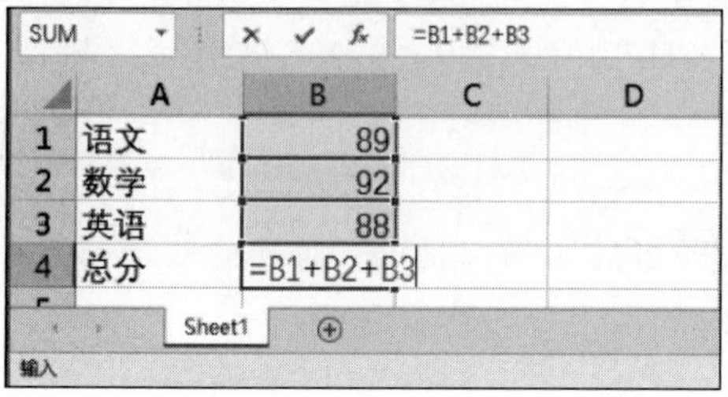

SUM		× ✓ fx	=B1+B2+B3		
	A	B	C	D	
1	语文	89			
2	数学	92			
3	英语	88			
4	总分	=B1+B2+B3			

图 4-22　输入公式

（1）选定要输入公式的单元格 B4。

（2）在单元格中输入"＝B1＋B2＋B3"，按 Enter 键即可计算出三门课程的总分成绩。

提示：从图 4-22 中可以看出，编辑栏显示单元格中输入的公式。实际操作时，在选定单元格后，也可以在编辑栏中直接输入计算公式。

4）逻辑值

逻辑值是比较特殊的一类参数，它只有 TRUE（真）和 FALSE（假）两种类型。例如，在公式"＝IF(A3＝0，"0"，A2/A3)"中，"A3＝0"就是一个可以返回 TRUE（真）和 FALSE（假）两种结果的参数。当"A3＝0"为 TRUE 时在公式返回结果为"0"，否则返回"A2/A3"的计算结果。

5）错误值

当单元格中的内容输入有误或者计算出现错误时就会显示错误值，例如♯N/A!、♯VALUE!、♯DIV/0! 等，出现这些错误的原因有很多种，如果公式不能计算正确结果，Excel 将显示一个错误值。例如，在需要数字的公式中使用文本、删除了被公式引用的单元格等，表 4-1 中是几种常见的错误。

表 4-1　常见错误值及含义

错　误　值	含　　义
♯♯♯♯♯♯♯	列宽不够显示数字或者使用了负的日期或时间
♯VALUE!	使用的参数或操作数的类型出现错误
♯DIV/0!	数字被零(0)除
♯N/A!	数值对函数或公式不可用
♯NAME?	公式中的文本无法识别
♯REF!	单元格引用无效
♯NUM!	公式或函数中使用了无效的数值
♯NULL!	指定了两个并不相交的区域的交点

2. 填充与序列

除了通常的数据输入方式以外，如果数据本身包括某些顺序上的关联特性，还可以使用 Excel 提供的填充功能进行快速批量数据的录入，例如，一年中的十二个月"一月、二月、三月……十二月"；"1,3,5,7,9,11…"（即有相等的步长）；"甲、乙、丙、丁……"；"星期一、星期二、星期三……"等。

1）自动填充功能

自动填充将根据初始值决定以后的填充值，用鼠标单击初始值所在的单元格右下角，当鼠标指针变成黑色实心十字形的填充柄时，用左键拖曳填充柄至所要填充的最后一个单元格位置后释放，即可完成自动填充。具体操作步骤如下：

（1）鼠标选定单元格 A1，输入"1 天"。

（2）将鼠标指针移到该单元格右下角的填充柄上，当鼠标指针变成黑色实心的十字形时，按下鼠标左键拖动到 E1 单元格，释放鼠标左键，则单元格区域中的填充数字以序列方式递增。

（3）此时在填充单元格区域的右下角出现一个"自动填充选项"下拉三角形按钮，单击该按钮，即可打开其下拉列表，如图 4-23 所示，如果选择"复制单元格"命令，A1:E1 区域中的所有单元格都将被填充为"1 天"。

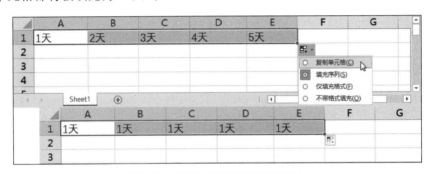

图 4-23　"自动填充选项"下拉列表

2）序列

用户可以在 Excel 的选项设置中查看自动填充包括哪些序列以及自定义新的序列。

（1）在 Excel 功能区上依次单击"文件"|"选项"，在弹出的"Excel 选项"对话框中选择"高级"选项卡，单击"高级"选项卡"常规"区域中的"编辑自定义列表"按钮。

（2）"自定义序列"对话框左侧的列表中显示了当前 Excel 中可以被识别的序列（所有的数值型、日期型数据都是可以被自动填充的序列），用户也可以在右侧的"输入序列"文本框中手动添加新的数据序列作为自定义系列。

（3）在"输入序列"文本框中依次输入序列的各个成员，例如："第一阶段，第二阶段，第三阶段，第四阶段"（注意中间的逗号是英文半角符号），如图 4-24 所示，单击"添加"按钮即可完成自定义序列。

（4）Excel 中自动填充的使用方式相当灵活，用户并非必须从序列中的一个元素开始进行自动填充，而是可以始于序列中的任何一个元素。当填充的数据达到序列尾部时，下一个填充数据会自动取序列开头的元素，循环往复地继续填充，如图 4-25 所示。

3）使用填充菜单

在现实生活中，有些序列（例如等比序列/等差序列）有一定的规律，但由于这些序列是无穷的，不能通过自定义序列的方式进行自动填充，此时可以使用 Excel 功能区中的填充命

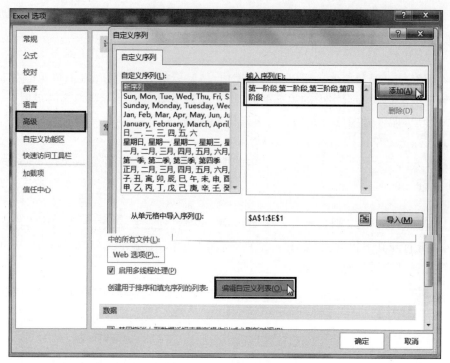

图 4-24　自定义序列

图 4-25　循环填充

令,单击"开始"选项卡中"填充"下拉按钮,并在其扩展菜单中选择"序列"命令,打开"序列"对话框,如图 4-26 所示。在此对话框中,用户可以选择序列填充的方向为"行"或"列",也可以根据需要填充序列的数据类型,选择不同的填充方式,如"等差序列""等比序列"等。

例如,输入一个等比序列,起始值为"1",步长值为"3",且终止值为"30"。其操作步骤如下:

(1) 在 A1 单元格中输入等比序列的起始值,本例为"1"。

(2) 在 Excel 功能区上依次单击"开始"|"填充"|"系列",打开"序列"对话框。

(3) 在"序列"对话框中的"序列产生在"选项区域中选择"行"单选按钮,"类型"选项区域选择"等比序列"单选按钮,在"步长值"文本框中输入"3",在"终止值"文本框中输入"30",然后单击"确定"按钮,最终产生的序列如图 4-26 所示。

4) 数据有效性

利用 Excel 的有效性功能可以控制一个范围内的数据类型、范围等,用户预先设置单元格允许输入数据的类型、范围,那么在其后输入数据的过程中,Excel 就可以给出相关的提示信息,并对不满足条件的数据给出错误信息。例如:为如图 4-27 所示的 A1:D2 区域中的数据设置数据有效性,操作步骤如下:

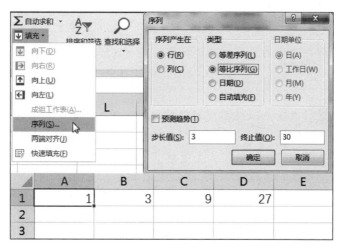

图 4-26 使用填充菜单

（1）选择要设置数据有效性的单元格区域，本例为 A1:D2。

（2）单击"数据"选项卡"数据工具"组中的"数据有效性"按钮，打开"数据有效性"对话框，如图 4-27 所示。

（3）在"数据有效性"的"允许"下拉列表框中选择数据类型为"小数"。

（4）在"数据"的下拉列表框中选择区间定义，如："介于""不等于"等，本例为"介于"选项，在"最小值""最大值"栏中填写具体的数值，本例中最小值为"3.15"，最大值为"6.5"，如图 4-27 所示。

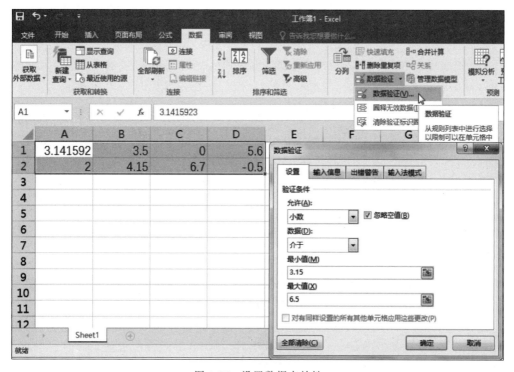

图 4-27 设置数据有效性

(5) 若在有效数据单元格中允许出现空值，则应勾选“忽略空值”的复选框。

提示：若在“数据有效性”的对话框中选择“输入信息”选项卡后再输入有关提示信息，那么输入数据的时候在选定的单元格旁边就会出现该提示信息。同样地，若希望在错误输入时有错误信息提示出现，则需在“数据有效性”对话框中选择“出错警告”选项卡，在其中文本框输入相关信息。

设置了数据有效性之后，Excel 不但可以及时地提醒用户输入的数据是否有效，还可以对已经输入的数据进行审核，例如对图 4-27 中的数据进行审核，单击“数据”选项卡“数据工具”组中的“圈释无效数据”按钮，就可给无效数据加上标记，如图 4-28 所示。

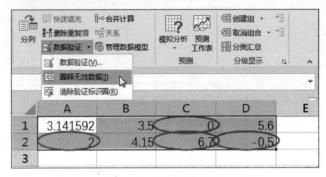

图 4-28　圈释无效数据

3. 导入外部数据

在使用 Excel 进行工作的时候，有时需要导入外部数据。外部数据的几种导入类型：导入文本类数据、网站类数据、数据库类数据。

例如：将如图 4-29 所示的文本数据导入到 Excel 中，操作步骤如下。

(1) 单击“数据”选项卡“获取外部数据”组中的“自文本”命令，在弹出的“导入文本文件”对话框中选择文本文件“公司职员考核信息.txt”所在路径，如图 4-30 所示。

职员代码	职员姓名	性别	出生年月	学历	参加工作时间	专业考核1	专业考核2	面试成绩
DA2006012	张晶晶	女	1976/2/4	本科	2006/9/1	76	83	86
DA2008013	徐丽	女	1982/7/10	大专	2008/9/1	84	90	82
DA2010001	马云	男	1975/10/14	大专	2010/9/1	83	82	86
DA2014001	郑华	男	1985/5/2	本科	2014/9/1	81	76	84
DA2011007	付珊珊	女	1980/6/14	硕士	2011/9/1	69	79	83
DA2010046	彭晓玲	女	1979/9/5	本科	2010/9/1	91	82	79
DA2007024	杨青	男	1977/8/13	大专	2007/9/1	68	81	90

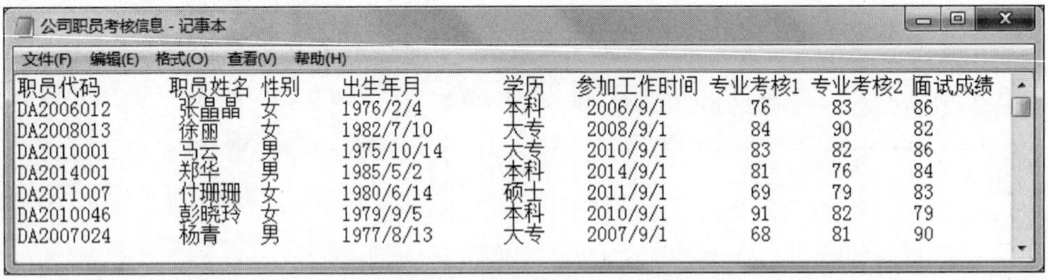

图 4-29　文本文件(局部)

(2) 单击“打开”按钮，弹出“文本导入向导”对话框，该向导共分为 3 步，第 1 步如图 4-31 所示。

(3) 单击“下一步”按钮，设置分列数据所包含的分隔符号，用户可以选择“分号”“逗号”“空格”及“其他”，“其他”文本框中内容可根据数据实际的分隔情况来输入，如“_”“‘”“*”等，本例中则使用“Tab 键”，如图 4-32 所示。

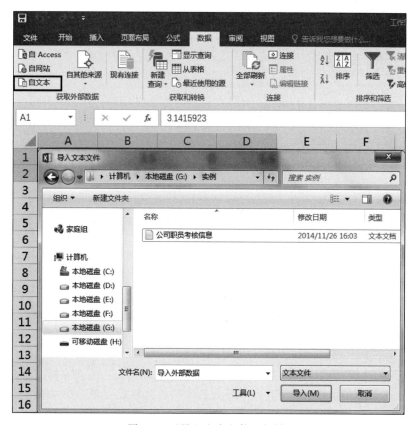

图 4-30 "导入文本文件"对话框

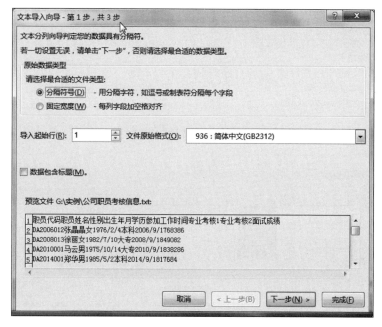

图 4-31 "文本导入向导"对话框

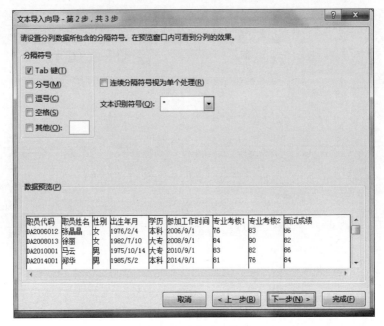

图 4-32　设置分隔符号

　　（4）单击"下一步"按钮,出现"文本导入向导—第 3 步,共 3 步"对话框,在此步骤中,可以取消对某列的导入,同时可以设置每个导入列的列数据格式。单击第一列"职员代码",在"列数据格式"中选择"文本"单选按钮;单击第三列"出生日期",在"列数据格式"中选择"日期"单选按钮,如图 4-33 所示。

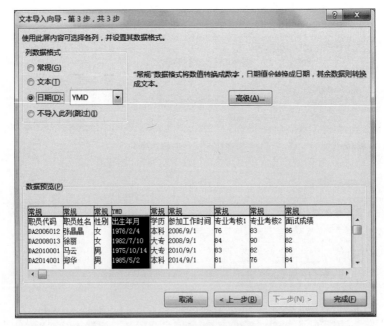

图 4-33　设置列数据格式

（5）选择导入数据的放置位置，如图4-34所示。单击"完成"按钮完成导入，效果如图4-35所示。

图 4-34　导入数据放置位置

	A	B	C	D	E	F	G	H	I
1	职员代码	职员姓名	性别	出生年月	学历	参加工作时间	专业考核1	专业考核2	面试成绩
2	DA2006012	张晶晶	女	1976/2/4	本科	2006/9/1	76	83	86
3	DA2008013	徐丽	女	1982/7/10	大专	2008/9/1	84	90	82
4	DA2010001	马云	男	1975/10/14	大专	2010/9/1	83	82	86
5	DA2014001	郑华	男	1985/5/2	本科	2014/9/1	81	76	84
6	DA2011007	付珊珊	女	1980/6/14	硕士	2011/9/1	69	79	83

图 4-35　在 Excel 中完成文本文件的导入

4.2.2　编辑数据

1. 修改单元格内容

对于已经存在数据的单元格，用户可以重新输入新的内容来替换原有数据，但是如果用户只想对其中的部分内容进行编辑修改，则可以激活单元格进入编辑模式。有以下几种方式可以进入单元格编辑模式。

1）双击单元格

双击需要修改数据的单元格，此时在单元格中的原有内容后会显示竖线光标，提示当前进入编辑模式，光标所在的位置即为数据插入位置，在内容中相应位置单击鼠标左键或者使用左右方向键移动光标插入点的位置，用户可在单元格中直接对其内容进行编辑修改。

2）使用 Enter 键

选中需要重新输入数据的单元格，在其中直接输入正确的数据，然后按下 Enter 键确认即可。

3）使用编辑栏

选中需要修改数据的单元格，然后单击 Excel 工作窗口的编辑栏内部。这样可以将竖线光标定位在编辑栏内，激活编辑栏的编辑模式。用户可在编辑栏内对单元格原有的内容进行编辑修改。对于较多数据内容的编辑修改操作，特别是对公式的修改，建议用户使用编辑栏的编辑模式。

进入编辑模式后,工作窗口底部状态栏的左侧会出现"编辑"字样,用户可以在键盘上按 Insert 键切换"插入"或者"改写"模式。

2. 为单元格添加批注

除了可以在单元格中输入数据内容之外,用户还可以为单元格添加批注。通过批注,用户可以对单元格的内容添加一些注释或者说明,方便自己或者其他用户更好地理解单元格中内容的含义。

选定单元格后可以通过以下几种方式为单元格添加批注。

(1) 在 Excel 功能区上单击"审阅"选项卡"批注"组中的"新建批注"按钮,如图 4-36 所示。

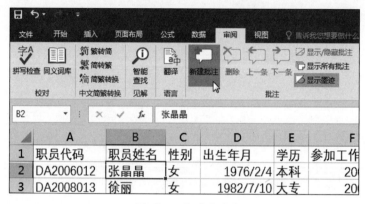

图 4-36　新建批注

(2) 单击鼠标右键,在弹出的快捷菜单中选择"输入批注"命令。

(3) 按 Shift+F2 快捷键。

效果如图 4-37 所示,插入批注后,在目标单元格的右上角出现红色三角符号,此符号为批注标识符,表示当前单元格包含批注。右侧的矩形文本框通过引导箭头与红色标识符相连,此矩形文本框即为批注内容的显示区域,用户可以在此输入文本内容作为当前单元格的批注。

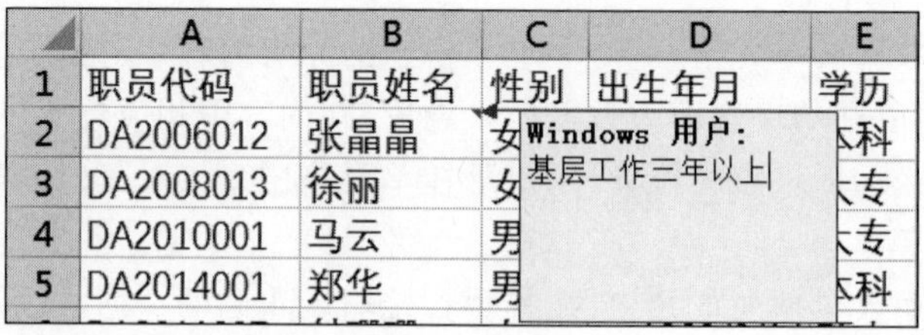

图 4-37　插入批注

完成批注内容的输入后,用鼠标单击其他单元格即表示完成了添加批注的操作,此时批注内容呈现隐藏状态,只显示出红色标识符。当用户将鼠标移至包括标识符的目标单元格上时,批注内容会自动显示出来。用户也可以在包含批注的单元格上单击鼠标右键,在弹出的快捷菜单中选择"显示/隐藏批注"命令使得批注内容取消隐藏状态,固定显示在表格上方。或者在 Excel 功能区上单击"审阅"选项卡"批注"组中的"显示/隐藏批注"切换按钮,就可以切换批注的"显示"和"隐藏"状态,如图 4-38 所示。

要对现有单元格的批注内容进行编辑修改,方法和创建方式类似,此时使用"编辑批注"命令即可。

要删除一个已有的批注,可以选中包括批注的目标单元格,然后单击鼠标右键,在弹出的快捷菜单中选择"删除批注"命令。或者在 Excel 功能区上单击"审阅"选项卡"批注"组中的"删除"按钮,如图 4-38 所示。

3. 删除单元格内容

对于不再需要的单元格内容,如果用户想要将其删除,可以先选中目标单元格(可以多选),然后按 Delete 键,这样就可以将单元格中所包含的数据删除。这样操作并不会影响单元格中格式、批注等内容,若要彻底地删除这些内容,则可以在选定目标单元格后,在 Excel 功能区上单击"开始"选项卡"编辑"组中"清除"下拉按钮,在其扩展菜单中显示出了 6 个选项,如图 4-39 所示,用户可以根据自己的需要选择任意一种清除方式。

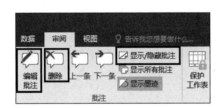

图 4-38　"审阅"选项卡"批注"组　　　　图 4-39　"清除"下拉列表

1）全部清除

清除单元格中的所有内容,包括数据、格式、批注等。

2）清除格式

只清除格式,单元格的内容不变。

3）清除内容

只清除单元格中的数据,包括文本、数值、公式等,保留其他。

4）清除批注

只清除单元格中的批注,内容和格式保持不变。

5）清除超链接

在单元格中弹出"清除超链接选项"下拉按钮,用户在下拉列表中可以选择"仅清除超链接"或者"清除超链接和格式"选项。

6）删除超链接

删除单元格中的超链接和格式。

4．复制和移动数据

Excel 中数据的复制和移动与 Word 中的操作非常相似，都可以利用剪贴板或是用鼠标的拖放操作。所不同的是，在 Excel 中，一旦选定了要复制或移动的单元格区域，则该区域周围就会出现闪烁虚线框。只要闪烁虚线框不消失，就可以继续对其中的内容执行粘贴操作，否则，粘贴将无法进行。如果只需要粘贴一次，那么比较简单的方法是：在目标区域按下 Enter 键即可。

与 Word 不同，Excel 中选择性粘贴是进行了相应的复制操作后，在随后的粘贴操作中出现的。由于一个单元格包含有多种特性，如内容、格式、批注等，另外它还可能是个公式、有效的规则等，所以在复制数据的时候往往只需要复制它的部分特性即可，此外，复制的同时也可以进行一些算术运算、行列转置等操作。

例如：在上述数据中，若要折算面试成绩占考核成绩的 40% 比例，则可使用"选择性粘贴"方法实现，其操作步骤如下：

（1）在如图 4-40 所示数据表的一个空白单元格中输入数值"0.4"，复制数值"0.4"到剪贴板中。

（2）选择数据表中面试成绩所在的单元格区域，单击"开始"选项卡"粘贴"下拉按钮，选择"选择性粘贴"选项，并在图 4-40 所示对话框中的"运算"选项组中选择"乘"单选按钮。

（3）单击"确定"按钮，即完成所有职工面试成绩 40% 比例的折算。

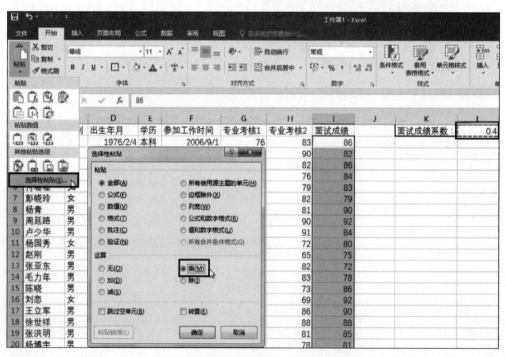

图 4-40　选择性粘贴

5．查找和替换数据

1）查找数据

在 Excel 2016 中查找数据的方法如下。

（1）打开工作表，在"开始"选项卡的"编辑"组中单击"查找和替换"下拉按钮，在弹出的下拉列表中选择"查找"命令，如图 4-41 所示。

（2）弹出"查找和替换"对话框，并默认切换到"查找"选项卡中，在文本框中输入要查找的内容，单击"查找全部"按钮即可。

（3）在工作表中可看到定位数据，在目标单元格中单击"关闭"按钮，关闭对话框即可，如图 4-42 所示。

图 4-41　查找和选择

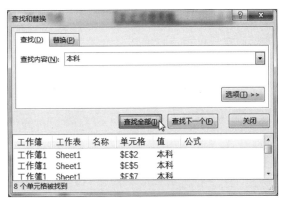

图 4-42　查找全部

2）替换数据

在 Excel 2016 中替换数据的方法如下。

（1）打开工作表，在"开始"选项卡的"编辑"组中单击"查找和替换"下拉按钮，在其下拉列表中选择"替换"命令，如图 4-41 所示。

（2）弹出"查找和替换"对话框，并默认切换到"替换"选项卡中，在"查找内容"文本框中输入要查找的内容，在"替换为"文本框中输入要替换的内容，单击"全部替换"按钮即可。

（3）在弹出的提示框中可看到替换的数目，单击"确定"按钮，然后返回，在返回的"查找和替换"对话框中单击"关闭"按钮即可，如图 4-43 所示。

图 4-43　替换全部

4.2.3 行与列的基本操作

对表格进行编辑时,经常需要对行和列进行操作,行与列的基本操作包括插入行或列、设置行高和列宽、移动和复制行或列、删除行或列等。

1. 插入行或列

通常情况下,工作表创建之后并不是固定不变的,用户可以根据实际情况设置工作表的结构,最常见的是插入行或列。插入行和列的操作是类似的,这里以插入"行"为例进行介绍。

1) 通过功能区插入

在 Excel 2016 中,通过功能区插入行或列的方法为:选中要插入行所在行号,在"开始"选项卡的"单元格"组中单击"插入"下拉按钮,在弹出的下拉列表中选择"插入工作表行"命令即可,如图 4-44 所示。执行插入操作后,将在选中行上方插入一整行空白单元格。

2) 通过快捷菜单插入

通过快捷菜单插入行或列的方法为:右击要插入行所在的行号,在弹出的快捷菜单中选择"插入"命令即可。

图 4-44 插入工作表行

2. 调整行高或列宽

默认情况下,Excel 工作表中的行高与列宽是固定的,当单元格内容较多时可能无法将其全部显示出来,这时就有必要设置单元格的行高或列宽了。

1) 设置精确行高和列宽

在 Excel 2016 中,用户可以根据需要设置精确的行高值与列宽值,下面以设置"行高"值为例,具体操作方法如下:

(1) 在工作表中右击需要调整的行,在弹出的快捷菜单中选择"行高"命令,如图 4-45 所示。

(2) 弹出"行高"对话框,在其中输入精确的行高值,单击"确定"按钮即可。

2) 通过鼠标拖动的方式设置

除了前面介绍的方法,用户还可以通过拖动鼠标手动调整行高和列宽。用户只需将光标移

图 4-45 设置行高

至行号或列标的间隔线处,当鼠标指针变为"双向箭头"形状时,按住鼠标左键不放,拖动到合适的位置后释放鼠标即可。

3. 移动和复制行或列

可以根据需要,将选中的行与列移动或复制到同一个工作表的不同位置、不同的工作表甚至不同的工作簿中,通常可以通过剪贴操作来实现,下面以移动某行为例进行介绍,具体操作如下。

图 4-46 "剪切"按钮

（1）打开工作表,单击行号选中需要移动的行,接着在"开始"选项卡的"剪贴板"组中单击"剪切"按钮,如图 4-46 所示。

（2）选中要移动到的目标位置,单击"剪贴板"组中的"粘贴"按钮即可。

将行或列复制或移动到其他位置时,如果目标位置有文本内容,那么目标位置中的内容将会被替换。如果希望目标位置中的内容被保留,则可以执行"剪切"或"复制"操作后,在目标位置右击,然后在弹出的快捷菜单中选择"插入复制的单元格"命令即可。

4. 删除行或列

在 Excel 2016 中,不仅可以插入行或列,还可以根据实际需要删除行或列。可以通过下面两种方法实现。

（1）选中要删除的行或列并右击,然后在弹出的快捷菜单中选择"删除"命令即可。

（2）选中要删除的行或列所在的单元格,切换到"开始"选项卡,在"单元格"组中单击"删除"下拉按钮,在弹出的下拉列表中选择"删除工作表行"或"删除工作表列"命令即可,如图 4-47 所示。

图 4-47 "删除"按钮

4.2.4 单元格的基本操作

单元格是 Excel 工作表的基本元素,是 Excel 操作的最小单位。

1. 选择单元格

对单元格编辑前首先要将其选中。选择单元格的方法有很多种,下面将分别进行介绍。

（1）选中单个单元格。将鼠标指针指向某个单元格,然后单击即可将其选中。

（2）选中所有单元格。单击工作表左上角的行标题和列标题的交叉处,或者按下 Ctrl+A 快捷键,可快速选中整张工作表中的所有单元格。

（3）选择连续的多个单元格。选中需要选择的单元格区域左上角的单元格,然后按下鼠标左键拖动到需要选择的单元格区域右下角的单元格,释放鼠标即可。

（4）选择不连续的多个单元格。按下 Ctrl 键,用鼠标左键分别单击要选择的单元格即可。

（5）选择整行或整列。用鼠标左键单击需要选择的行或列的序号即可。

（6）选择多个连续的行或列。按住鼠标左键不放，在行序号或列序号上拖动，选择完后释放鼠标即可。

（7）选择多个不连续的行或列。按住 Ctrl 键的同时，用鼠标左键分别单击需要选择的行序号或列序号即可。

在 Excel 中由若干个连续的单元格构成的矩形区域称为单元格区域。单元格区域用其对角线的两个单元格来标识，例如从 A2 到 D6 单元格组成的单元格区域用 A2:D6 标识。

2. 插入单元格

插入单元格也是 Excel 常用的操作之一，如果需要在某个单元格处插入一个空白单元格，通过快捷菜单可快速实现。其具体操作如下。

（1）打开工作表，右击某个单元格，在弹出的快捷菜单中选择"插入"命令。

（2）弹出"插入"对话框，根据需要选择单元格的插入位置，如选中"活动单元格下移"单选按钮，单击"确定"按钮，如图 4-48 所示。

（3）返回 Excel 工作表，可看到插入空白单元格的效果。

3. 移动或复制单元格

在 Excel 2016 中，可以根据需要将选中的单元格移动或复制到同一个工作表的不同位置、不同的工作表甚至不同的工作簿中。单元格的移动或复制操作与行列的移动复制操作类似，使用剪贴板移动或复制单元格的方法如下。

（1）选中要移动的单元格或区域，在"开始"选项卡的"剪贴板"组中单击"剪切"或"复制"按钮。

（2）选中要移动到的目标位置，单击"剪贴板"组中的"粘贴"按钮即可。

需要注意的是，执行"粘贴"操作时系统默认为粘贴值和源格式，如果要选择其他粘贴方式，可通过以下两种方法实现。

（1）执行"粘贴"操作时，单击"粘贴"按钮下方的下拉按钮，在弹出的下拉列表中选择不同的粘贴方式。

（2）在执行"粘贴"操作后，在粘贴内容的右下方会显示一个粘贴标记，单击此标记会弹出一个下拉菜单，用于选择不同的粘贴方式，如图 4-49 所示。

图 4-48　"插入"对话框

图 4-49　选择粘贴方式

4．合并与拆分单元格

合并单元格是将两个或多个单元格合并为一个单元格，方法为：选中要合并的单元格区域，在"开始"选项卡的"对齐方式"组中，单击"合并后居中"按钮右侧的下拉按钮，在弹出的下拉列表中选择相应的命令即可，如图 4-50 所示。

合并单元格后如果不满意还可以将其拆分开，方法为：选中要拆分的单元格，在"开始"选项卡的"对齐方式"组中，单击"合并后居中"按钮右侧的下拉按钮，在弹出的下拉列表中选择"取消单元格合并"命令即可，如图 4-50 所示。

5．删除单元格

删除单元格的操作与插入单元格的操作类似，都可以通过功能区和快捷菜单实现。下面以通过功能区删除单元格为例进行介绍，具体操作如下：

（1）选中要删除的单元格或单元格区域，切换到"开始"选项卡，单击单元格组中的"删除"下拉按钮，在弹出的下拉列表中选择"删除单元格"命令，如图 4-51 所示。

（2）弹出"删除"对话框，选中"左侧单元格右移"或"下方单元格上移"单选按钮，最后单击"确定"按钮即可。

图 4-50　合并与拆分单元格

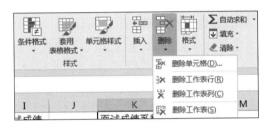

图 4-51　选择"删除单元格"命令

4.2.5　设置单元格格式

通过对单元格格式进行设置，可以使制作出的表格更加美观大方。

1．设置数字格式

Excel 2016 为用户提供了多种数据格式，如常规格式、货币格式、会计专用格式、日期格式、分数格式和百分比格式等。

1）数字

"数字"选项卡对单元格中数字的格式提供了各种设置功能，例如，为商品定价时要精确到分，因此要将商品价格和销售总额的数据保留两位小数，而且以货币形式显示数据。

2）常规

键入数字时 Excel 所应用的默认数字格式。多数情况下，采用"常规"格式的数字以输入的方式显示。然而，如果单元格的宽度不够显示整个数字，则"常规"格式会用小数点对数字进行四舍五入。"常规"数字格式还对较大的数字（12 位或更多位）使用科学记数（指数）

表示法。

3）货币

货币用于一般货币值并显示带有数字的默认货币符号,可以指定要使用的小数位数、是否使用千位分隔符以及如何显示负数。

4）数值

数值用于数字的一般表示,可以指定要使用的小数位数、是否使用千位分隔符以及如何显示负数。

5）会计专用

它也用于货币值,但是会在一列中对齐货币符号和数字的小数点。

6）时间/日期

根据指定的类型和区域设置(国家/地区),将日期和时间序列号显示为时间值。

7）分数

根据所指定的分数类型以分数形式显示数字。

8）百分比

将单元格值乘以 100,并用百分号(%)显示结果,同时还可以指定要使用的小数位数。

9）文本

将单元格的内容视为文本,并在输入时准确显示内容。

10）特殊

将数字显示为邮政编码、电话号码或社会保险号码。

11）科学记数

以指数表示法显示数字,用 $E+n$ 替代数字的一部分,其中用 10 的 n 次幂乘以 E(代表指数)前面的数字。例如,两位小数的"科学记数"格式将 12345678901 显示为 $1.23E+10$,即用 1.23 乘以 10 的 10 次幂,可以指定要使用的小数位数。

12）自定义

允许修改现有数字格式代码的副本。使用此格式可以创建自定义数字格式并将其添加到数字格式代码的列表中。

设置数据格式的操作方法如下:

(1) 选中要设置数据格式的单元格或区域并右击,在弹出的快捷菜单中选择"设置单元格格式"命令,如图 4-52 所示。

(2) 弹出"设置单元格格式"对话框,在"数字"选项卡的"分类"列表框中选择需要的数据格式,如货币,在右侧的窗格中根据需要设置小数位数、货币符号和负数样式,设置完毕后,单击"确定"按钮即可,如图 4-53 所示。

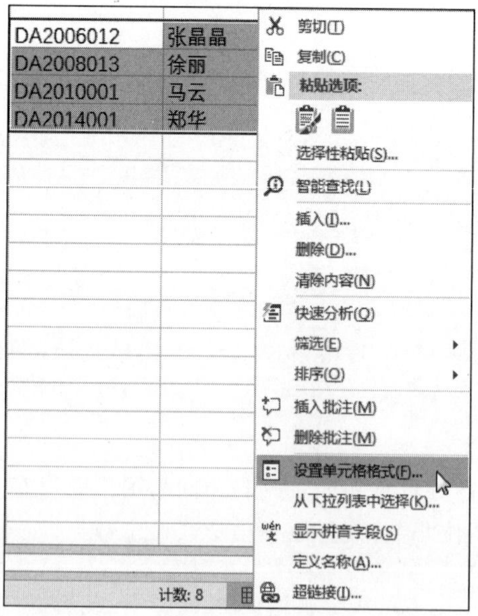

图 4-52 选择"设置单元格格式"命令

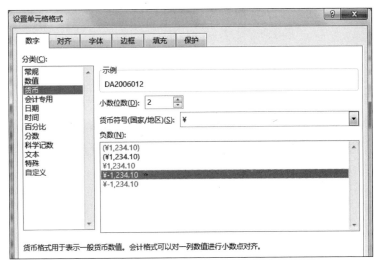

图 4-53　"数字"选项卡

2. 设置对齐方式

选中要设置字体格式的单元格或区域并右
击，在弹出的快捷菜单中选择"设置单元格格式"命令，选择"对齐"选项卡。"对齐"选项卡主
要用于设置单元格文本的对齐方式，此外还可以对文本方向、文字方向以及文本控制等内容
进行相关设置。默认情况下，单元格的文本靠左对齐，数字靠右对齐，逻辑值和错误值居中
对齐，如图 4-54 所示。

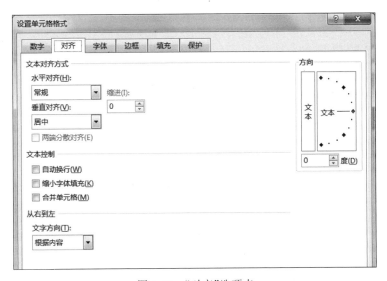

图 4-54　"对齐"选项卡

3. 设置字体格式

与 Word 中对正文进行排版一样，可以设置字体、字号、加粗、倾斜、下画线、填充色、字

体颜色等。默认情况下,Excel 2016 中输入的文本为"11 号""宋体"格式,且为左对齐方式。为了使表格更美观,此时可以根据需要设置字体格式和对齐方式。

(1) 选中要设置字体格式的单元格或区域,在"开始"选项卡的"字体"组中,在"字体"下拉列表中选择需要的字体,在"字号"下拉列表中选择需要的字号,在"颜色"下拉列表中选择需要的字体颜色,如图 4-55 所示。

图 4-55 "开始"选项卡"字体"组和"对齐方式"组

(2) 选中要设置字体格式的单元格或区域并右击,在弹出的快捷菜单中选择"设置单元格格式"命令,在"字体"选项卡中选择需要的字体、字形、字号、下画线等格式,如图 4-56 所示。

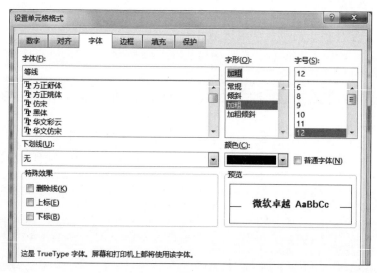

图 4-56 设置字体格式

另外,选中单元格区域后右击,将弹出一个浮动工具栏,通过浮动工具栏也可以设置字体格式,如图 4-57 所示。

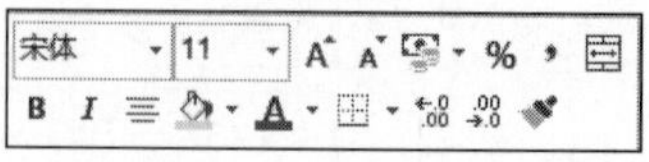

4. 设置边框和底纹

为表格设置边框和底纹,能够使单元格中的数据更加

图 4-57 浮动工具栏

清晰醒目,使制作的表格轮廓更加清晰、更有整体感和层次感。为表格设置边框和底纹的方法如下。

1) 设置单元格边框

默认情况下,工作表的网格线是灰色的,且无法打印出来。为了使工作表看起来更加美

观,在制作表格时可对其添加边框,具体操作如下:

(1)选中要设置边框的单元格区域,在"开始"选项卡的"字体"组中单击"边框"下拉按钮,在弹出的下拉列表中选择"其他边框"命令,如图4-58所示。

图4-58　设置单元格边框

(2)弹出"设置单元格格式"对话框,并默认切换到"边框"选项卡,在"样式"列表框中选择需要的线条样式,在"颜色"下拉列表框中选择需要的线条颜色,单击"外边框"按钮,在下方的预览窗格中可看到应用外边框样式的效果,如图4-58所示。

(3)再次设置线条样式和颜色,单击"内部"按钮,可将设置的线条样式应用于内部边框,设置完成后单击"确定"按钮,如图4-58所示。

(4)返回Excel工作表,可看到设置单元格边框后的效果,如图4-59所示。

2)设置单元格底纹

默认情况下,工作表的单元格的背景色为白色,为了美化表格或突出单元格中的内容,可以为单元格设置背景色,具体操作如下:

(1)选中要设置底纹的单元格区域并右击,在弹出的快捷菜单中选择"设置单元格格式"命令。

(2)弹出"设置单元格格式"对话框,切换到"填充"选项卡,在"背景色"栏中选择需要的颜色,单击"填充效果"按钮,如图4-60所示。

(3)弹出"填充效果"对话框,设置渐变颜色和底纹样式,如图4-60所示,完成后单击

	职员考核表							
职员代码	职员姓名	性别	出生年月	学历	参加工作时间	专业考核1	专业考核2	面试成绩
DA2006012	张晶晶	女	1976/2/4	本科	2006/9/1	76	83	86
DA2008013	徐丽	女	1982/7/10	大专	2008/9/1	84	90	82
DA2010001	马云	男	1975/10/14	大专	2010/9/1	83	82	86
DA2014001	郑华	男	1985/5/2	本科	2014/9/1	81	76	84
DA2011007	付珊珊	女	1980/6/14	硕士	2011/9/1	69	79	83

图 4-59　查看边框效果

"确定"按钮。

（4）返回"设置单元格格式"对话框,在下方的"示例"栏中可预览效果,然后单击"确定"按钮。

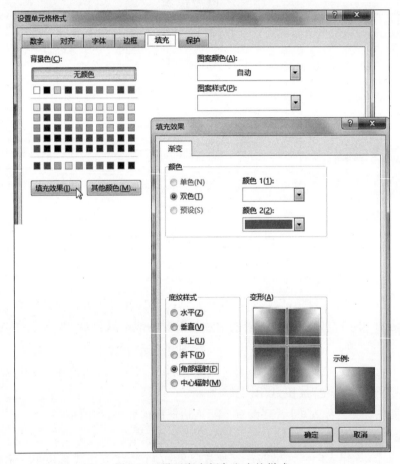

图 4-60　设置渐变颜色和底纹样式

例 4-1　设置重复值条件格式

步骤 1：选中要设置条件格式的列,在"开始"选项卡中,单击"样式"组中的"条件格式"下拉按钮,在下拉列表中选择"突出显示单元格规则"|"重复值"命令,如图 4-61 所示。

步骤 2：弹出"重复值"对话框,默认设置为"浅红填充色深红色文本"样式,且在表格中同步显示设置效果,若满意设置则直接单击"确定"按钮,如图 4-61 所示。

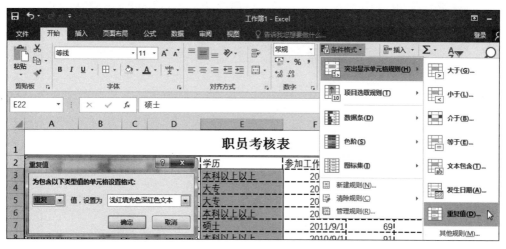

图 4-61　设置重复值条件格式

步骤 3：如不满意默认设置样式，可在"重复值"对话框中单击"设置为"右侧的下拉按钮，在弹出的下拉列表中选择"自定义格式"选项。

步骤 4：弹出"设置单元格格式"对话框，切换"填充"选项卡，设置好需要的填充样式，单击"确定"按钮。

步骤 5：返回"重复值"对话框，单击"确定"按钮即可。

步骤 6：返回工作表，可查看自定义重复值条件样式后的效果。

4.2.6　套用样式

1. 套用单元格样式

单元格样式是指一组特定单元格格式的组合。使用单元格样式可以快速对应用相同样式的单元格或单元格区域进行格式化，从而提供工作效率并使工作表格式规范统一。Excel预置了一些典型的样式，用户可以直接套用这些样式来快速设置单元格格式。其具体操作步骤如下。

（1）选中目标单元格或单元格区域，在"开始"选项卡的"样式"命令组中单击"单元格样式"下拉按钮，弹出"单元格样式"下拉列表。

（2）将鼠标移至列表库中的某项样式，目标单元格会立即显示应用此样式的效果，单击所需的样式即可确认应用此样式，如图 4-62 所示。

如果用户希望修改某个内置的样式，可以在该样式名称上单击鼠标右键，在弹出的快捷菜单中单击"修改"命令。在打开的"样式"对话框中，根据需要对相应样式的"数字""对齐""字体""边框""填充""保护"等单元格格式进行修改，最后单击"确定"按钮即可。

2. 套用工作表样式

Excel 2016 中内置了多种表格格式，为用户格式化数据表提供了更为丰富的选择。使用"套用表格格式"功能快速格式化数据表的具体步骤如下：

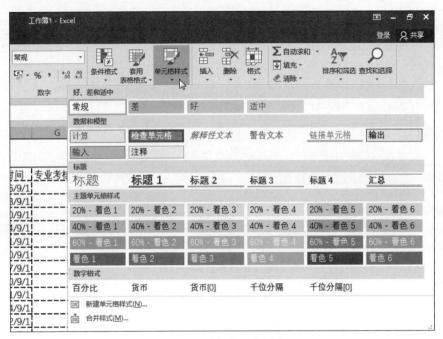

图 4-62　选择单元格样式

（1）选中数据表中的任意单元格，在"开始"选项卡"样式"命令组中单击"套用表格格式"命令。

（2）在展开的下拉列表中选择需要的表格格式，如图 4-63 所示。

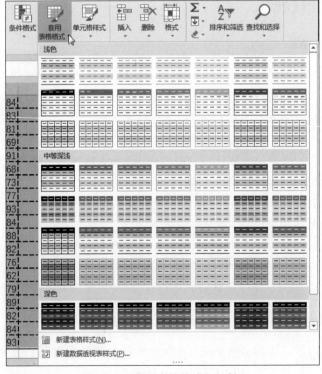

图 4-63　"套用表格格式"对话框

（3）在弹出的"套用表格格式"对话框中确认好引用范围，单击"确定"按钮，数据表被创建为"表格"并应用了格式。

（4）在"设计"选项卡的"工具"命令组中单击"转换为区域"命令，如图 4-64 所示。

（5）在打开的提示对话框中，单击"确定"按钮，将"表格"转换为普通数据表，但格式仍被保留。

图 4-64　将"表格"转换为普通数据表区域

课堂实战

制作图书清单，效果如图 4-65 所示。

编号	书名	出版社	单位	定价	现价	出版时间
A001	学生管理的心理学智慧（第二版）	华东师范大学出版社	本	¥36.0	¥33.1	2016/10/1
A002	从备课开始的50个创意教学法	中国青年出版社	本	¥29.0	¥27.1	2017/5/1
A003	怎么上课，学生才喜欢	中国人民大学出版社	本	¥38.0	¥36.1	2016/4/1
A004	班主任兵法（修订版）	华东师范大学出版社	本	¥25.0	¥23.0	2009/6/1
A005	凭什么让学生服你：极具影响力的日常教育策略	中国青年出版社	本	¥28.0	¥26.2	2017/5/1
A006	任正非：以奋斗者为本	海天出版社	本	¥58.0	¥34.8	2018/6/1
A007	给教师的101条建议（第三版）	华东师范大学出版社	本	¥33.0	¥32.7	2016/6/1
A008	人工智能（第2版）	人民邮电出版社	本	¥108.0	¥74.5	2018/9/1
A009	人工智能：国家人工智能战略行动抓手	中国人民大学出版社	本	¥68.0	¥46.9	2017/11/1
A010	传播的进化：人工智能将如何重塑人类的交流	清华大学出版社	本	¥49.0	¥33.8	2017/5/1

教师用书　教材　外语　考试

图 4-65　图书清单

1．新建并保存工作簿

1）新建工作簿

选择"开始"|"所有程序"|Microsoft Office|Excel 2016 命令，启动 Excel，此时自动新建一个文件名为"工作簿 1.xlsx"的空白工作簿，默认有 1 个工作表，名为 Sheet1。

2）保存工作簿

选择"文件"|"保存"命令，打开"另存为"对话框。选择保存工作簿的位置，在"文件名"组合框中输入"图书清单"，然后单击"保存"按钮。

2．工作表管理

1）插入工作表

单击工作表左下角的"新工作表"按钮，依次插入 3 个新工作表 Sheet2、Sheet3、Sheet4。

2) 重命名工作表

将 Sheet1～Sheet4 工作表的名称分别改为"教师用书""教材""外语"和"考试"。操作步骤如下。

双击工作表 Sheet1 工作表标签,输入新的工作表名称为"教师用书",按 Enter 键确认,以此类推,将 Sheet2～Sheet4 工作表的名称分别改为"教材""外语"和"考试"。

3) 更改工作表标签颜色

将"教师用书"工作表的标签颜色设为蓝色,操作步骤如下:

右击"教师用书"工作表的标签,在弹出的快捷菜单中选择"工作表标签颜色"命令,在弹出的快捷菜单中选择"标准色"选项组的"蓝色",将"教师用书"工作表的标签颜色设置为蓝色。

3. 数据输入

1) 数据的基本输入

在"教师用书"工作表中输入如图 4-66 所示数据,操作步骤如下。

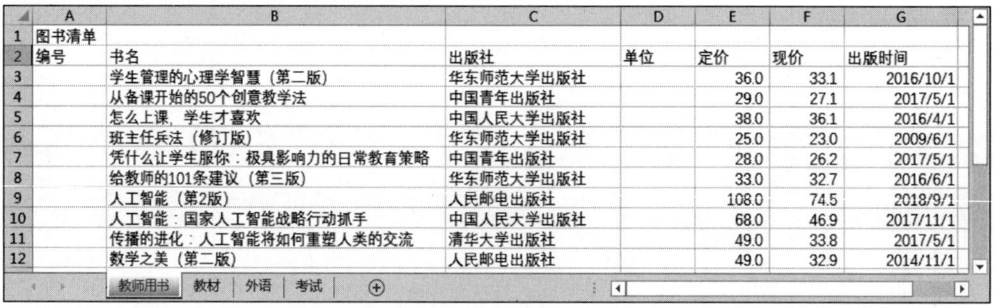

图 4-66　"教师用书"工作表

选中"教师用书"工作表中单元格 A1,输入"图书清单",按 Enter 键确认;选中单元格 A2,输入"编号",按 Enter 键确认。以此类推,在"教师用书"工作表中输入如图 4-66 所示数据。

2) 数据的快速输入

输入图书清单中的单位及编号序列数据,操作步骤如下。

在选择单元格区域 D3:D12 输入文字"本",在单元格 A3 中输入文字"A001",然后将鼠标指向该单元格右下角的填充柄,向下拖动填充柄到单元格 A12,则编号序列自动填充,至此,完成输入图书清单中的单位及编号序列数据。

4. 数据编辑

将表中第 5 行("怎么上课,学生才喜欢"行)和第 6 行("班主任兵法(修订版)"行)对调;在第 8 行前插入一空行,输入新数据"任正非:以奋斗者为本、海天出版社、58.0、34.8、2018-06-01"。

(1) 右击行号"5",选中要移动的行的同时,在弹出的快捷菜单中选择"剪切"命令,右击行号"7",在弹出的快捷菜单中选择"插入剪切的单元格"命令。

（2）右击行号"8"，在弹出的快捷菜单中选择"插入"命令，在单元格区域 B8:G8 中输入新数据，使用自动填充数据的方法重新调整编号。

5. 数据格式化

1）字体格式设置

将图书清单的标题合并居中，字体设置为"华文行楷、20 磅、加粗"，字体颜色为"蓝色，个性颜色 1"；字段名称行（第 2 行）设置为"隶书、14 磅、蓝色"；"定价"列数据加红色删除线。其操作步骤如下。

选择单元格区域 A1:G1，选择"开始"选项卡，单击"对齐方式"功能组中的"合并后居中"按钮，将图书清单的标题合并居中；选择"开始"选项卡，单击"字体"功能组中"字体"下拉按钮，在弹出的"字体"下拉列表中选择"华文行楷"，将字体设置为华文行楷；单击"字号"下拉按钮，在弹出的"字号"下拉列表中选择"20"，将字号设置为 20 磅；单击"加粗"按钮 B ，将标题字体加粗；单击"字体颜色"下拉按钮 A· ，在弹出的下拉列表中选择"主题颜色"选项组的"蓝色，个性颜色 1"选项，将字体颜色设置为"蓝色，个性颜色 1"。以同样的方式对字段名称行 A2:G2 设置为"隶书、14 磅、蓝色"；选择单元格区域 E3:E13，选择"开始"选项卡，单击"字体"功能组右下角"对话框启动器"按钮 ，打开"设置单元格格式"对话框，在"字体"选项卡的"颜色"下拉列表框中选择"标准色"选项组的"红色"选项，在"特殊效果"选项组中勾选"删除线"复选框，为"定价"列数据加红色删除线。

2）数字、日期和时间的格式设置

将图书清单中的日期型数据设置为类似"2012 年 3 月 14 日"的格式，将数值型数据设置为货币类型，操作步骤如下。

（1）选择单元格区域 G3:G13，选择"开始"选项卡，单击"字体"功能组右下角"对话框启动器"按钮，打开"设置单元格格式"对话框。在"数字"选项卡的"分类"列表框中选择"日期"选项，在"类型"列表框中选择" ＊2012 年 3 月 14 日"，单击"确定"按钮。

（2）选择单元格区域 E3:E13，选择"开始"选项卡，单击"字体"功能组右下角"对话框启动器"按钮，打开"设置单元格格式"对话框。在"数字"选项卡的"货币"列表框中选择"货币"选项，小数位数设置为"1"。类似地，为单元格区域 F3:F13 设置"货币"选项，小数位数设置为"1"。

3）行高和列宽调整

将图书清单中的行高、列宽自动调整为最适合，操作步骤如下。

（1）选择单元格区域 A1:G13，单击"单元格"功能组中的"格式"下拉按钮，在弹出的下拉列表中选择"自动调整行高"命令，调整行高为最适合，如图 4-67 所示。

（2）选择"开始"选项卡，单击"单元格"功能组中的"格式"下拉按钮，在弹出的下拉列表中选择"自动调整列宽"命令，调整列宽为最适合。

4）背景图案设置

将图书清单中的字段名称行填充为"图案颜色"中的"蓝色，

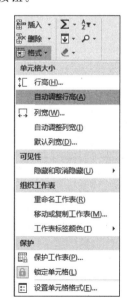

图 4-67　行高和列宽调整

个性色 1,淡色 80%","图案样式"中的"50%灰色"。其操作步骤如下:

(1) 选择单元格区域 A2:G2,单击"单元格"功能组中的"格式"下拉按钮,在弹出的下拉列表中选择"设置单元格格式"命令,打开"设置单元格格式"对话框。

(2) 选择"填充"颜色卡,在"图案颜色"下拉列表框中选择"主题颜色"选项组的"蓝色,个性色 1,淡色 80%",在"图案样式"下拉列表框中选择"50%灰色",单击"确定"按钮。

5) 对齐方式设置

将图书清单中"定价""现价"两列数值的对齐方式设置为水平右对齐、垂直居中;其余设为水平、垂直居中。其操作步骤如下:

(1) 选择单元格区域 A2:G13,选择"开始"选项卡,在"对齐方式"功能组中单击"居中"按钮 ≡ 和"垂直居中"按钮 ≡ 。

(2) 选择单元格区域 E2:F13,选择"开始"选项卡,在"对齐方式"功能组中单击"文本右对齐"按钮 ≡ 。

6) 边框的设置

为图书清单添加边框,其中外框双线,内框细实线。其操作步骤如下。

(1) 选择单元格区域 A2:G13,单击"单元格"功能组中的"格式"下拉按钮,在弹出的下拉列表中选择"设置单元格格式"命令,打开"设置单元格格式"对话框。

(2) 选择"边框"选项卡,首先在"线条"选项组的"样式"列表框中选择"双线",在"预置"选项组中单击"外边框"按钮;然后在"线条"选项组的"样式"列表框中选择"细实线",在"预置"选项组中单击"内部"按钮,单击"确定"按钮。

7) 条件格式设置

为"现价"大于 40 的单元格设置一种填充效果。其操作步骤如下。

(1) 选择单元格区域 F3:F13,单击"样式"功能组中的"条件格式"下拉按钮,在弹出的下拉列表中选择"新建规则"命令,打开"新建格式规则"对话框。

(2) 在"选择规则类型"中选择"只为包含以下内容的单元格设置格式"选项。

(3) 将"编辑规则说明"中的"只为满足以下条件的单元格设置格式"设置为"单元格值、大于或等于、40"。

(4) 单击"格式"下拉按钮,在弹出的下拉列表中选择"设置单元格格式"命令,打开"设置单元格格式"对话框。选择"填充"选项卡,单击"填充效果"按钮,在打开的"填充效果"对话框中任意设置一种填充效果,单击"确定"按钮,返回"设置单元格格式"对话框。单击"确定"按钮,返回"新建格式规则"对话框,如图 4-68 所示,再单击"确定"按钮完成设置。

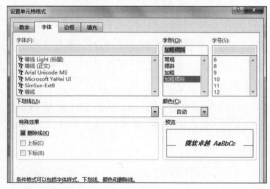

图 4-68　新建格式规则

至此，图书清单制作完成，效果如图 4-65 所示。

6．工作表保护

为了防止工作表被他人查看或编辑，可以为其设置密码保护，首先切换到"文件"选项卡，默认打开"信息"子选项卡，然后选择"保护工作簿"|"用密码进行加密"命令，在弹出的"加密文档"对话框中输入要设置的密码，单击"确定"按钮，接着在弹出的"确认密码"对话框中重新输入一遍密码，如图 4-69 所示，单击"确定"按钮确认即可。

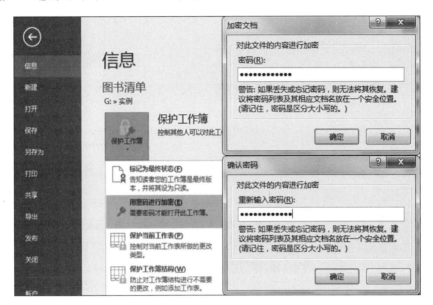

图 4-69　保护工作表

4.3　制作费用报销单

本节制作的"费用报销单"需要掌握 Excel 2016 的公式计算、单元格引用、函数计算等操作。

4.3.1　使用公式计算

公式由一系列单元格的引用、函数及运算符等组成，是对数据进行计算和分析的等式。

1．了解运算符

运算符是用于连接公式的操作符，对公式中的元素进行特定类型运算。Excel 运算符有四类：算数运算符、比较运算符、引用运算符和文本运算符。表 4-2 列出了 Excel 公式中运算符的含义和示例。

表 4-2　Excel 公式中的运算符

符号	说明	实例
－	算术运算符：负号	$-3+2=-1$
＋和－	算术运算符：加和减	$1+2-3=0$
＊和／	算术运算符：乘和除	$2*6/3=4$
^	算术运算符：乘幂	$2\verb|^|3=8$
％	算术运算符：百分数	$80*5\%=4$
＝，＜＞ ＜，＞ ＞＝，＜＝	比较运算符：等于、不等于、大于、小于、大于等于和小于等于	$=(A1=A2)$ 判断 A1 与 A2 相等 $=(B1<>"ABC")$ 判断 B1 不等于"ABC" $=(C1>=10)$ 判断 C1 大于等于 10
：	区域运算符：冒号	$=SUM(A1:B10)$ 引用左上角和右下角之间的所有单元格组成的矩形区域
，	联合运算符：逗号	$=RANK(A1,(A1:A10,C1:C10))$ 第 2 参数引用 A1:A10 和 C1:C10 两个不连续的单元格区域
_（空格）	交叉运算符：单个逗号	$=SUM(A1:B5\ A4:D9)$ 引用 A1:B5 与 A4:D9 的交叉区域，公式相当于$=SUM(A4:B5)$
&	文本运算符：连接文本	$="Excel"\&"2010"$ 返回"Excel 2010"

（1）算术运算符主要包含加、减、乘、除、百分比以及乘幂等各种常规的算数运算。

（2）比较运算符比较两个数值的大小关系，其返回值为 TRUE 或者 FALSE。

（3）引用运算符将单元格区域合并计算，它包括冒号、逗号和空格。

（4）文本运算符主要用于将文本字符或字符串进行连接和合并。

2．运算符的优先级

一般情况下，Excel 按照从左向右的顺序进行公式计算，若公式中同时用到多个运算符，Excel 将按表 4-3 所示的运算符优先级进行运算。对于同一级的运算符，则按从左向右的顺序运算。

表 4-3　公式中运算符的优先级

优先级	符号	说明
1	：_（空格），	引用运算符：冒号、单个空格和逗号
2	－	算数运算符：负号（取得与原值正负号相反的值）
3	％	算数运算符：百分比
4	^	算数运算符：乘幂
5	＊和／	算数运算符：乘和除
6	＋和－	算数运算符：加和减
7	&	文本运算符：连接文本
8	＝，＞，＜，＞＝，＜＝，＜＞	比较运算符：比较两个值（注意区别数学中的≤、≥、≠）

若要更改求值的顺序，可使用括号来控制，例如，公式"$=3+5*2$"的计算结果是 13，若使用括号来改变计算顺序，将公式变为"$=(3+5)*2$"的计算结果为 16。

3. 输入公式

公式是以"="为引导,通过运算符按照一定的顺序组合进行数据运算处理的等式,可通过手动输入和使用鼠标辅助输入两种方式输入公式。

使用公式计算图 4-70 所示数据的专业成绩、考核成绩,其中专业成绩＝专业考核 1＋专业考核 2,考核成绩＝专业成绩 * 0.6＋面试成绩 * 0.4,步骤如下。

1)计算每位职员的专业成绩

单击第一名职员"张晶晶"专业成绩所在单元格 I3,在该单元格或者编辑栏中输入公式"＝G3＋H3",按 Enter 键确认公式输入结束,则在 I3 单元格中显示该职员专业成绩的计算结果,其他职员的考核成绩可以使用自动填充手柄,将公式填充到相应的单元格区域即可快速得到。

2)计算每位职员的考核成绩

在考核成绩的计算公式中涉及两个系数:"0.6"和"0.4",如图 4-70 所示。为了保证两个系数不变,单击第一名职员"张晶晶"考核成绩所在单元格 K3,在该单元格或者编辑栏中输入公式"＝I3 * ＄N＄3＋J3 * ＄N＄2",按 Enter 键确认公式输入结束,同样,使用自动填充手柄即可计算出所有职员的考核成绩。

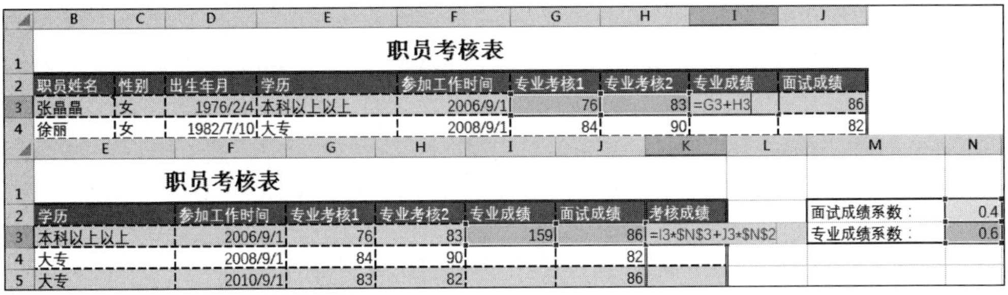

图 4-70 输入公式

4.3.2 单元格引用

引用单元格的目的是标识工作表中的单元格或单元格区域,并指明公式中所用数据在工作表中的位置。单元格引用分为相对引用、绝对引用和混合引用三种方式。

1. 相对引用

默认情况下,Excel 2016 使用的是相对引用方式。使用相对引用时,单元格引用会随公式所在单元格的位置改变而改变。例如,在相对引用中复制公式时,公式中引用的单元格地址将被更新,指向与当前公式位置相对应的单元格。

例 4-2 以"销售统计表"为例,使用相对引用计算销售额。

步骤 1:在 G2 单元格输入公式"＝E2 * F2",如图 4-71 所示。

步骤 2:使用 Ctrl＋C 和 Ctrl＋V 组合键将公式复制到 G3 单元格中,此时可看到 G3 单元格中的公式更新为"＝E3 * F3",即其引用指向了与其当前公式位置相对应的单元格,如图 4-72 所示。

图 4-71　相对引用输入公式

图 4-72　查看相对引用效果

2. 绝对引用

使用绝对引用时,应在被引用单元格的行号和列标之前分别加入符号"＄"。对于使用了绝对引用的公式,被复制或移动到新位置后,公式中引用的单元格地址将保持不变。

例 4-3　以"销售统计表"为例,使用绝对引用。

步骤 1:在 G2 单元格输入公式"＝＄E＄2＊＄F＄2",如图 4-73 所示。

图 4-73　绝对引用输入公式

步骤 2:使用 Ctrl＋C 和 Ctrl＋V 组合键将公式复制到 G3 单元格中,此时可发现两个单元格的公式一致,并未发生任何改变,如图 4-74 所示,此处使用绝对引用公式计算销售额是不合适的。

图 4-74　查看绝对引用效果

3．混合引用

相对引用与绝对引用同时存在于一个单元格的地址引用中，这种方式被称为混合引用。此时公式所在单元格的位置发生改变，相对引用部分会改变，而绝对引用部分不变。

例 4-4　以"销售统计表"为例，使用混合引用计算税额。

步骤 1：打开工作表，在 H2 单元格中输入公式"＝G2 * I2"，如图 4-75 所示。

B	C	D	E	F	G	H	I
姓名	日期	产品名称	单价	数量	销售额	税额	税率
顾城	2020.6.6-6.16	显示器	1050	12	12600	=G2*I2	0.005
周一围	2020.6.6-6.16	显示器	1050	8	8400		
田谋	2020.6.6-6.16	主板	800	21			
田谋	2020.6.6-6.16	显示器	1050	5			
王媛	2020.6.6-6.16	主板	800	12			
周一围	2020.6.6-6.16	机箱	100	9			

图 4-75　混合引用输入公式

步骤 2：将 H2 单元格中的公式复制到 H3 单元格中，此时可发现公式中使用了相对引用的单元格地址发生了改变，而使用绝对引用的单元格地址则没有变化，如图 4-76 所示。

B	C	D	E	F	G	H	I
姓名	日期	产品名称	单价	数量	销售额	税额	税率
顾城	2020.6.6-6.16	显示器	1050	12	12600	63	0.005
周一围	2020.6.6-6.16	显示器	1050	8	8400	=G3*I2	
田谋	2020.6.6-6.16	主板	800	21			
田谋	2020.6.6-6.16	显示器	1050	5			
王媛	2020.6.6-6.16	主板	800	12			
周一围	2020.6.6-6.16	机箱	100	9			

图 4-76　查看混合引用效果

4.3.3　使用函数计算

函数是一些预定义的公式，按照特定的顺序、结构来执行计算、分析等数据处理任务。

1．函数的语法

使用函数与使用公式的方法相似，每一个函数的输入都要以等号"＝"开头，然后跟着输入函数名称，再紧跟一对括号，括号内为一个或多个参数，参数之间要用逗号来分隔。函数的语法形式为：

＝函数名称(参数 1，参数 2，…)

其中函数的参数是函数进行计算所必需的初始值，可以是数字、文本、逻辑值或者单元格、区域、常量公式或其他函数等，给定的参数必须能够产生有效的值。而区域就是连续的单元格，用左上角和右下角的单元格地址表示，例如：＝SUM(A1：B10)为 SUM 函数的表达，此函数将计算 A1～B10 区域的总和。其中，SUM 即为"求和"函数的函数名称，A1:B10 是 SUM 函数的参数。

当参数为其他函数时，该函数被称为嵌套函数，公式中最多可以包含七层嵌套函数；另外作为参数使用的函数返回值的数值类型，必须与该函数所要求的数据类型相同。

2．函数的分类

Excel 2016 的函数库中提供了多种函数，在"插入函数"对话框中可以查找到。按照函数的功能，可以将 Excel 函数分为以下几类。

1）文本函数

文本函数用来处理公式中的文本字符串，如 LOWER 函数可以将文本字符串的所有字母转换成小写形式。

2）逻辑函数

逻辑函数用来测试是否满足某个条件，并判断逻辑值。逻辑函数的数量很少，只有 6 个，其中"IF"函数使用非常广泛。

3）日期和时间函数

日期和时间函数用来分析或操作公式中与日期和时间有关的值，如 TODAY 函数可以返回当天日期。

4）数学及三角函数

数学及三角函数用来进行数学和三角方面的计算。其中三角函数采用弧度作为角的单位，如 RADIANS 函数可以把角度转换为弧度。

5）财务函数

财务函数用来进行有关财务方面的计算，如 IPMT 函数可返回投资回报的利息部分。

6）统计函数

统计函数用来对一定范围内的数据进行统计分析，如 MAX 函数可返回一组数值中的最大数。

7）查看和引用函数

查看和引用函数用来对一定范围内的数据进行统计分析，如 VLOOKUP 函数可在表格数组的首列查找指定的值，并返回表格数组当前行中其他列的值。

8）数据库函数

数据库函数主要用来对存储在数据清单中的数值进行分析，判断其是否符合特定的条件，如 DSTDEVP 函数可计算数据的标准偏差。

9）信息函数

信息函数主要用来帮助用户判断单元格中的数据所属的类型或单元格是否为空。

10）工程函数

工程函数主要用在工程应用中，用来处理复杂的数字，并在不同的计数体系和测量体系中进行转换，使用工程函数必须执行加载宏命令。

11）其他函数

Excel 还有一些函数没有出现在"插入函数"对话框中，它们是命令、自定义、宏控件和 DDE 等相关的函数，另外还有一些使用加载宏创建的函数。

3．函数的输入

若要在 Excel 中使用函数，如果用户对所使用的函数及其参数类型比较熟悉，可直接输入函数，如果不熟悉，可通过"插入函数"对话框选择插入需要的函数。

1）使用编辑栏输入

如果用户知道函数名称及语法，可直接在编辑栏中按照函数表达式进行输入，首先选中要输入函数的单元格，将光标定位在编辑栏中并输入"＝"，接着输入函数名和左括号，紧跟着输入函数参数，最后输入右括号，输入完成后单击编辑栏上的"输入"按钮或按Enter键确认即可。

2）通过快捷按钮插入

对于一些常用的函数，如"求和"函数（SUM）、"平均值"函数（AVERAGE）、"计数"函数（COUNT）等，可利用"开始"或"公式"选项卡中的快捷按钮来实现输入。

以输入"求和"函数为例，有两种输入方法，具体操作如下。

（1）通过"开始"选项卡的快捷按钮输入函数：选中需要求和的单元格区域，在"开始"选项卡的"编辑"组中单击"自动求和"下拉按钮，在弹出的下拉列表中选择"求和"命令，如图 4-77 所示，然后拖动鼠标选择作为参数的单元格区域，最后按 Enter 键确认即可。

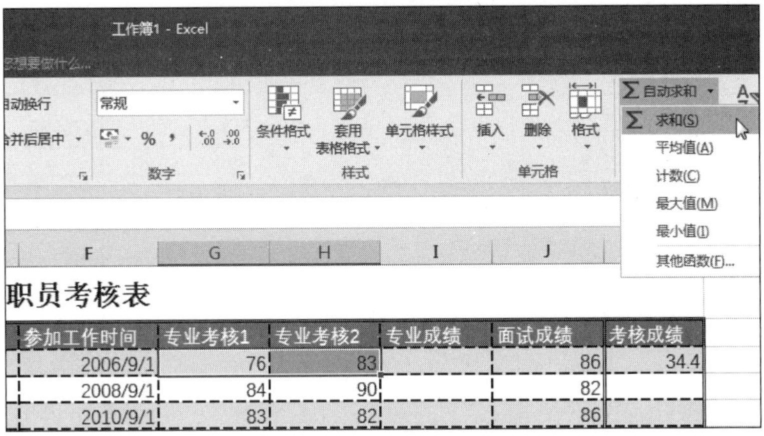

图 4-77　通过"开始"选项卡输入

（2）通过"公式"选项卡的快捷按钮输入函数：选中要显示求和结果的单元格，切换到"公式"选项卡，在"函数库"组中单击"自动求和"下拉按钮，在弹出的下拉列表中选择"求和"命令，如图 4-78 所示，然后拖动鼠标选择作为参数的单元格区域，最后按 Enter 键确认即可。

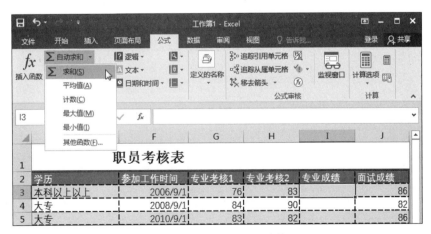

图 4-78　通过"公式"选项卡输入

3）通过"插入函数"对话框输入

如果用户对 Excel 函数不熟悉，可使用"插入函数"对话框输入函数，具体操作方法如下。

（1）选择要得到函数计算结果的单元格 I3，单击"公式"选项卡中"插入函数"按钮，打开如图 4-79 所示的"插入函数"对话框。

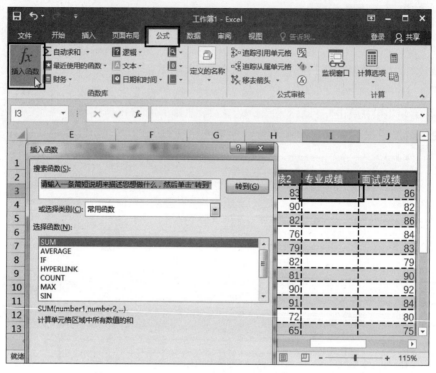

图 4-79　"插入函数"对话框

（2）在"或选择类别"下拉列表框中选择所需的函数类型为"常用函数"，在"选择函数"列表框中选择要使用的函数 SUM，单击"确定"按钮，弹出如图 4-80 所示的"函数参数"对话框。

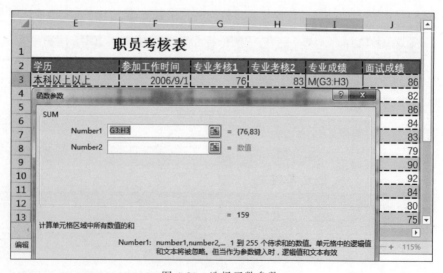

图 4-80　选择函数参数

（3）单击"函数参数"对话框中 Number1 文本框右侧的折叠按钮 ⬚，在工作表中选中单元格 G3，按下鼠标左键拖动鼠标选中单元格区域 G3：H3，释放鼠标左键，则"函数参数"对话框中公式的单元格引用发生相应变化，单击"函数参数"对话框输入栏右边的"还原" ⬚ 按钮，返回"函数参数"对话框，最后单击"确定"按钮，则单元格 I3 中就会显示出函数计算结果。

（4）使用填充柄方法复制函数，获取所有职员的专业成绩。

4.3.4 常用函数的使用

下面以图 4-81 所示的"职员考核表"为例介绍几个常用函数的应用。

1. 平均值函数 AVERAGE

使用 AVERAGE 函数计算职员考核成绩的平均分，选中单元格 N4，单击"自动求和"下拉列表中"平均值"选项，在单元格 N4 显示"＝AVERAGE（K3：K15）"，如图 4-81 所示，按 Enter 键，则单元格 N4 中就会显示所有职员的考核成绩的平均分。

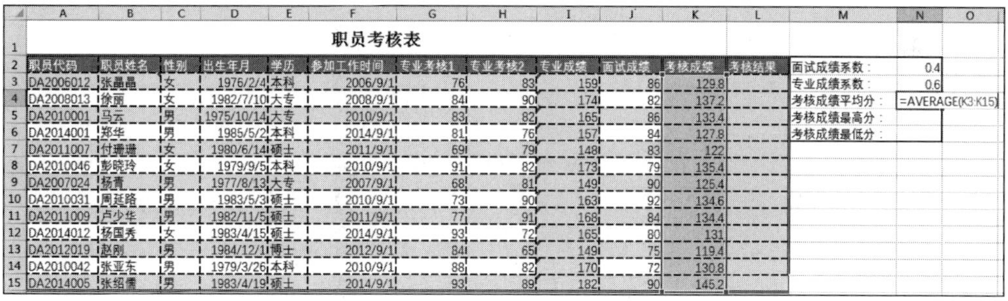

	A	B	C	D	E	F	G	H	I	J	K	L	M	N	O
1						职员考核表									
2	职员代码	职员姓名	性别	出生年月	学历	参加工作时间	专业考核1	专业考核2	专业成绩	面试成绩	考核成绩	考核结果	面试成绩系数	0.4	
3	DA2006012	张晶晶	女	1976/2/4	本科	2006/9/1	76	83	159	86	129.8		专业成绩系数	0.6	
4	DA2008013	徐巅	女	1982/7/10	大专	2008/9/1	84	90	174	82	137.2		考核成绩平均分	=AVERAGE(K3:K15)	
5	DA2010001	马东	男	1975/10/14	大专	2010/9/1	83	82	165	86	133.4		考核成绩最高分		
6	DA2014001	郑华	男	1985/5/2	本科	2014/9/1	81	76	157	84	127.8		考核成绩最低分		
7	DA2011007	付迪珊	女	1980/6/14	硕士	2011/9/1	69	79	148	83	122				
8	DA2010046	彭晓玲	女	1979/9/5	本科	2010/9/1	91	82	173	79	135.4				
9	DA2007024	杨青	男	1977/8/13	大专	2007/9/1	68	81	149	90	125.4				
10	DA2010031	周延睿	男	1983/5/3	硕士	2010/9/1	73	90	163	92	134.6				
11	DA2011009	卢少华	男	1982/11/5	硕士	2011/9/1	77	91	168	84	134.4				
12	DA2014012	杨国秀	女	1983/4/15	硕士	2014/9/1	93	72	165	80	131				
13	DA2012019	赵刚	男	1984/12/1	博士	2012/9/1	84	65	149	75	119.4				
14	DA2010042	张亚东	男	1979/3/26	本科	2010/9/1	88	82	170	72	130.8				
15	DA2014005	张绍康	男	1983/4/19	硕士	2014/9/1	93	89	182	90	145.2				

图 4-81 "平均值"函数

2. 最大值函数 MAX 和最小值函数 MIN

使用 MAX 函数和 MIN 函数来计算职员考核表中考核成绩的最高分和最低分，选中单元格 N5，单击"自动求和"下拉列表中"最大值"选项，在单元格 N5 显示"＝MAX（K3：K15）"，按下 Enter 键，则单元格 N5 显示出考核成绩的最高分。相似地，在单元格 N6 中使用"最小值"函数，计算考核成绩的最低分。

3. 条件函数 IF

IF 函数是根据指定的条件来判断其"真"（TRUE）、"假"（FALSE），从而返回相应的内容。IF 函数的语法结构：IF（条件，结果 1，结果 2），该函数的功能是当条件满足时则输出结果 1，条件不满足时则输出结果 2，可以省略结果 1 或结果 2，但不能同时省略。

例如：如果职员考核表中的考核成绩大于或等于 130 分，则在备注栏显示"优秀"；否则不显示任何内容。其操作步骤如下：

（1）选中单元格 L3，单击"自动求和"下拉列表中"其他函数"选项，打开"插入函数"对话框。

（2）在"或选择类别"下拉列表框中选择所需的函数类型为"常用函数"，在"选择函数"

列表框中选择要使用的函数 IF。

（3）单击"确定"按钮，弹出"函数参数"对话框，参数设置如图 4-82 所示。

"Logical_test"：表示逻辑结果为 TRUE 或 FALSE 的任意值或表达式，本例为逻辑表达式"K3＞＝130"，表示若单元格 K3 中的值大于或等于 130，表达式即为 TRUE，否则为FALSE。本参数可使用任何比较运算符。

"Value_if_true"：Logical_test 为 TRUE 时返回的值，本例为""优秀""（注意英文半角符号）。

"Value_if_false"：Logical_test 为 FALSE 时返回的值，本例为""""（注意英文半角符号）。

图 4-82　条件函数 IF

（4）单击"确定"按钮，单元格 L3 中无显示，表示该职员考核成绩低于 130 分，填充公式到单元格区域 L4:L15。

4. 多条件计数函数 COUNTIFS

COUNTIFS 函数是统计一组给定条件所指定的单元格数目，其语法为：＝COUNTIFS（Criteria_range1，Criteria1，[Criteria_range2，Criteria2]，…），其中各个函数参数的含义如下：

（1）参数 Criteria_range1：表示在其中计算关联条件的第一个区域。

（2）参数 Criteria1：表示关联条件。条件的形式可以为数字、表达式、单元格引用或文本，如"＞59""D2""姓名"或"312"。

（3）参数 Criteria_range2，Criteria2，…：表示附加的区域及其关联条件，这些区域无须彼此相邻，但最多允许 127 个区域/条件对。同时，每一个附加的区域都必须与参数 Criteria_range1 具有相同的行数和列数。

下面以使用 COUNTIFS 函数统计工作表中考核成绩不低于 130 分的男性职员人数为例，具体操作如下。

（1）在工作表中输入指定条件，如考核成绩"＞＝130"，性别为"男"，如图 4-83 所示。

（2）选择 C18 单元格，单击"公式"选项卡中"插入函数"按钮，弹出"插入函数"对话框，选择 COUNTIFS 函数，单击"确定"按钮，弹出"函数参数"对话框。

（3）在 Criteria_range1 文本框处选择 C3：C15 单元格区域，在 Criteria1 文本框处选择 A18 单元格，表示对所有职工的性别数据按照"男"条件挑选；类似地，在 Criteria_range2 文本框处选择"K3：K15"单元格区域，在 Criteria2 文本框处选择 B18 单元格，表示对所有职工的考核成绩数据按照">=130"条件挑选。

（4）单击"确定"按钮，C18 单元格中显示计算结果，如图 4-83 所示。

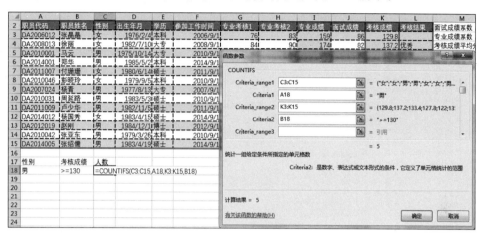

图 4-83　设置条件

课堂实战

课堂实战——学生成绩单最终完成效果如图 4-84 所示。

	A	B	C	D	E	F	G	H	I	J	K
1	2020—2021年度第一学期期末考试成绩单										
2	班级	姓名	性别	语文	数学	英语	总分	平均分	是否及格	等级	名次
3	1班	夏雪	女	82	88	85	255	85	√	良	5
4	1班	古丽	女	85	85	90	260	86.7	√	良	3
5	1班	尚言	男	76	79	85	240	80	√	良	8
6	1班	王尔萌	女	88	76	55	219	73	√	中	10
7	1班	陆子健	男	73	48	55	176	58.7	×	不及格	11
8	1班	王鑫	男	92	90	96	278	92.7	√	优	1
9	2班	张杨	男	80	87	88	255	85	√	良	5
10	2班	赵卓	男	71	86	84	241	80.3	√	良	7
11	2班	郭聪	男	78	45	50	173	57.7	×	不及格	12
12	2班	宋明珠	女	82	85	89	256	85.3	√	良	4
13	2班	董少刚	男	90	92	95	277	92.3	√	优	2
14	2班	黄小磊	男	80	58	86	224	74.7	√	中	9
15		最高分		92	92	96	1班语文平均分	82.66667	2班语文平均分	80.16666667	
16		最低分		71	45	50					
17		考试总人数		12	12	12	1班数学平均分	77.66667	2班数学平均分	75.5	
18		及格人数		12	9	9					
19		及格率		100%	75%	75%	1班英语平均分	77.66667	2班英语平均分	82	

图 4-84　学生成绩单

1. 计算总分

使用求和函数 SUM 计算总分。其操作步骤如下。

（1）选中要存放计算结果的单元格 G3，单击编辑栏中的"插入函数"按钮，打开如图 4-85 所示的"插入函数"对话框。

（2）在"或选择类别"下拉列表框中选择"数学与三角函数"选项，在"选择函数"列表框中选择 SUM，单击"确定"按钮，打开"函数参数"对话框，在 Number1 文本框中，用鼠标选择 D3:F3 单元格区域，如图 4-85 所示，单击"确定"按钮。

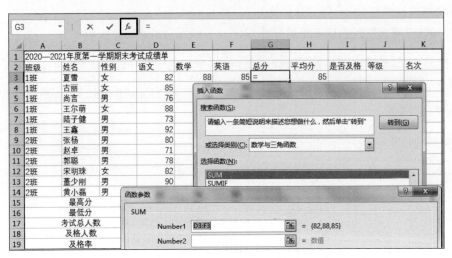

图 4-85　插入函数 SUM

（3）将单元格 G3 中的公式复制到 G4:G14 单元格区域中。

2. 计算平均分

使用 AVERAGE 函数和 ROUND 函数，计算每位学生的平均分，并将平均分四舍五入到 1 位小数。

（1）选中要存放计算结果的单元格 H3，单击编辑栏中的"插入函数"按钮，打开"插入函数"对话框。

（2）在"或选择类别"下拉列表框中选择"数学与三角函数"选项，在"选择函数"列表框中选择 ROUND，如图 4-86 所示，单击"确定"按钮，打开"函数参数"对话框，在 Number 文本框中输入"AVERAGE(D3:F3)"（AVERAGE 函数作为 ROUND 函数的一个参数），在 Num_digits 文本框中输入"1"，如图 4-87 所示，单击"确定"按钮。

图 4-86　插入函数 ROUND

图 4-87　ROUND"函数参数"对话框

（3）将单元格 H3 中的公式复制到单元格区域 H4：H14 中。

3. 计算最高分和最低分

使用 MAX 和 MIN 函数。

（1）选中要存放"最高分"计算结果的单元格 D15，单击编辑栏中的"插入函数"按钮，打开"插入函数"对话框。

（2）在"或选择类别"下拉列表框中选择"统计"选项，在"选择函数"列表框中选择 MAX，如图 4-88 所示，单击"确定"按钮，打开函数参数"对话框，在 Number1 文本框中输入"D3：D14"，单击"确定"按钮。

（3）选中要存放"最低分"计算结果的单元格 D16，单击编辑栏中的"插入函数"按钮，打开"插入函数"对话框。

（4）在"或选择类别"下拉列表框中选择"统计"选项，在"选择函数"列表框中选择 MIN，如图 4-89 所示，单击"确定"按钮，打开"函数参数"对话框，在 Number1 文本框中输入"D3：D14"，单击"确定"按钮。

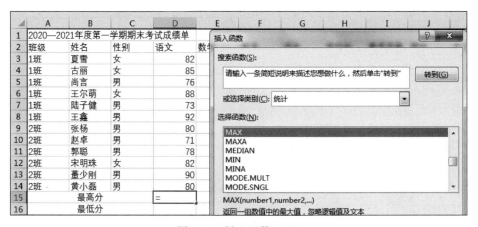

图 4-88　插入函数 MAX

图 4-89　插入函数 MIN

（5）将单元格 D15 中的公式复制到单元格区域 E15：F15 中；将单元格 D16 中的公式复制到单元格区域 E16：F16 中。

4．统计人数

用 COUNT 函数统计参加考试的人数。

（1）选中要存放"考试总人数"计算结果的单元格 D17，单击编辑栏中的"插入函数"按钮，打开"插入函数"对话框。

（2）在"或选择类别"下拉列表框中选择"统计"选项，在"选择函数"列表框中选择 COUNT，如图 4-90 所示，单击"确定"按钮，打开"函数参数"对话框，在 Value1 文本框中输入"D3：D14"，单击"确定"按钮。

（3）将单元格 D17 中的公式复制到单元格区域 E17：F17 中。

图 4-90　插入函数 COUNT

5．统计及格人数

使用COUNTIF函数计算单科成绩及格">=60"的人数。

（1）选中要存放"及格人数"计算结果的单元格D18，单击编辑栏中的"插入函数"按钮，打开"插入函数"对话框。

（2）在"或选择类别"下拉列表框中选择"统计"选项，在"选择函数"列表框中选择COUNTIF，如图4-91所示，单击"确定"按钮，打开"函数参数"对话框，在Range文本框中输入"D3:D14"，单击"确定"按钮，如图4-92所示。

（3）将单元格D18中的公式复制到单元格区域E18:F18中。

图4-91 插入函数COUNTIF

图4-92 设置参数

6．计算及格率

1）使用公式中的除法运算符号

（1）选中要存放"及格率"计算结果的单元格D19，输入"="。

（2）选择单元格 D18，输入除法运算符号"/"，选择单元格 D17，按下 F4 键（可在 4 种引用方式之间切换）。按 Enter 键确认，公式输入完成，如图 4-93 所示。

（3）将单元格 D19 中的公式复制到单元格区域 E19:F19 中。

2）设置"及格率"为百分比格式

选中单元格区域 D19:F19，单击"开始"选项卡"单元格"功能组中的"格式"下拉按钮，在弹出的下拉列表中选择"设置单元格格式"命令，在打开的"设置单元格格式"对话框的"数字"选项卡中设置百分比并保留整数，如图 4-94 所示。

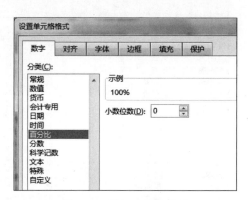

图 4-93　输入公式　　　　　　　　　图 4-94　设置百分比格式

7．判断是否及格和等级

1）IF 函数的简单使用

（1）选中要存放"是否及格"计算结果的单元格 I3，单击编辑栏中的"插入函数"按钮，打开"插入函数"对话框。

（2）在"或选择类别"下拉列表框中选择"逻辑"选项，在"选择函数"列表框中选择 IF，如图 4-95 所示，单击"确定"按钮，打开"函数参数"对话框，在 Logical_test 文本框中输入"H3≥60"，在 Value_if_true 文本框中输入"√"，在 Value_if_false 文本框中输入"×"，单击"确定"按钮，如图 4-96 所示。

（3）将单元格 I3 中的公式复制到单元格区域 I4:I14 中。

2）IF 函数的嵌套使用

在单元格 J3 中输入公式"=IF(H3≥90,"优"，IF(H3≥80,"良"，IF(H3≥70,"中"，IF(H3≥60，"及格"，"不及格"))))"，如图 4-97 所示。

8．计算名次

RANK 函数是求某一个数值在某一区域内一组数值中的排名，此处使用 RANK 函数对学生成绩进行排序（从大到小，降序）。

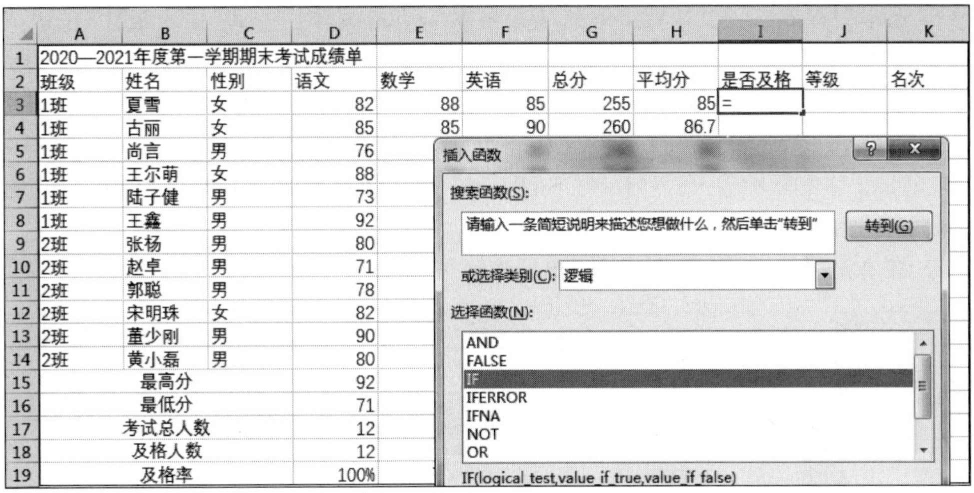

▲	A	B	C	D	E	F	G	H	I	J	K
1	2020—2021年度第一学期期末考试成绩单										
2	班级	姓名	性别	语文	数学	英语	总分	平均分	是否及格	等级	名次
3	1班	夏雪	女	82	88	85	255	85	=		
4	1班	古丽	女	85			85	90	260	86.7	
5	1班	尚言	男	76							
6	1班	王尔萌	女	88							
7	1班	陆子健	男	73							
8	1班	王鑫	男	92							
9	2班	张杨	男	80							
10	2班	赵卓	男	71							
11	2班	郭聪	男	78							
12	2班	宋明珠	女	82							
13	2班	董少刚	男	90							
14	2班	黄小磊	男	80							
15		最高分		92							
16		最低分		71							
17		考试总人数		12							
18		及格人数		12							
19		及格率		100%							

插入函数

搜索函数(S):

请输入一条简短说明来描述您想做什么，然后单击"转到"　　转到(G)

或选择类别(C): 逻辑

选择函数(N):

AND
FALSE
IF
IFERROR
IFNA
NOT
OR

IF(logical_test,value_if_true,value_if_false)

图 4-95　插入函数 IF

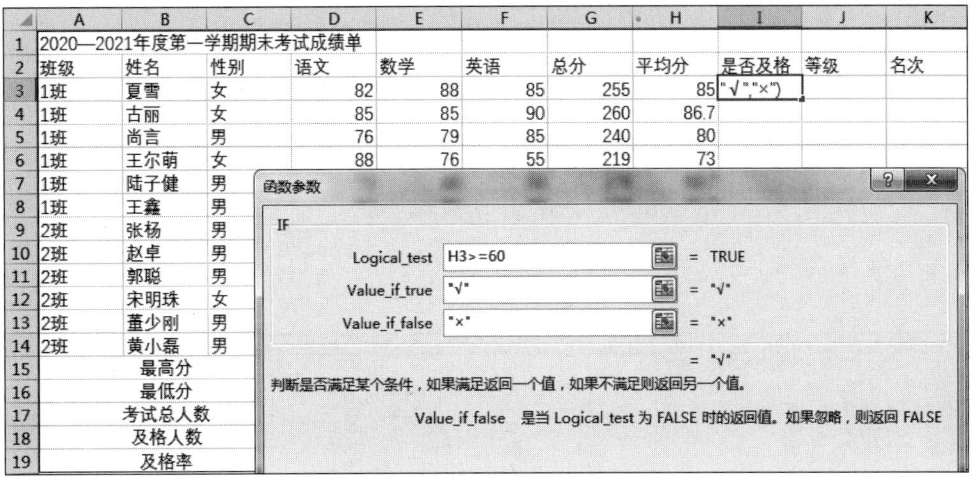

▲	A	B	C	D	E	F	G	H	I	J	K
1	2020—2021年度第一学期期末考试成绩单										
2	班级	姓名	性别	语文	数学	英语	总分	平均分	是否及格	等级	名次
3	1班	夏雪	女	82	88	85	255	85	"√","×")		
4	1班	古丽	女	85	85	90	260	86.7			
5	1班	尚言	男	76	79	85	240	80			
6	1班	王尔萌	女	88	76	55	219	73			
7	1班	陆子健	男								
8	1班	王鑫	男								
9	2班	张杨	男								
10	2班	赵卓	男								
11	2班	郭聪	男								
12	2班	宋明珠	女								
13	2班	董少刚	男								
14	2班	黄小磊	男								
15		最高分									
16		最低分									
17		考试总人数									
18		及格人数									
19		及格率									

函数参数

IF

Logical_test　H3>=60　＝ TRUE

Value_if_true　"√"　＝ "√"

Value_if_false　"×"　＝ "×"

＝ "√"

判断是否满足某个条件，如果满足返回一个值，如果不满足则返回另一个值。

Value_if_false 是当 Logical_test 为 FALSE 时的返回值。如果忽略，则返回 FALSE

图 4-96　设置 IF 函数参数

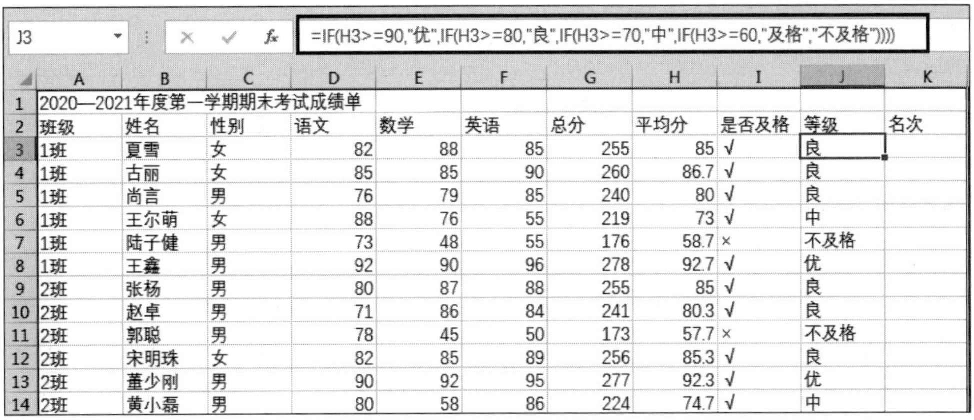

J3　　fx　=IF(H3>=90,"优",IF(H3>=80,"良",IF(H3>=70,"中",IF(H3>=60,"及格","不及格"))))

▲	A	B	C	D	E	F	G	H	I	J	K
1	2020—2021年度第一学期期末考试成绩单										
2	班级	姓名	性别	语文	数学	英语	总分	平均分	是否及格	等级	名次
3	1班	夏雪	女	82	88	85	255	85	√	良	
4	1班	古丽	女	85	85	90	260	86.7	√	良	
5	1班	尚言	男	76	79	85	240	80	√	良	
6	1班	王尔萌	女	88	76	55	219	73	√	中	
7	1班	陆子健	男	73	48	55	176	58.7	×	不及格	
8	1班	王鑫	男	92	90	96	278	92.7	√	优	
9	2班	张杨	男	80	87	88	255	85	√	良	
10	2班	赵卓	男	71	86	84	241	80.3	√	良	
11	2班	郭聪	男	78	45	50	173	57.7	×	不及格	
12	2班	宋明珠	女	82	85	89	256	85.3	√	良	
13	2班	董少刚	男	90	92	95	277	92.3	√	优	
14	2班	黄小磊	男	80	58	86	224	74.7	√	中	

图 4-97　输入 IF 嵌套函数

（1）选中要存放"名次"计算结果的单元格 K3，单击编辑栏中的"插入函数"按钮，打开"插入函数"对话框。

（2）在"或选择类别"下拉列表框中选择"兼容性"选项，在"选择函数"列表框中选择 RANK，如图 4-98 所示，单击"确定"按钮，打开"函数参数"对话框，在 Number 文本框中输入 H3，在 Ref 文本框中输入"＄H＄3：＄H＄14"，在 Order 文本框中输入"0"，单击"确定"按钮，如图 4-99 所示。

（3）将单元格 K3 中的公式复制到单元格区域 K4：K14 中。

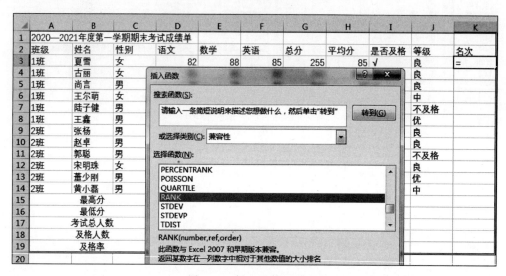

图 4-98　插入函数 RANK

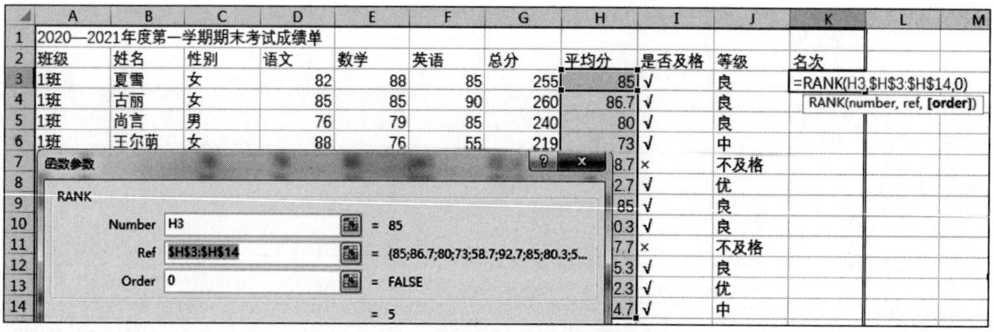

图 4-99　设置 RANK 函数参数

9. 分班统计各科平均分

1）使用 SUMIF 函数

单元格 H15 中输入公式"＝SUMIF(A3：A14，A3，D3：D8)/COUNTIF(A3：A14，A3)"。

单元格 H17 中输入公式"＝SUMIF(A3：A14，A3，E3：E14)/COUNTIF(A3：A14，A3)"。

单元格 H19 中输入公式"＝SUMIF(A3：A14，A3，F3：F14)/COUNTIF(A3：A14，A3)"。

单元格 J15 中输入公式"＝SUMIF(A3：A14，A9，D3：D8)/COUNTIF(A3：A14，A9)"。

单元格 J17 中输入公式"=SUMIF(A3:A14,A9,E3:E14)/COUNTIF(A3:A14,A9)"。

单元格 J19 中输入公式"=SUMIF(A3:A14,A9,F3:F14)/COUNTIF(A3:A14,A9)"。

2）对各科平均分进行四舍五入，保留 1 位小数

按住 Ctrl 键，同时选中单元格 H15、H17、H19、J15、J17 和 J19，在"开始"选项卡"单元格"功能组中单击"格式"按钮，在弹出的下拉列表中选择"设置单元格格式"命令，打开"设置单元格格式"对话框，在"数值"中设置小数位数为 1 位。

3）完善整体成绩表

设置单元格区域 A1:K1 合并后居中，再将成绩表中所有数据设置为水平居中对齐，完成后效果如图 4-84 所示。

4.4　制作学生成绩分析表

本节将以制作学生成绩分析表为例讲解数据排序、筛选、分类汇总以及制作数据透视表等操作。

4.4.1　数据排序

为了方便对 Excel 表格中的数据查看和比较，就需要对数据进行排序。所谓排序是指对表格中数据以某个或某几个字段按照特定规律进行重新排列。

数据排序准则与数据类型有关，如数值按照其数学意义上的大小，文本按照英文字母 A～Z 等。Excel 的排序分为自动排序和自定义排序。

1. 自动排序

自动排序可以分为单列排序和多列排序。

1）单列排序

单列排序具体操作步骤如下。

（1）打开"学生成绩分析表"。

（2）单击"主课总分"列的任意一个单元格，找到"数据"选项卡中"排序和筛选"选项组。

（3）选中"降序"按钮，单击即可完成主课总分的降序排列，即按照主课（语文、数学、英语三门课总成绩）总分从高到低的顺序进行排名，如图 4-100 所示。

（4）执行完排序的数据如图 4-101 所示。

2）多列排序

当"主课总分"相同时，如需进一步区分个人成绩，可以采用多列排序，如可以继续按照"科学"课程的成绩由高到低排序。多列排序具体操作步骤如下。

（1）打开"学生成绩分析表"。

（2）单击数据所在表格中的任意一个单元格，找到"数据"选项卡中"排序和筛选"选项组。

（3）选中"排序"按钮。

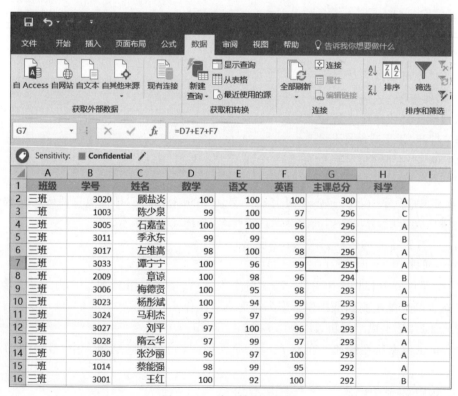

图 4-100　单列排序

图 4-101　单列排序后数据

（4）打开"排序"对话框，单击"主要关键字"右侧的下拉按钮，选择"主课总分"选项，设置"次序"为"降序"，如图 4-102 所示。

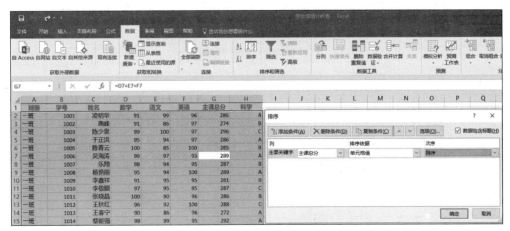

图 4-102 设置主要关键字

（5）设置"次要关键字"。在"排序"对话框中，单击"添加条件"按钮，对话框中会出现"次要关键字"行，单击"次要关键字"右侧的下拉按钮，选择"科学"选项，设置"次序"为"升序"，如图 4-103 所示。

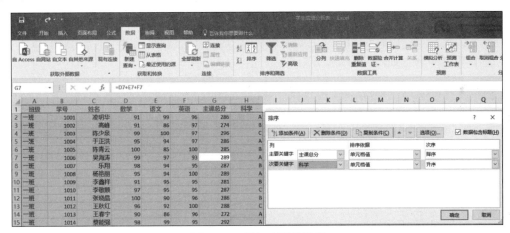

图 4-103 添加次要关键字

（6）单击"确认"按钮后，返回工作表，就可以看到数据是按照主课总分进行降序排序，而当主课总分相同时，则按照科学课成绩由高到低（科学课的成绩 A 为优，B 为良，因而升序代表成绩高低）排序。排序后工作表如图 4-104 所示。

（7）根据这样的排序结果，发现还有同学的数据排序无法区分顺序，这时可以继续添加第三个排序条件，方法同上。

2．自定义排序

除了自动排序以外，Excel 2016 也支持采用自定义排序的方式。以按照科学成绩 B、A、C 作为自定义顺序，具体操作步骤如下。

图 4-104   多列排序后结果

（1）打开"学生成绩分析表"。

（2）单击数据所在表格中的任意一个单元格，找到"数据"选项卡中"排序和筛选"选项组。

（3）选中"排序"按钮。

（4）打开"排序"对话框，单击"主要关键字"右侧的下拉按钮，选择"科学"选项，设置"次序"为"自定义序列"，如图 4-105 所示。

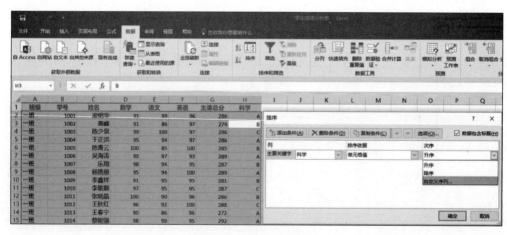

图 4-105   自定义排序

（5）单击"自定义序列"后，系统会弹出"自定义序列"对话框，在"输入序列"中输入"B""A""C"文本，单击"添加"按钮，将自定义序列内容添加到"自定义序列"列表框中，最后单击"确定"按钮即可，如图 4-106 所示。

（6）返回"排序"对话框，即可看到"次序"下拉列表框中显示出自定义的序列，选中并单击"确认"按钮，如图 4-107 所示。

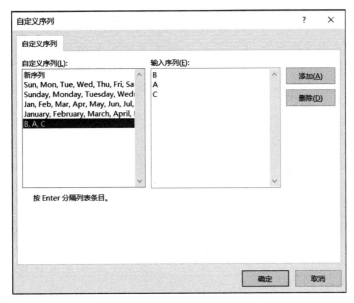

图 4-106 添加自定义序列

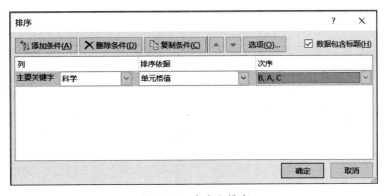

图 4-107 自定义排序

（7）返回数据表后，即可以看到数据已经按照科学的成绩 B、A、C 进行排序。

4.4.2 数据筛选

如果表格中数据量比较大，而用户需要查找特定的数据，此时就会使用到筛选功能。筛选功能可以将符合筛选条件的数据筛选出来，而不符合条件的数据会被自动隐藏。

筛选功能分为自动筛选和高级筛选。

1. 自动筛选

自动筛选功能包括单列筛选和多列筛选。

1）单列筛选

单列筛选具体操作步骤如下。

（1）打开"学生成绩分析表"。

（2）单击"数据"选项卡中"排序和筛选"选项组。

（3）单击"筛选"按钮，进入自动筛选状态，此时的标题行每列会出现一个下拉按钮。

（4）在班级列里单击下拉按钮，在弹出的下拉列表框中取消"全选"，选择"二班"，最后单击"确认"按钮，如图 4-108 所示。

（5）筛选完成后，可以看到只有符合筛选条件"二班"的数据显示，其他记录行被系统自动隐藏，如图 4-109 所示。

2）多列筛选

多列筛选是相对于单列筛选而言的，本质上就是在单列筛选基础上增加其他的筛选条件，形成筛选组合。其实质是以完成单列筛选的结果作为基础，在其他列上增加筛选条件。多列筛选具体操作步骤如下。

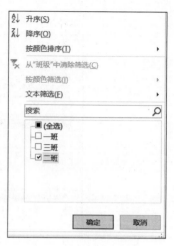

图 4-108　单列筛选

（1）按照单列筛选步骤，选择出二班所有同学成绩，参考图 4-109。

（2）增加"科学"成绩为"A"作为筛选条件。单击"科学"列右侧下拉按钮，在弹出的下拉列表框中取消"全选"，选择"A"，最后单击"确认"按钮，如图 4-110 所示。

班级	学号	姓名	数学	语文	英语	主课总分	科学
二班	2001	夏晖	90	85	94	269	A
二班	2002	沈 玲	91	91	94	276	A
二班	2003	李彤彤	98	90	98	286	B
二班	2004	杨善花	96	94	99	289	C
二班	2005	赵峰	94	97	95	286	A
二班	2006	褚朝顺	97	95	97	289	B
二班	2007	汪小海	92	97	97	286	C
二班	2008	陈鸿	91	91	93	275	A
二班	2009	章谅	100	98	96	294	B
二班	2010	姚玉玲	90	91	98	279	A
二班	2011	吕晶	95	93	98	286	B
二班	2012	彭丹	97	88	95	280	C
二班	2013	宋一丹	95	88	98	281	A
二班	2014	马清波	91	94	96	281	B
二班	2015	叶强	96	88	99	283	B
二班	2016	马金鹏	92	86	93	271	A
二班	2017	陈玖龙	93	85	96	274	A

图 4-109　单列筛选结果

图 4-110　自动筛选列表框

（3）单击"确定"按钮确认，返回数据表格，数据显示如图 4-111 所示。

	班级	学号	姓名	数学	语文	英语	主课总分	科学
22	二班	2001	夏晖	90	85	94	269	A
23	二班	2002	沈 玲	91	91	94	276	A
26	二班	2005	赵峰	94	97	95	286	A
29	二班	2008	陈鸿	91	91	93	275	A
31	二班	2010	姚玉玲	90	91	98	279	A
34	二班	2013	宋一丹	95	88	98	281	A
37	二班	2016	马金鹏	92	86	93	271	A
38	二班	2017	陈玖龙	93	85	96	274	A

图 4-111　多列筛选结果

2．高级筛选

高级筛选可以设置复杂的筛选条件，例如只展示"主课总分＞285分"的记录。

高级筛选需要建立一个条件区域，该区域用来定义筛选数据必须满足的条件，筛选区域必须包含作为筛选条件的字段名。高级筛选具体操作步骤如下：

（1）在非数据列制定筛选条件，例如在K列单元格，输入"主课总分"作为筛选列，下方单元格输入"＝">285""作为条件，然后单击"数据"选项卡"排序和筛选"选项组中的"高级"按钮，弹出"高级筛选"对话框。

（2）分别选择"列表区域"和"条件区域"，并单击"确定"按钮，如图4-112所示。

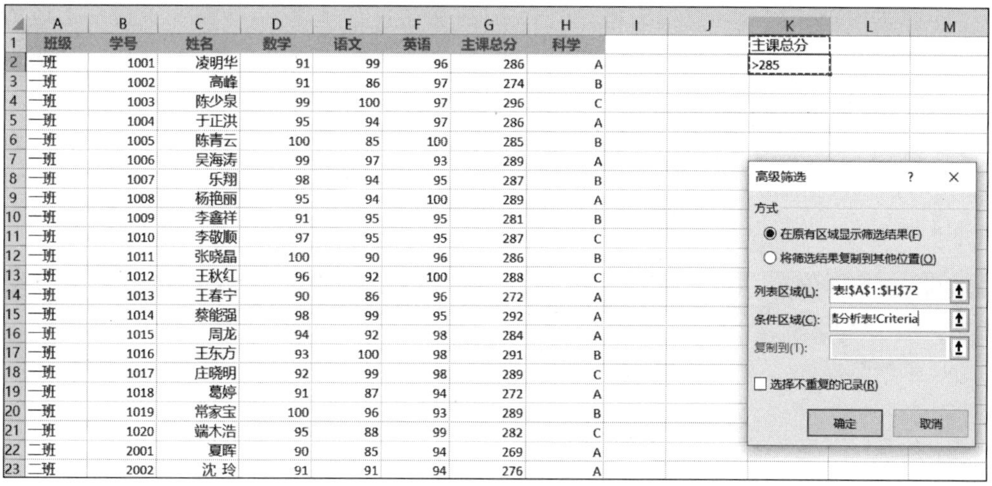

图 4-112　高级筛选

（3）执行高级筛选后，所有"主课总分"小于等于285分的数据已经被系统自动隐藏，只有符合筛选条件的数据显示。部分记录显示如图4-113所示。

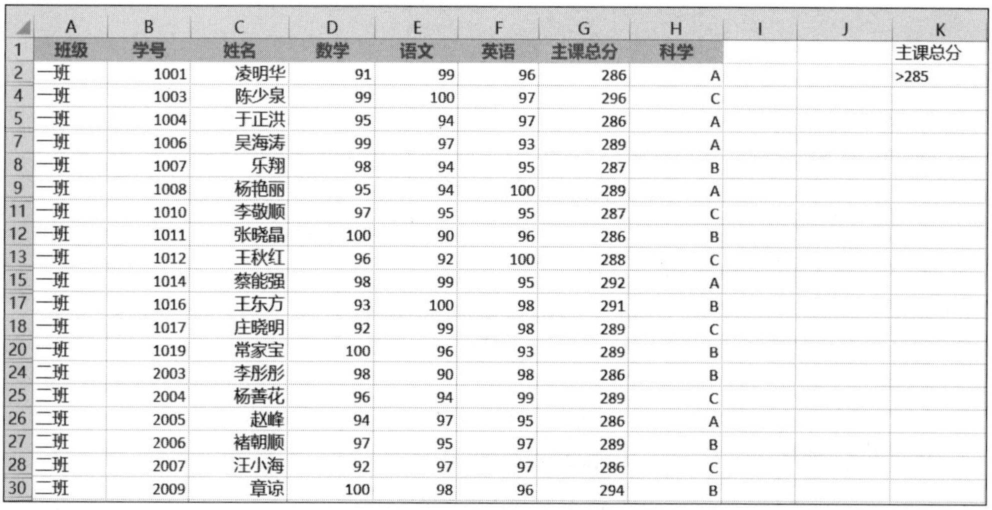

图 4-113　高级筛选结果

3. 去除筛选

当要去除表格中已经存在的筛选，显示全部数据时，可以单击"数据"选项卡"排序和筛选"选项组中的图标 _灭清除 即可。

4.4.3 分类汇总

分类汇总，主要用于数据分析，其方法是先对数据进行分类，在分类的基础上进行汇总。以求取每班"主课总分"的平均分为例，分类汇总具体操作步骤如下。

（1）打开"学生成绩分析表"。

（2）单击"班级"列的任意单元格，选择"升序"按钮进行排序，以使同一班级学生成绩能够连续排列。

（3）单击"数据"选项卡"分级显示"选项组中的"分类汇总"按钮。

（4）在弹出的"分类汇总"对话框中进行设置："分类字段"列表框中选择"班级"，表示按照班级进行分组汇总，"汇总方式"选择"平均值"，"选定汇总项"中选择"主课总分"，如图 4-114 所示。

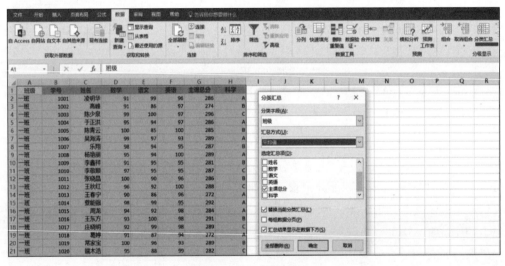

图 4-114　分类汇总

（5）单击"确定"按钮，完成后的汇总表如图 4-115 所示（篇幅所限，只展示部分结果数据）。

4.4.4 数据透视表

数据透视表主要用于分析统计，它与普通表的区别在于可任意组合字段，从而方便分析统计各项数据。

1. 制作数据透视表

制作数据透视表具体操作步骤如下。

（1）打开"学生成绩分析表"。

1 2 3		A	B	C	D	E	F	G	H
	1	班级	学号	姓名	数学	语文	英语	主课总分	科学
	2	一班	1001	凌明华	91	99	96	286	A
	3	一班	1002	高峰	91	86	97	274	B
	4	一班	1003	陈少泉	99	100	97	296	C
	5	一班	1004	于正洪	95	94	97	286	A
	6	一班	1005	陈青云	100	85	100	285	B
	7	一班	1006	吴海涛	99	97	93	289	A
	8	一班	1007	乐翔	98	94	95	287	B
	9	一班	1008	杨艳丽	95	94	100	289	A
	10	一班	1009	李鑫祥	91	95	95	281	B
	11	一班	1010	李敬顺	97	95	95	287	C
	12	一班	1011	张晓晶	100	90	96	286	B
	13	一班	1012	王秋红	96	92	100	288	C
	14	一班	1013	王春宁	90	86	96	272	A
	15	一班	1014	蔡能强	98	99	95	292	A
	16	一班	1015	周龙	94	92	98	284	A
	17	一班	1016	王东方	93	100	98	291	B
	18	一班	1017	庄晓明	92	99	98	289	C
	19	一班	1018	葛婷	91	87	94	272	A
	20	一班	1019	常家宝	100	96	93	289	A
	21	一班	1020	端木浩	95	88	99	282	A
	22	一班 平均值						285.25	
	23	二班	2001	夏晖	90	85	94	269	A
	24	二班	2002	沈玲	91	91	94	276	A
	25	二班	2003	李彤彤	98	90	98	286	B
	26	二班	2004	杨善花	96	94	99	289	C
	27	二班	2005	赵峰	94	97	95	286	A
	28	二班	2006	褚朝顺	97	95	97	289	B
	29	二班	2007	汪小海	92	97	97	286	C
	30	二班	2008	陈鸿	91	91	93	275	A
	31	二班	2009	章谅	100	98	96	294	A
	32	二班	2010	姚玉玲	90	91	98	279	A
	33	二班	2011	吕晶	95	93	98	286	A
	34	二班	2012	彭丹	97	88	95	280	C
	35	二班	2013	宋一丹	95	88	98	281	A
	36	二班	2014	马清波	91	94	96	281	A
	37	二班	2015	叶强	96	88	99	283	B
	38	二班	2016	马金鹏	92	86	93	271	A
	39	二班	2017	陈玖龙	93	85	96	274	A
	40	二班 平均值						281.47059	

图 4-115 各班平均成绩统计表

（2）在表中，选择要制作数据透视表的区域，本例为选择所有数据行。

（3）单击"插入"选项卡"表格"选项组中的"数据透视表"按钮，如图 4-116 所示。

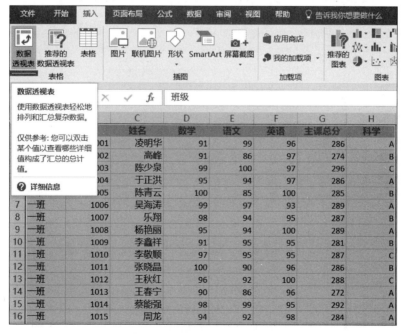

图 4-116 准备创建数据透视表

(4) 在"创建数据透视表"对话框中,按照图 4-117 进行设置,选择要分析的数据以及透视表放置的位置。数据透视表的显示位置设置为 \$J\$5:\$N\$8,其含义为透视表包含4 行(透视表表头、一班、二班、三班)、5 列(班级列、数学、语文、英语、主课总分列)。

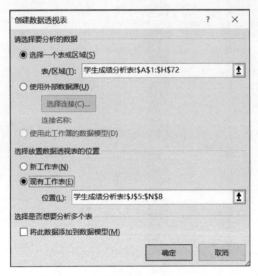

图 4-117 "创建数据透视表"对话框

(5) 单击"确定"按钮,弹出数据透视表编辑界面,界面内会出现工作透视表,该表右侧是"数据透视表字段"窗口。与此同时,上方功能区出现"数据透视表工具"的"分析"和"设计"两个选项卡,如图 4-118 所示。

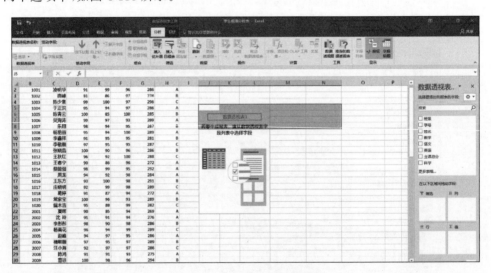

图 4-118 数据透视表编辑界面

(6) 在"数据透视表字段"窗口,将"班级"拖到"行"区域,字段"数学""语文""英语""主课得分"拖到"Σ值"区域,如图 4-119 所示。

(7) 在这里,我们需要计算的是各班每门课程的平均分和主课总分平均分,需要修改统计字段的取值方式。依次单击"Σ值"区域的各个字段,在弹出下拉菜单中选择"值字段设

图 4-119 "数据透视表字段"窗口

置"选项后,"值字段设置"对话框会显示出来,将"值字段汇总方式"更改为平均值,并单击"确定"按钮即可,如图 4-120 所示。

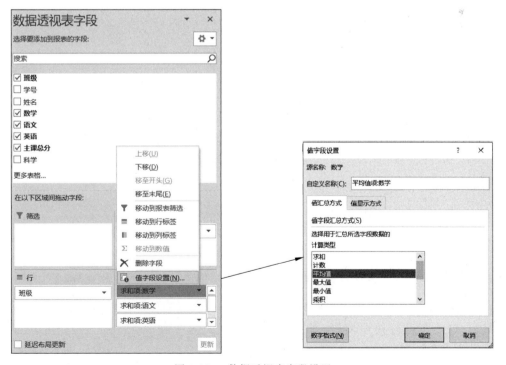

图 4-120 数据透视表字段设置

（8）设置完成后，透视表结果显示如图 4-121 所示。

行标签 ▼	平均值项:数学	平均值项:语文	平均值项:英语	平均值项:主课总分
一班	95.25	93.4	96.6	285.25
三班	97.97058824	95.88235294	97.38235294	291.2352941
二班	94	91.23529412	96.23529412	281.4705882
总计	96.25352113	94.07042254	96.88732394	287.2112676

图 4-121　数据透视表结果

2. 编辑数据透视表

数据透视表制定好以后，在某些情况下，可能需要对数据透视表进行修改和编辑。编辑透视表包括添加或者删除字段、对透视表进行复制或者删除等操作。如增加学生"姓名"字段，具体操作步骤如下：

（1）打开已经制定的"学生成绩分析表"的透视表。

（2）单击透视表（见图 4-121）中的任何一个区域，"数据透视表字段"界面显现，将"姓名"字段拖曳到"行"区域。

（3）执行完拖曳后的数据透视表会在视图对应位置出现"姓名"字段，如图 4-122 所示。

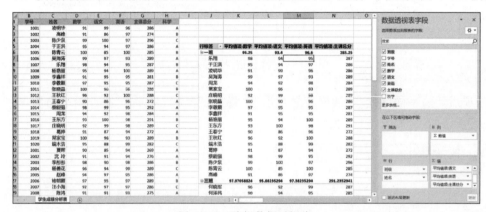

图 4-122　编辑数据透视表

（4）假设从数据透视表中删除刚刚加入的"姓名"字段，可以采取与刚才加入"姓名"字段类似的方式，在"数据透视表字段"的"行"区域，将"姓名"字段移除到上方区域即可。也可以采用更为简单的方式，即在视图中鼠标右键单击任一姓名，在弹出的下拉菜单中单击"删除姓名"选项即可，如图 4-123 所示。

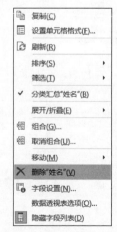

图 4-123　删除数据透视
表中字段

课堂实战

1. 新建并转化 txt 文件为工作表"图书管理课堂练习"

（1）启动 Excel 2016，打开"图书数据.txt"文件。

（2）按导航进行处理操作，如图 4-124 所示，进入工作表界面。

（3）保存演示文稿，选择"文件"|"保存"命令或单击"快速访

图 4-124　利用 Excel 打开图书数据.txt 文件

问工具栏"中的"保存"按钮,指定文件的保存名称为"图书管理课堂练习.xlsx",注意文件格式的选择。

2. 利用高级筛选找出特定图书清单

(1) 先在右侧空单元格中输入要筛选的条件,本例为筛选出"外借库"中的"在馆"图书,注意输入行标题,如果有更多条件,可以向右扩充,如图 4-125 所示。

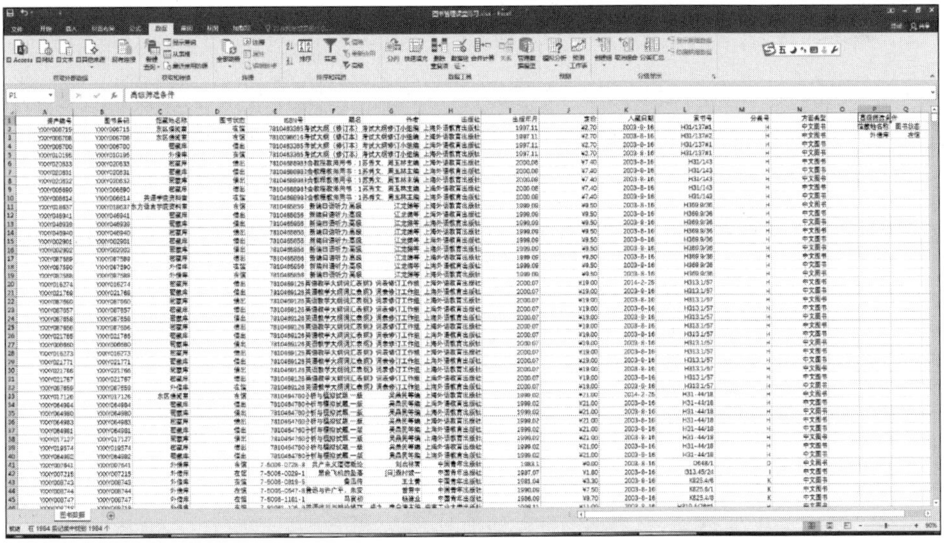

图 4-125　建立筛选条件

(2) 输入条件后单击打开 Excel 的"数据"选项卡。单击"数据"选项卡"排序和筛选"功能区中的"高级"按钮,如图 4-126 所示。

图 4-126　打开"数据"选项卡中的高级筛选功能

(3) 单击后会打开"高级筛选"对话框,在其中的"列表区域"处单击鼠标。然后按住鼠标左键不放,拖动鼠标框选要筛选的表格区域,框选后,该区域的名称会自动输入到"高级筛选"对话框的"列表区域"处,如图 4-127 所示。

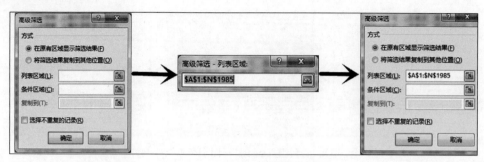

图 4-127　选择高级筛选列表区域

（4）再在"条件区域"处单击鼠标，然后按住鼠标左键框选之前输入的筛选条件单元格，如图 4-128 所示。如果表格中有重复的项，可根据需要选择是否勾选图示的"选择不重复的记录"。

图 4-128　选择高级筛选条件区域

（5）"列表区域"和"条件区域"设置完成后，可选择"在原有区域显示筛选结果"还是"将筛选结果复制到其他位置"。如果想隐藏不符合筛选条件的行，在原表格中显示筛选后的结果，可选择图示的"在原有区域显示筛选结果"。单击"确定"按钮，如图 4-129 所示。

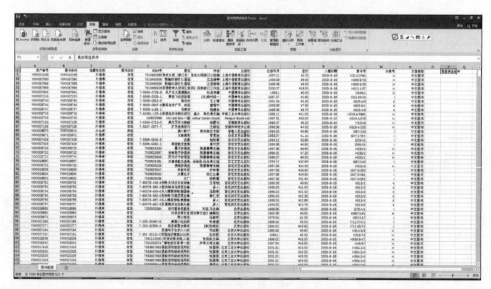

图 4-129　按高级筛选条件生成的数据

4.5　制作销售情况分析图

图表是 Excel 的核心内容，本节将以制作销售情况分析图为例，着重讲述图表的创建、编辑、格式化以及在表格中使用迷你图进行页面设置及打印的相关知识。

4.5.1 图表的创建

Excel 2016 中的图表有两种：工作图表和嵌入式图表。常用的图表就是嵌入式图表，它与构成该图表的数据在一个工作表，而工作图表就是特殊的工作表，只有单独的图表，不包括数据。本章以常见的嵌入式图表为例，讲述图表创建。图表创建的具体操作步骤如下。

（1）以图书销售统计表作为示例数据，选中构成该图表的数据，可以单行或多行。本例中，我们选择前两行数据，做一个这两本书上半年的销售情况分析表，如图 4-130 所示。

1	图书类别	图书编号	图书名称	一月	二月	三月	四月	五月	六月
2	英语	YYTS001	新概念英语实践与进步	86	72	78	77	80	93
3	英语	YYTS002	张道真英语语法大全	103	99	95	102	89	90
4	英语	YYTS003	2015专八考试真题集训	57	63	84	75	72	77
5	英语	YYTS004	象形记忆法背单词	64	70	73	80	66	72
6	英语	YYTS005	剑桥国际英语入门	121	109	96	103	109	125
7	英语	YYTS006	每天听一点VOA	98	101	115	110	108	95
8	英语	YYTS007	托福高分范文大全	76	88	92	88	90	79
9	英语	YYTS008	牛津英汉高阶双解词典	49	56	60	58	55	59
10	文学	WXTS001	浮生六记	53	48	53	42	67	49
11	文学	WXTS002	围城	47	63	71	68	45	52
12	文学	WXTS003	诗经	59	74	63	70	65	63
13	文学	WXTS004	张居正	40	81	65	49	47	62
14	历史	LSTS001	史记	15	19	28	24	25	18
15	历史	LSTS002	三国志	17	16	18	14	13	10
16	历史	LSTS003	资治通鉴	28	30	25	35	34	38

图 4-130 选择图书销售统计表前两行数据

（2）在"插入"选项卡下找到"图表"选项卡，单击第一个类型"柱状图"按钮，在弹出的下拉菜单中选择第一个类型确认，如图 4-131 所示。

图 4-131 选择图表类型

（3）完成上述步骤后即可生成一个完整的简单图表，如图 4-132 所示。

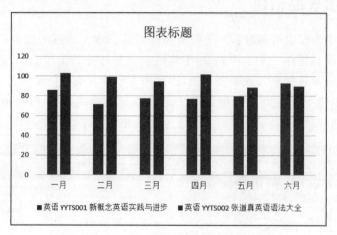

图 4-132　上半年图书销售情况分析（柱状图）

4.5.2　图表的编辑

图表创建以后，可以根据需求变化进行编辑和修改。图表的编辑和修改主要包括修改图表类型、完善图表信息等。

我们对上节创建的两种图书上半年销售情况分析图（柱状图）不满意，而是想看下两种图书上半年销售走势，这就需要进行修改图表类型，下面我们以此为例介绍图表编辑，然后再对图表信息进行完善。具体操作步骤如下。

（1）单击图表选中后，选择"设计"菜单，然后单击"类型"选项卡中的"更改图表类型"，如图 4-133 所示。

图 4-133　图表设计工具菜单

（2）在弹出的对话框中选择一个类型，如折线图中的第一个，单击"确定"按钮，如图 4-134 所示。

（3）类型修改完以后，图表效果如图 4-135 所示。

（4）针对完成类型变更的图表进行完善相应的信息。单击图表中"图表标题"，可以输入标题信息，如"上半年图书销售趋势图"。如果想为图表中曲线的具体数据点填上数值，可以选中具体的曲线，然后单击鼠标右键弹出相应菜单，在弹出的菜单中选择"添加数据标签"，具体操作如图 4-136 所示。

（5）修改类型和完善标题及图表标签后的图表如图 4-137 所示。

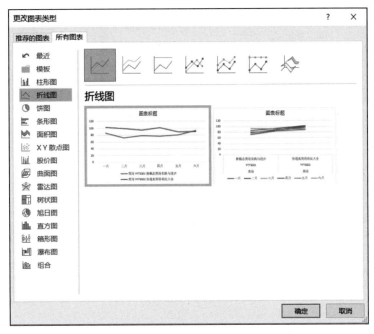

图 4-134 图表设计工具菜单

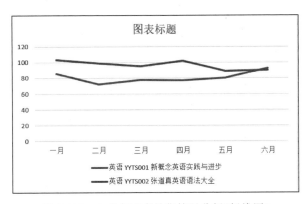

图 4-135 上半年图书销售情况分析(折线图)

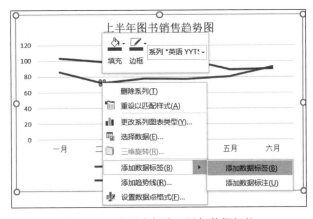

图 4-136 在图表折线上添加数据标签

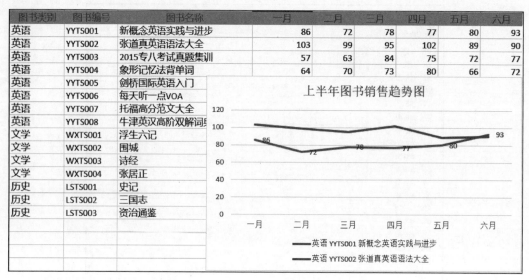

图 4-137　上半年图书销售情况分析(趋势图)

4.5.3　图表的格式化

在学习了电子表格的基本操作后,我们往往还希望输出的表格美观大方,这时就要对图表相关格式进行调整和定义,常见的格式操作如设置单元格数据格式、边框和底纹、使用条件格式和样式、设置数据有效性等。

这些操作相对简单,在下面的上机实践中会有示例,请读者留意。

4.5.4　使用迷你图

迷你图,是指 Excel 2016 中的一种小型图表,小到可以把这种图表放到一个单元格内。迷你图的最大特点就是非常简洁直观地表现出了数据变化趋势,或者对极值进行突出显示。创建迷你图具体操作步骤如下。

(1) 选中想要插入迷你图的单元格,例如一行数据的后一单元格。

(2) 单击“插入”选项卡,在“迷你图”选项组中选择图形类型,例如第一个折线图类型,如图 4-138 所示。

(3) 弹出“创建迷你图”对话框,用鼠标选中迷你图的原始数据,单击“确定”按钮,如图 4-139 所示。

(4) 生成的迷你图效果如图 4-140 所示,从迷你图中可以看到新概念英语上半年的销售趋势图。

(5) 迷你图创建后,可以根据需求变化进行相应的修改。单击“迷你图工具”菜单中的“设计”选项卡,选择“样式”功能组,可以更改迷你图和数据标记的颜色,迷你图工具栏如图 4-141 所示。

图 4-138　表格中插入迷你图

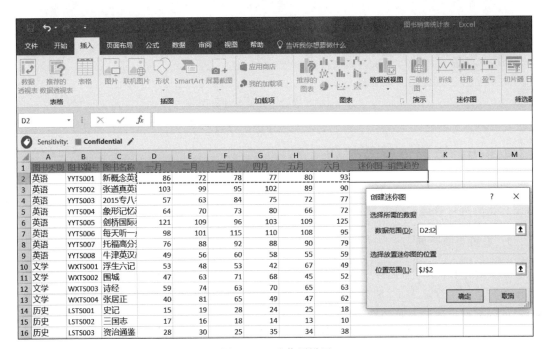

图 4-139　迷你图设置

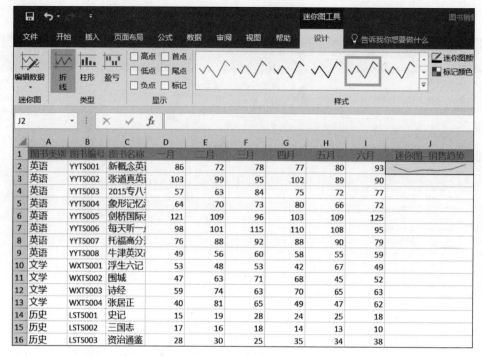

图 4-140　迷你图效果

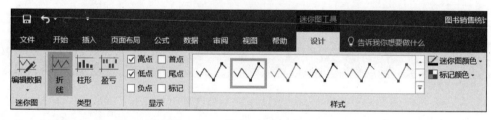

图 4-141　通过工具修改迷你图

4.5.5　页面设置及打印

建好的工作表最终往往需要打印输出,即使有时只打印其中的一部分。在打印输出之前用户还应进行合理的页面设置、打印预览等工作。

1. 设置页面布局

在 Excel 功能区中,选择"页面布局"选项卡,出现如图 4-142 所示的各个选项,其中"页面设置""调整为合适大小"和"工作表选项"三个组几乎涵盖了页面设置的绝大部分功能。用户可以在此方便地对页边距、纸张方向与大小、打印区域、分隔符、背景、打印标题和缩放比例等进行设置,必要时还可如图 4-143 所示,单击小组右下角展开按钮,激活如图 4-144 所示的"页面设置"对话框,进行更为细致的选择和设置。

图 4-142 "页面布局"选项卡

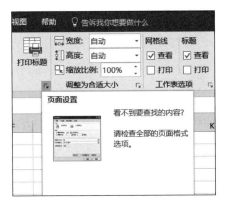

图 4-143 展开"页面设置"

图 4-144 "页面设置"的"页面"选项卡

"页面设置"对话框包括"页面""页边距""页眉/页脚""工作表"四个选项卡。"页面设置"中"页面"选项卡出现的各参数含义如下。

(1)方向。纸张方向,Excel 2016 默认的方向为纵向打印。

(2)缩放。打印缩放比例,缩放百分比可选择范围在 10%～400%。也可以通过"调整为"自动调整缩放比例,在"页宽"和"页高"微调框内设置所需的打印页面数。如果设置成一页宽和一页高时,则把多于一页的内容压缩至一页中打印出来;如果调整为 2 页宽和 3 页高时,则水平方向截成 2 部分,垂直方向截成 3 部分,共分 6 页打印。

(3)纸张大小。在下拉菜单中可选择纸张大小,默认为 A4 纸大小。可选择的纸张大小跟目前安装的打印机有关。

(4)打印质量。可以选择打印的精度。如果需要打印高清晰图片可选择高质量的打印方式,只显示文字内容则可选择较低打印质量。

(5)起始页码。打印开始的页码。

2．设置页边距

单击"页面设置"对话框中的"页边距"选项卡，就可进行页边距的具体设置。如图 4-145 所示，可在上、下、左、右四个方向上设置打印区域和纸张边缘之间的空白距离以及页眉页脚和纸张边缘的距离（通常小于上下页边距）；居中方式里还可以设置让整体打印效果是水平居中或垂直居中。

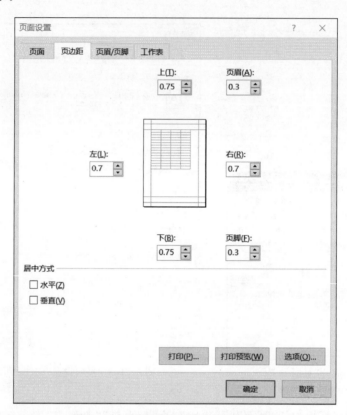

图 4-145　"页面设置"的"页边距"选项卡

3．设置页眉页脚

页眉位于页面最上端，通常用于标明本页的主题或内容标题；页脚位于页面最下端，通常用于标明本页的注释内容。用户还可以自行设定在页眉和页脚处添加一些其他内容，如表格标题、页码、时间和图案等。

在"页眉"和"页脚"下拉列表中，可以直接选择内置的页眉和页脚样式，如图 4-146 所示。若对这些预定义的格式不满意，可单击"自定义页眉"或"自定义页脚"按钮，弹出如图 4-147 所示的自定义对话框，通过上面的按钮自定义添加页码、日期以及文件名等，同时它还提供了添加的内容在页眉中所处的左、中、右三种位置的选择。

若要删除已经添加的页眉或页脚，可在图 4-146 所示的对话框中，将"页眉"或"页脚"下拉列表中的选项设置为"无"。页脚的设置方法与页眉相似，此处不再赘述。

图 4-146　"页面设置"的"页眉/页脚"选项卡

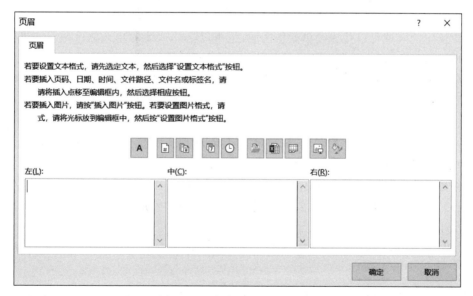

图 4-147　自定义"页眉"对话框

4. 设置工作表

"页面设置"对话框中的"工作表"选项卡主要是用来设置工作表的打印区域和在打印中显示的各种表格内容，如图 4-148 所示。用户还可以通过图 4-142 所示的"页面布局"选项卡中的"打印区域"选项,直接设置打印区域或取消已经设置的打印区域。

图 4-148　"页面设置"的"工作表"选项卡

用户选定的区域可以是连续单元格区域,也可以是非连续的单元格区域。如果选取非连续区域进行打印,则会将不同的区域各自打印在单独的纸张页面之上。

如果用户希望所有区域是可以打印输出在相同页面上的,则可以通过以下的变通方式。

(1)对于同一个工作表中的不相邻区域,用户可以隐藏不相邻区域之间的空白行或空白列,然后再进行打印。

(2)对于不同工作表中的区域,用户可以选择将其中一个区域复制后,通过"选择性粘贴"当中的"粘贴链接"命令拼接到一起,然后再进行打印。

大多数表格都包含标题行或标题列,如果进行多页打印时,则希望标题行或标题列重复显示在各个纸张页面上,那么就需要进行"顶端标题行"或"左端标题列"的设定。其具体操作步骤如下。

(1)在图 4-148 所示的"工作表"选项卡中,单击"顶端标题行"右侧的"压缩对话框"按钮 ⬆ 。

(2)在工作表中选中需要重复打印的标题所在行,选取完成后再次令对话框完整显示,并单击"确定"按钮即可将标题行设为单行,如图 4-149 所示。

标题行或列可以是单行或单列,也可以是多行或多列,但不能是不连续的多行或多列。类似方法可将标题列设置为多列,如图 4-150 所示。

用户还可以在"工作表"选项卡中对其他内容的打印属性进行设置,例如可以设置打印输出时显示单元格中的批注内容、显示网格线、显示行号和列标等;如果用户希望采用比较

	A	B	C	D	E	F	G	H	I	J
1	图书类别	图书编号	图书名称	一月	二月	三月	四月	五月	六月	迷你图-销售趋势
2	英语	YYTS001	新概念英语实践与进步	86	72	78	77	80	93	
3	英语	YYTS002	张道真英语语法大全	103	99	95	102	89	90	
4	英语	YYTS003	2015专八考试真题集训	57	63	84	75	72	77	
5	英语	YYTS004	象形记忆法背单词	64	70	73	80	66	72	
6	英语	YYTS005	剑桥国际英语入门	121	109	96	103	109	125	
7	英语	YYTS006	每天听一点VOA							
8	英语	YYTS007	托福高分范文大全							
9	英语	YYTS008	牛津英汉高阶双解词典							
10	文学	WXTS001	浮生六记	53	48	53	42	67	49	

页面设置 - 顶端标题行:　　　　? ✕
$1:$1

图 4-149　"顶端标题行"设置为单行

	A	B	C	D	E	F	G	H	I	J
1	图书类别	图书编号	图书名称	一月	二月	三月	四月	五月	六月	迷你图-销售趋势
2	英语	YYTS001	新概念英语实践与进步	86	72	78	77	80	93	
3	英语	YYTS002	张道真英语语法大全	103	99	95	102	89	90	
4	英语	YYTS003	2015专八考试真题集训	57	63	84	75	72	77	
5	英语	YYTS004	象形记忆法背单词	64	70	73	80	66	72	
6	英语	YYTS005	剑桥国际英语入门	121	109	96	103	109	125	
7	英语	YYTS006	每天听一点VOA	98	101	115	110	108	95	
8	英语	YYTS007	托福高分范文大全							
9	英语	YYTS008	牛津英汉高阶双解词典							
10	文学	WXTS001	浮生六记							

页面设置 - 左端标题列:　　　　? ✕
$A:$C

图 4-150　"左端标题列"设置为多列

简单的打印方式,则可以选择"草稿品质",或选择不打印单元格中的颜色和底纹的"单色打印"。除此之外,用户也可以对行和列的打印顺序进行设置。

5. 设置打印选项

在 Excel 功能区中,选择"文件"选项卡,在弹出的菜单中选择"打印"命令,可以显示"打印"选项面板,如图 4-151 所示。在该选项面板中,用户可以对打印对象、打印内容、打印份数和打印顺序等参数进行设置,并在选项面板的右侧直观地看到打印预览的效果。

在该对话框中"打印机"名称的下拉列表里,用户可以选择已经安装好的打印机名称,如果选定的是图 4-151 所示的系统自动安装的虚拟打印机,则会把当前的文档输出为 xps 格式。在打印预览区域的右下方单击"缩放到页面"按钮 ,可将预览比例放大,将细节看得更清楚;单击"显示边距"按钮 ,则可在预览区域同时显示边距,方便用户进行边距调整,如图 4-152 所示。

6. 设置分页预览

在 Excel 2016 窗口状态栏右下角单击"分页

图 4-151　"打印"选项面板

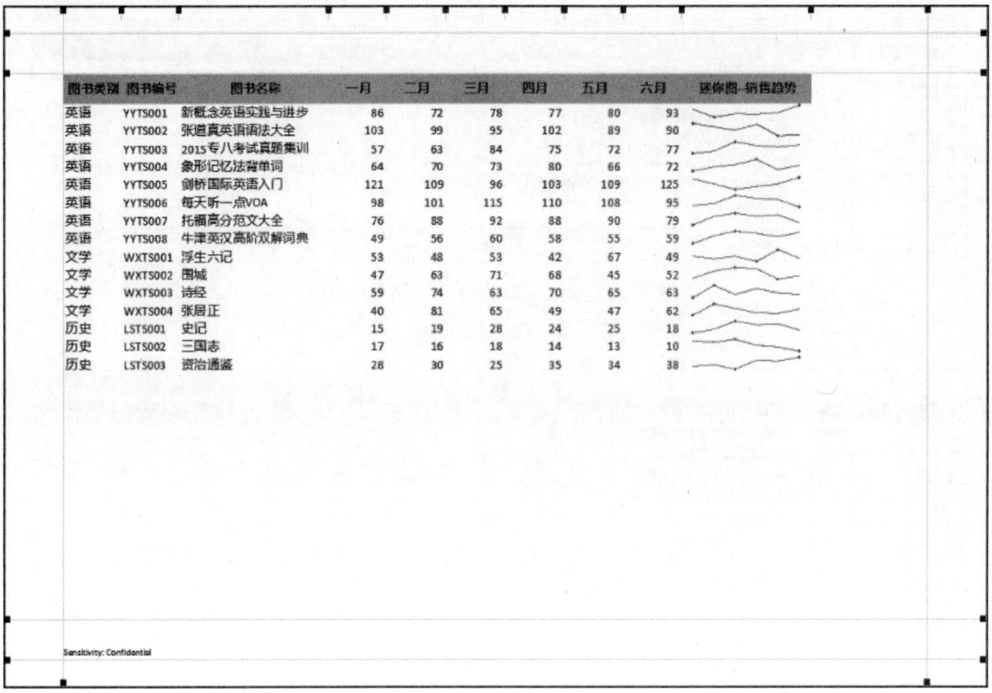

图书类别	图书编号	图书名称	一月	二月	三月	四月	五月	六月	迷你图--销售趋势
英语	YYTS001	新概念英语实践与进步	86	72	78	77	80	93	
英语	YYTS002	张道真英语语法大全	103	99	95	102	89	90	
英语	YYTS003	2015专八考试真题集训	57	63	84	75	72	77	
英语	YYTS004	象形记忆法背单词	64	70	73	80	66	72	
英语	YYTS005	剑桥国际英语入门	121	109	96	103	109	125	
英语	YYTS006	每天听一点VOA	98	101	115	110	108	95	
英语	YYTS007	托福高分范文大全	76	88	92	88	90	79	
英语	YYTS008	牛津英汉双解词典	49	56	60	58	55	59	
文学	WXTS001	浮生六记	53	48	53	42	67	49	
文学	WXTS002	围城	47	63	71	68	45	52	
文学	WXTS003	诗经	59	74	63	70	65	63	
文学	WXTS004	张居正	40	81	65	49	47	62	
历史	LSTS001	史记	15	19	28	24	25	18	
历史	LSTS002	三国志	17	16	18	14	13	10	
历史	LSTS003	资治通鉴	28	30	25	35	34	38	

Sensitivity: Confidential

图 4-152　"显示边距"后的"打印预览"

预览"按钮 □ 或选择"视图"选项卡再单击"分页预览"按钮，如图 4-153 所示，都可以进入如图 4-154 所示的"分页预览"视图模式。

图 4-153　选择"视图"选项卡下"分页预览"

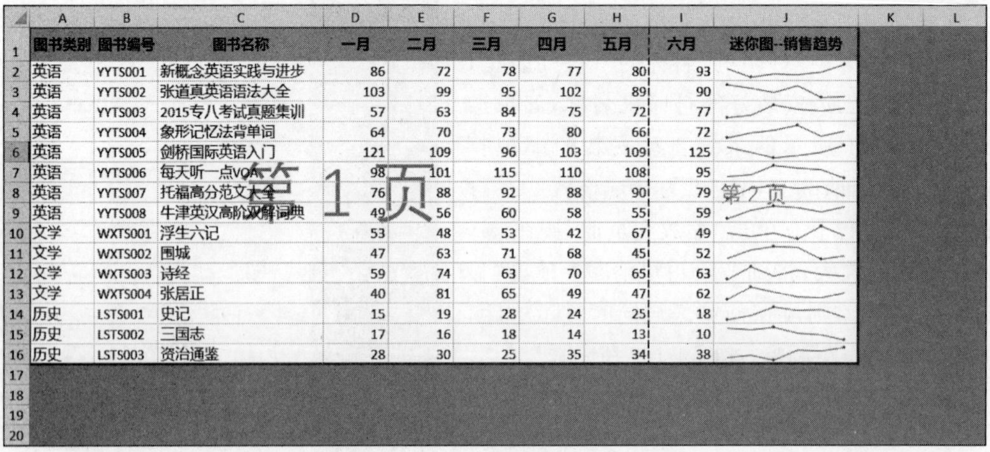

图 4-154　"分页预览"效果

在图 4-154 中，粗实线包围的白底表格区域为打印区域，线外处于图像边缘的灰底部分是非打印区域。打印区域中的粗虚线为"自动分页符"，用户可以将鼠标悬停在这两种线上，当鼠标指针变成双箭头时即可调整打印区域的范围。需要注意的是，当自行调整了分页符位置后，粗虚线就会变为"人工分页符"含义的粗实线。在当前这种视图下，重新设置打印区域的方法是：再次选定区域后单击鼠标右键，在快捷菜单中选择"设置打印区域"。

同时也可以手动在打印区域中插入新的分页符：如要插入水平分页符，可选定分页位置下方行；如要插入垂直分页符，可选定分页位置右侧列，然后单击鼠标右键，在快捷菜单中选择"插入分页符"即可。

若要删除插入的分页符，可以再次选择上述单元格，然后在鼠标右键的快捷菜单中选择"删除分页符"，或将分页符直接拖曳到打印区域的边缘，但自动分页符不能被删除。若要去除所有人工分页设置，可选定打印区域中的任一单元格，然后在鼠标右键的快捷菜单中选择"重置所有分页符"，方可恢复打印选区为自动分页状态。

课堂实战

1. 打开"图书管理课堂练习.xlsx"工作表

2. 利用透视图生成的数据编辑生成图表

（1）插入数据透视表。选中表格中的任意数据单元格，注意所选中的数据列必须包括表头名称，选择"插入"选项卡，在"表格"组中单击"数据透视表"按钮，如图 4-155 所示。

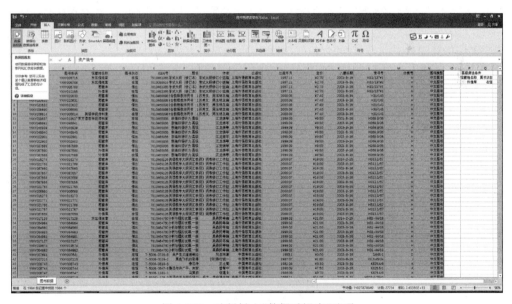

图 4-155　选择插入"数据透视表"选项

（2）设置数据透视表数据源和保存位置。弹出"创建数据透视表"对话框，在"表/区域"后的文本框中可看到源数据区域，随后可设置数据透视表位置，如选中"新工作表"单选按钮，可将工作表保存至新的工作表中，如果选中"现有工作表"单选按钮，并设置区域，则可保存至现有工作表中。最后单击"确定"按钮,如图 4-156 所示。

图 4-156　选定需要透视的数据区域

（3）显示任务窗格和空白数据透视表。此时,返回工作表中,可看到原来的"销售表"工作表前插入了一个新的工作表 Sheet2。在工作表中可看到右侧的"数据透视表字段"任务窗格,其中 1 处为字段列表,2 处为字段设置区域,以及 3 处左侧的空白数据透视表,如图 4-157 所示。

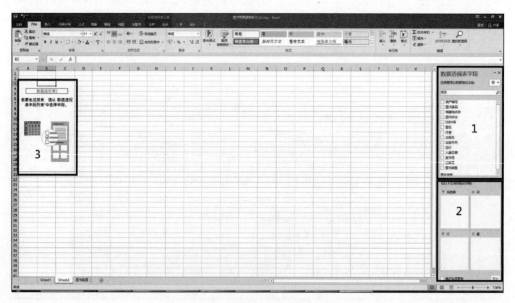

图 4-157　数据透视表的功能区域

（4）显示创建的数据透视表。在工作表右侧的"数据透视表字段"任务窗格中,在字段列表中勾选需要的字段,可看到勾选的字段都显示在字段设置区域中,随后可看到勾选字段后创建的数据透视表效果。选中数据单元格并右击,按数字进行排序,如图 4-158 所示。

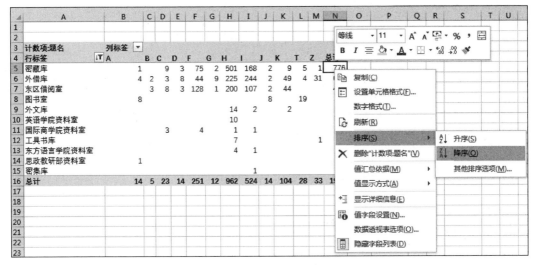

图 4-158　对透视的结果数据进行排序

（5）根据透视结果插入迷你图。选中插入，根据提示，选中数据展示范围，以及迷你图格式，生成迷你图，并通过格式化操作为所有馆藏地生成迷你图，如图 4-159 所示。

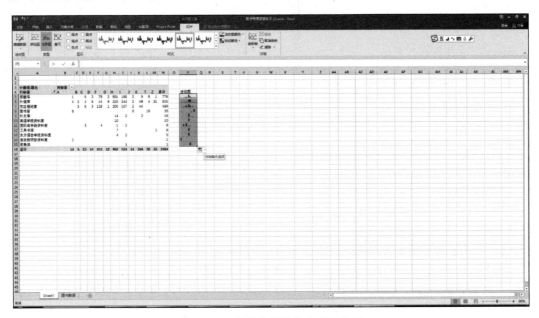

图 4-159　根据数据结果生成迷你图

（6）根据透视结果插入图表。将透视数据复制粘贴为数值，选中整体数据单元格，单击插入图表，将生成对应单元格部分数据的图表，如果我们只要显示馆藏地图书的数量总和，此时在图表中单击右键，在数据栏中调整展示的数据列，保留只展示总计列，生成的图表同步发生变化，如图 4-160 所示。

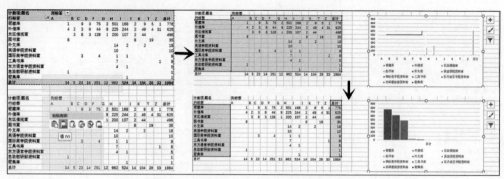

图 4-160　根据透视结果选择数据生成图表

4.6　本章小结

Excel 一直是各领域职场人士首选的、功能强大的电子表格制作软件,熟练掌握它的使用方法和技巧,不仅可以制作出各类美观易用的工作表,还可以利用函数和公式简化计算过程、提高计算精度,更能够对工作表中的数据进行统计与分析,获得理想的数据处理结果。本章详细讲解了 Excel 2016 工作簿及工作表的创建、编辑、保存、打印等基本操作,以及工作表中图表与图形对象的使用、数据分析与管理统计等重要功能。章节的最后精选了两个综合实例,把重要的知识点串联起来,令读者既巩固了所学,又完成了由理论知识到实战能力的提升与突破。

4.7　上机实验

4.7.1　公式、函数的使用及工作表的格式化

【实验目的】

掌握创建工作簿和编辑工作表的各种基本操作,并熟练使用从外部导入数据到工作表、利用公式和函数进行计算、筛选和过滤数据、工作表的格式化、宏的创建和使用等功能。

【实验内容及步骤】

该实验以导入外部文本数据的方式,创建一个某公司按月份进行的费用开支及报销数据的统计表;利用公式和函数计算出各个部门的“费用合计”“报销金额”和“超支比率”,并新增“费用合计排序”列,在不打乱原有表格数据的前提下,利用函数对各部门的费用支出情况进行排序;使用嵌套函数对所有部门各项费用支出平均值进行评估;对工作表进行单元格编辑和格式美化;将首个月份的工作表美化创建为宏,调用并运行该宏,完成对其他月份工作表的格式美化;为公司创建年度统计表,在年度统计表中包含各个月份的时间表,其中标明月份的文本可以超链接到该月份的具体数据统计工作表。

具体操作步骤如下。

1. 创建工作簿文档,对工作表重命名并完成原始数据的导入

(1)创建一个新的工作簿,单击自定义快速访问工具栏上的“保存”按钮,将其以“公司

费用开支及报销统计表．xlsx"(Excel 工作簿)为文件名并保存到指定位置。

（2）双击工作表标签 Sheet 1，将其重命名为"一月"，为清晰区分工作表，在工作表标签上激活右键快捷菜单，为工作表标签设置颜色，如图 4-161 所示。

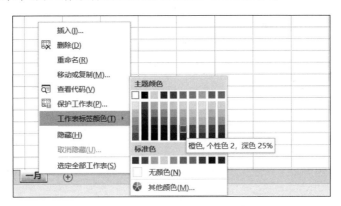

图 4-161 设置工作表标签颜色

（3）在工作表"一月"中单击"数据"选项卡的"自文本"按钮获取外部文本数据，如图 4-162 所示，在激活的如图 4-163 所示的"导入文本文件"对话框中选择文件"一月原始数据．txt"，然后单击"导入"按钮。

图 4-162 "自文本"获取外部数据

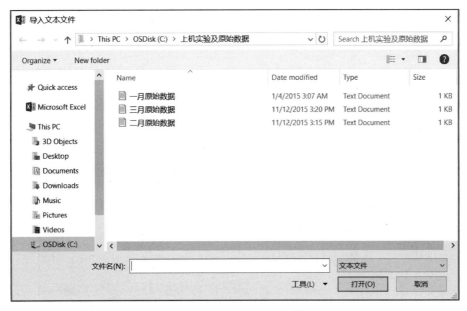

图 4-163 "导入文本文件"对话框

（4）进行"文本导入向导"的第 1 步，在此设置合适的"原始数据类型""导入起始行"和"文件原始格式"参数，如图 4-164 所示，然后单击"下一步"按钮。

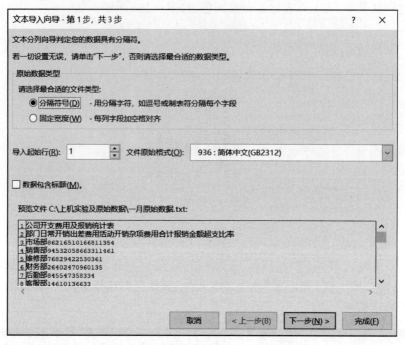

图 4-164 "文本导入向导-第 1 步"对话框

（5）进行"文本导入向导"的第 2 步，设置合适的"分隔符号""文本识别符号"等参数，同步可见"数据预览"，如图 4-165 所示，然后单击"下一步"按钮。

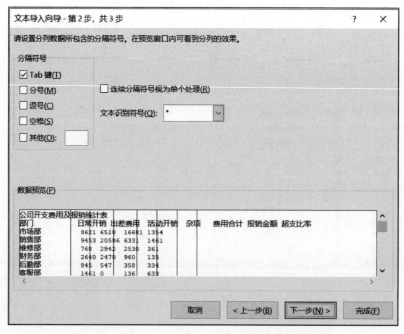

图 4-165 "文本导入向导-第 2 步"对话框

（6）进行"文本导入向导"的第 3 步，设置合适的"列数据格式"，并可单击"高级"按钮进行相关参数设置，同步可见"数据预览"，如图 4-166 所示，最后单击"完成"按钮。

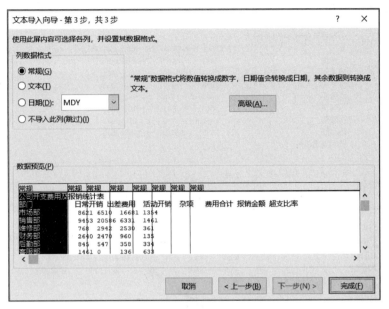

图 4-166　"文本导入向导-第 3 步"对话框

（7）最后需要在激活的"导入数据"对话框中指定外部数据要导入的工作表及单元格所在位置，如图 4-167 所示，然后单击"确定"按钮，最终完成所有导入步骤。数据成功导入到当前的工作表"一月"后，效果如图 4-168 所示。

（8）重复上述（2）～（7）步骤完成其他月份数据的导入工作，创建工作表"二月""三月"，并设置相应的工作表标签颜色。

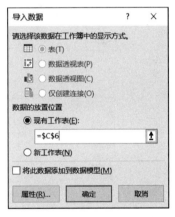

图 4-167　"导入数据"对话框

2．利用公式和函数对工作表计算和填充

1）利用函数 SUM

利用常用函数 SUM 求和计算出"费用合计"，其步骤如下：

（1）选择"公式"选项卡，单击"自动求和"按钮，设置"费用合计"单元格 H8＝SUM(D8:G8)，如图 4-169 所示。

（2）利用 H8 单元格右下角的填充句柄 ✚，完成 H9～H14 单元格的求和计算。

2）利用函数和公式

利用函数和公式计算出"报销金额"和"超支比率"，并将工作表中的所有计算结果数据设置为保留两位小数。其步骤如下。

（1）报销金额分两种情况：当"费用合计"不超过 30 000 元时，是 100％报销；否则，超出部分按 80％报销。在 I8 中使用 IF 函数，然后利用填充句柄完成 I9～I14 单元格的计算，如图 4-170 所示。

	A	B	C	D	E	F	G	H	I	J	K
1											
2											
3											
4											
5											
6		公司开支费用及报销统计表									
7		部门		日常开销	出差费用	活动开销	杂项	费用合计	报销金额	超支比率	
8		市场部		8621	6510	16681	1354				
9		销售部		9453	20586	6331	1461				
10		维修部		768	2942	2530	361				
11		财务部		2640	2470	960	135				
12		后勤部		845	547	358	334				
13		客服部		1461	0	136	633				
14		招商部		2675	12573	1357	541				
15		费用支出评估									
16											

图 4-168　外部文本数据成功导入工作表

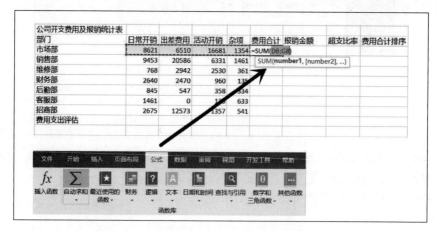

图 4-169　利用自动求和按钮完成"费用合计"计算

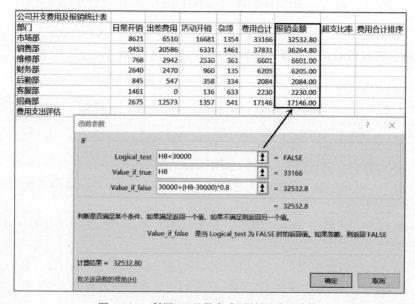

图 4-170　利用 IF 函数完成"报销金额"计算

（2）超支比率等于（费用合计－报销金额）/报销金额。选择 J8 单元格，在编辑框中输入公式"＝(H8－I8)/I8"，按 Enter 键得到计算结果，利用填充句柄完成单元格区域 J9:J14 的计算，得到所有部门的"超支比率"结果，如图 4-171 所示。

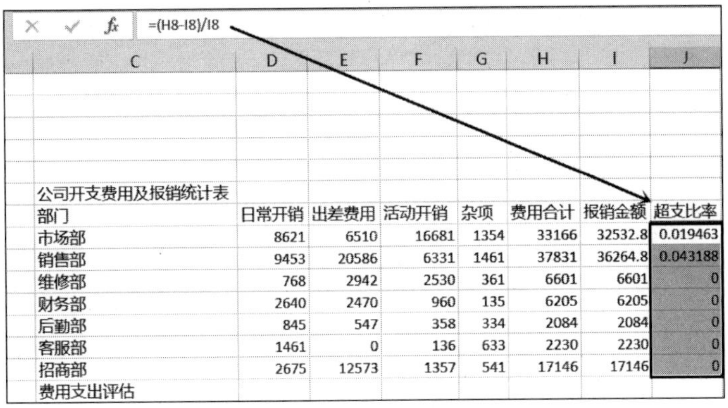

图 4-171　利用公式完成"超支比率"计算

（3）选择计算结果所在区域 I8:J14，单击右键快捷菜单激活"设置单元格格式"对话框，将小数位数设置为"2"，并将"超支比率"所在列的计算结果设置成"百分比"分类，设置完成后，如图 4-172 所示。

图 4-172　设置单元格格式后工作表

3）利用 RANK 函数

利用 RANK 函数完成对各部门"费用合计"计算结果的排序，同时不打乱现有表格中的数据的位置，其相应步骤如下。

（1）在 K7 单元格中输入"费用合计排序"，选定 K8 单元格，并输入公式"＝RANK(H8,＄H＄8:＄H＄14)"，按 Enter 键得到"市场部"的"费用合计排序"名次，需要注意的是,此处单元格区域是绝对引用。

(2) 利用填充句柄完成单元格区域 K9:K14 的计算,得到所有部门的"费用合计排序",最后排序结果如图 4-173 所示。

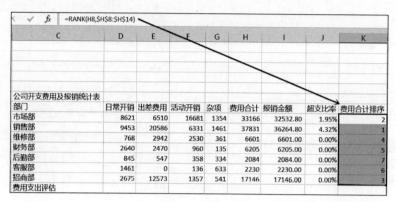

图 4-173 利用 RANK 函数进行排序后的工作表

4) 利用嵌套函数

利用嵌套函数评估所有部门的各项费用平均支出情况,并据此给出费用支出的评估结果。

(1) 单项支出平均值高于 4500 元标注"偏高",否则标注为"正常"。选择 D15 单元格,并在编辑框中输入公式"=IF(AVERAGE(D8:D14)>4500,"偏高","正常")",按 Enter 键得到计算结果。

(2) 利用填充句柄完成单元格区域 E5:G5 的计算,得到所有"费用支出评估"结果,如图 4-174 所示。

图 4-174 利用嵌套函数进行"费用支出评估"

3. 创建和使用宏对工作表进行格式化

1) 创建宏对工作表"一月"进行格式化

(1) 右击选项卡功能区中任意一个位置,然后在弹出的下拉菜单中选择"自定义功能区",在"Excel 选项"弹出窗口中,勾选"开发工具"复选框后,令"开发工具"选项卡在功能区中显示,如图 4-175 所示。

图 4-175　激活"开发工具"选项卡并选择其中的"录制宏"按钮

　　(2)选择工作表"一月"数据区域中的任意单元格,单击"开发工具"选项卡下的"录制宏"按钮,在激活的"录制宏"对话框中进行宏名、快捷键、保存位置的设置,并对宏进行简要的文字说明,如图 4-176 所示。

　　(3)当前工作表进入录制宏的状态后,分步对工作表进行格式美化工作。利用"合并单元格"功能,将表格的标题设置为跨工作表多个单元格居中,并将工作表所有单元格中的内容设置为水平和垂直方向均"居中",设置表格边框及粗细和颜色,设置表格标题、首行、首列的字体、颜色和底纹特殊等。完成表格格式化后,单击"开发工具"选项卡下的"停止录制"按钮,如图 4-177 所示获得美化后的工作表。

　　2)调用宏对当前工作簿中的其余工作表"二月""三月"进行统一的格式化操作

　　(1)选择工作表"二月"数据区域中的任

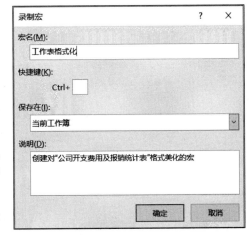

图 4-176　"录制宏"对话框

意单元格,单击"开发工具"选项卡下的"宏"按钮,激活"宏"对话框,选定之前创建的宏"工作表格式化",并单击"执行"按钮完成对工作表"二月"的格式化,如图 4-178 所示。

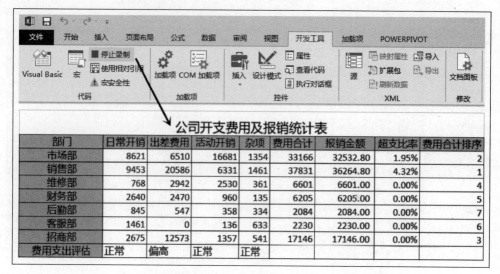

图 4-177　完成当前工作表格式化并"停止录制"宏

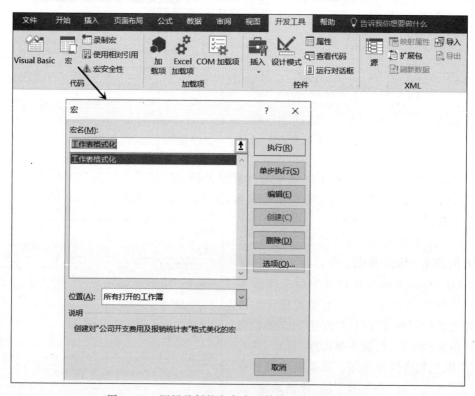

图 4-178　调用录制的宏完成对其他工作表的格式化

　　（2）重复上述步骤完成对工作表"三月"的格式化，进行格式化后的三个工作表如图 4-179 所示。

　　（3）创建了宏的工作簿若要保存，则弹出一个提示框，在该提示框中单击"否"按钮，然后在随后激活的"另存为"对话框中选择保存为一种启用宏的文件类型即可，如图 4-180 所示。

一月

公司开支费用及报销统计表

部门	日常开销	出差费用	活动开销	杂项	费用合计	报销金额	超支比率	费用合计排序
市场部	8621	6510	16681	1354	33166	32532.80	1.95%	2
销售部	9453	20586	6331	1461	37831	36264.80	4.32%	1
维修部	768	2942	2530	361	6601	6601.00	0.00%	4
财务部	2640	2470	960	135	6205	6205.00	0.00%	5
后勤部	845	547	358	334	2084	2084.00	0.00%	7
客服部	1461	0	136	633	2230	2230.00	0.00%	6
招商部	2675	12573	1357	541	17146	17146.00	0.00%	3
费用支出评估	正常	偏高	正常	正常				

二月

公司开支费用及报销统计表

部门	日常开销	出差费用	活动开销	杂项	费用合计	报销金额	超支比率	费用合计排序
市场部	8536	8215	10360	3158	30269	30215.20	0.18%	3
销售部	10253	19865	8560	2050	40728	38582.40	5.56%	1
维修部	855	3120	3535	1050	8560	8560.00	0.00%	5
财务部	3265	3367	2105	560	9297	9297.00	0.00%	4
后勤部	845	547	358	334	2084	2084.00	0.00%	7
客服部	2890	0	1800	1545	6235	6235.00	0.00%	6
招商部	3865	17680	6850	2745	31140	30912.00	0.74%	2
费用支出评估	正常	偏高	偏高	正常				

三月

公司开支费用及报销统计表

部门	日常开销	出差费用	活动开销	杂项	费用合计	报销金额	超支比率	费用合计排序
市场部	9231	8086	9965	3685	30967	30773.60	0.63%	2
销售部	9687	17320	6560	3050	36617	35293.60	3.75%	1
维修部	826	4576	2865	1167	9434	9434.00	0.00%	4
财务部	3563	3065	1684	873	9185	9185.00	0.00%	6
后勤部	5850	1572	1256	537	9215	9215.00	0.00%	5
客服部	3760	800	2650	1288	8498	8498.00	0.00%	7
招商部	3655	15987	3764	3065	26471	26471.00	0.00%	3
费用支出评估	偏高	偏高	正常	正常				

图 4-179　完成格式化后三个工作表

图 4-180　保存包含宏的工作簿

4. 创建年度工作表,设置表格中的月份文本超级链接到相应的月份工作表

(1) 创建工作表"年度统计表格",设置工作表标签颜色,并格式化该工作表。

(2) 选择该工作表中的月份文本,并在"插入超级链接"对话框中设置超级链接到当前工作簿中的具体月份工作表,设置完成后,若单击"年度统计表格"具体年度单元格中的月份文本就会超级链接并打开具体的月份工作表,如图 4-181 所示。

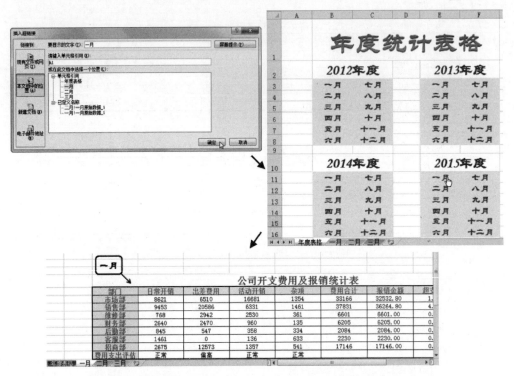

图 4-181　设置"年度统计表格"中月份文本超级链接到具体工作表

4.7.2　图表与图形对象的使用及数据管理

【实验目的】

掌握工作表的数据分析与数据管理的各种基本操作。学会熟练使用数据排序、筛选和分类汇总等功能快速查找和获取所需信息;使用链接复制数据,迷你图观察数据变化趋势;利用数据透视表及图表获得更为直观的显示和统计结果,并进行相关对比,找出数据间的联系。

【实验内容及步骤】

该实验以某书店英语类图书 10、11、12 月销售统计表和图书单价目录四个工作表为原始数据,创建一个第四季度销售情况的总览表,并对其进行各种数据分析和管理操作。首先利用月份表格和季度表格数据布局相同的特点,使用"合并计算"功能快速统计出第四季度图书销售数量,完善表格后计算出销售金额并美化该工作表;对季度总览工作表进行数据排序和筛选,并圈出满足条件的特定数据;对季度总览表进行分类汇总并使用迷你图;创建数据透视表及图表并对其进行编辑。

具体操作步骤如下。

1. 在工作簿文档中创建"第四季度"工作表,完成"销售数量"和"销售金额"的计算,并完善和美化该工作表

(1)打开工作簿文档"英语类图书销售统计表.xlsx",单击工作表标签位置的"+"按钮,创建一个新的工作表并将其命名为"第四季度",该工作表输入相应内容后如图 4-182 所示。

2018年第四季度销售情况总览表
图书名称
新概念英语实践与进步
张道真英语语法大全
2015专八考试真题集训
象形记忆法背单词
剑桥国际英语入门
每天听一点VOA
托福高分范文大全
牛津英汉高阶双解词典
朗文国际英语教程
商务交际英语
新编剑桥商务英语
超级英语阅读训练
书虫
新概念英语初阶
科林斯高阶英汉双解学习词典
2015年十天秒杀职称英语
说着英语去旅行
英语笔译实务
实战口译
求职面试英语口语红宝书

图书单价目录 | 201810 | 201811 | 201812 | **第四季度** | ⊕

图 4-182 创建完成后的"第四季度"工作表

(2)完善"第四季度"工作表并计算"销售数量"和"销售金额"。

① 选择"图书名称"单元格 D5,单击"数据"选项卡下的"合并计算"按钮。

② 在随后激活的"合并计算"对话框中设置"函数"为"求和",依次指定并添加三个月份工作表中的引用位置,同时勾选"标签位置"的两个复选框。需要注意的是必须保证引用区域和当前工作表中的数据布局一致,如图 4-183 所示。

③ 在"第四季度"工作表第一列前添加"图书代码"列,并在该列第一个单元格内输入"YYTS001",利用自动填充句柄完成该列内容的填充。

④ 在"图书名称"右侧添加"图书类别"和"图书单价"两列,分别利用函数 VLOOKUP 垂直查找"图书单价目录"工作表中数据并自动填充这两列的内容,需要注意的是此处的查找区域必须是绝对引用(即列前一定要手动加入 $ 符号),如图 4-184 所示。

⑤ 在工作表 H 列添加"销售金额"列,利用销售金额等于图书单价与销售数量相乘的关系,输入计算公式并向下自动填充,完成该列内容的计算,最终完善后的工作表如图 4-185 所示。

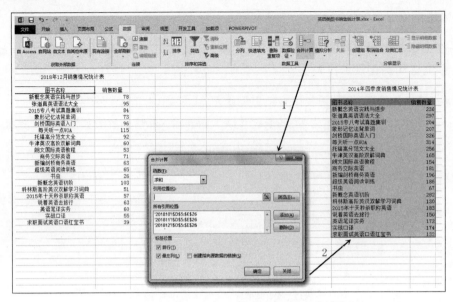

图 4-183　在"第四季度"工作表中使用"合并计算"

图 4-184　设置 VLOOKUP 函数填充"图书类别"列

	图书编码	图书名称	图书类别	图书单价	销售数量	销售金额
		2018年第四季度销售情况总览表				
	YYTS001	新概念英语实践与进步	综合教程	26.5	236	6254
	YYTS002	张道真英语语法大全	专项训练	40.8	297	12117.6
	YYTS003	2015专八考试真题集训	考试用书	21	204	4284
	YYTS004	象形记忆法背单词	专项训练	51	207	10557
	YYTS005	剑桥国际英语入门	综合教程	38	326	12388
	YYTS006	每天听一点VOA	专项训练	25.5	314	8007
	YYTS007	托福高分范文大全	专项训练	30.7	256	7859.2
	YYTS008	牛津英汉高阶双解词典	工具书	138	165	22770
	YYTS009	朗文国际英语教程	综合教程	57.6	154	8870.4
	YYTS010	商务交际英语	生活实用	35.8	181	6479.8
	YYTS011	新编剑桥商务英语	考试用书	35.2	196	6899.2
	YYTS012	超级英语阅读训练	专项训练	42.8	186	7960.8
	YYTS013	书虫	其他读物	54	67	3618
	YYTS014	新概念英语初阶	综合教程	20.8	282	5865.6
	YYTS015	科林斯高阶英汉双解学习词典	工具书	149	130	19370
	YYTS016	2015年十天秒杀职称英语	考试用书	25	183	4575
	YYTS017	说着英语去旅行	生活实用	20.8	150	3120

图 4-185　完善后的"第四季度"工作表

（3）美化完善后的"第四季度"工作表。

① 将表格标题横跨整个表格的六列单元格并进行"合并后居中"处理，设置字体为"隶书"、字号为"18"、根据个人喜好设置字体颜色和单元格填充颜色。

② 选中整个表格内容区域，单击"开始"选项卡中"套用表格格式"按钮，并在其中选择自己喜欢的格式后（可以先选择内容的样式，再行调整表头），观察效果。

③ 查找和书籍相关类别的剪贴画，插入并调整剪贴画的大小和方向，并将其放置在表头的合适位置作为修饰。当所有美化工作完成后，工作表如图 4-186 所示。

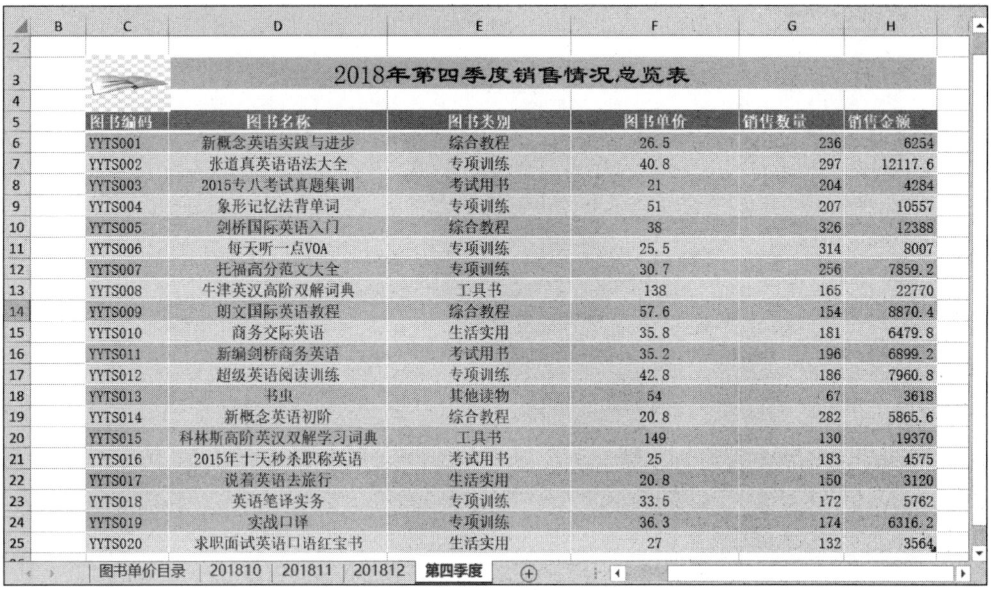

图 4-186　美化后的"第四季度"工作表

2. 对"第四季度"工作表进行数据排序、筛选，并对满足条件的数据进行圈示

（1）对工作表中数据进行多关键字排序，主关键字为"图书类别"，对其进行汉字拼音升序排列，次关键字为"销售数量"，对其进行降序排列。

① 选择工作表数据区域中的任意一个单元格，单击"数据"选项卡下的"排序"按钮。

② 在激活的"排序"对话框中设置主要关键字为"图书类别"，排序依据为"单元格值"，次序为"升序"，并单击"选项"按钮，在随后激活的"排序选项"对话框中对关键字进行方向和方法的具体设置，如图 4-187 所示。

③ 在"排序"对话框中单击"添加条件"按钮，添加次要关键字为"销售数量"，次序为"降序"，即工作表首先以"图书类别"进行汉字拼音升序排列，同类别的图书则以"销售数量"由多到少降序排列，如图 4-188 所示。

（2）使用"高级筛选"功能，筛选出工作表中所有符合图书名称起始字为"新"这个条件的数据，并将筛选结果另外放置在工作表中的指定位置。

① 在"排序"对话框中单击"删除条件"按钮，删除刚才设置的两个排序关键字，并重新设置主关键字为"图书代码"，次序为"升序"，使工作表数据恢复至排序前初始状态。

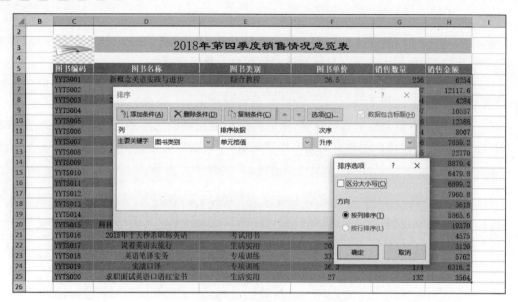

图 4-187　工作表数据排序的"主关键字"设置

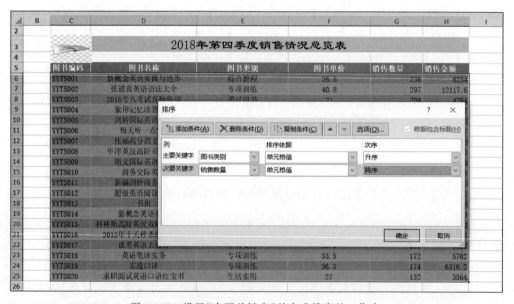

图 4-188　设置"次要关键字"并完成排序的工作表

②　进行高级筛选前需先建立条件区域,在工作表原始数据下方复制表格中的各个字段,并在"图书名称"字段下方单元格输入条件"新 * ",以通配符的形式表示筛选的条件是书名的首字为"新"。

③　单击"数据"选项卡下"排序和筛选"分组中的"高级"按钮,激活"高级筛选"对话框。

④　在"高级筛选"对话框中设置将筛选结果复制到其他位置,而不打乱工作表数据原有位置,同时设定列表区域为工作表原始数据区域,并指定刚才建立的条件区域以及筛选结果的放置区域,此处选择将筛选结果复制到条件区域的下方。完成高级筛选后,工作表如图 4-189 所示。

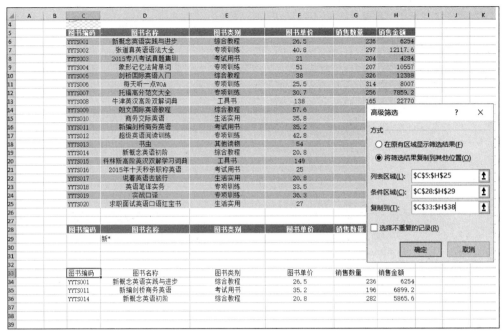

图 4-189 进行"高级筛选"及筛选后的工作表

（3）将"第四季度"工作表中，图书销售总数高于 260 本的数据以红色外框圈示出来。

① 选择工作表中"销售数量"所在列数据区域后，单击"开始"选项卡下的"条件格式"按钮，并在级联菜单中选择"突出显示单元格规则"下的"大于"命令。

② 如图 4-190 所示，在激活的"大于"对话框中，在"为大于以下值的单元格设置格式"下方输入"260"，设置单元格的显示格式为"红色边框"，完成设置并圈出数据的工作表如图 4-191 所示。

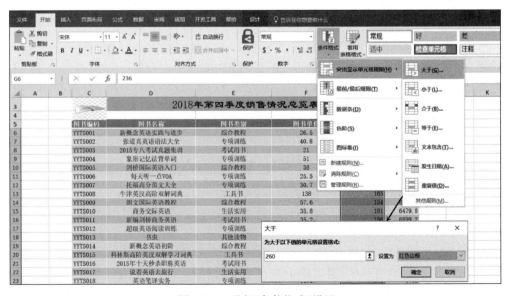

图 4-190 进行"条件格式"设置

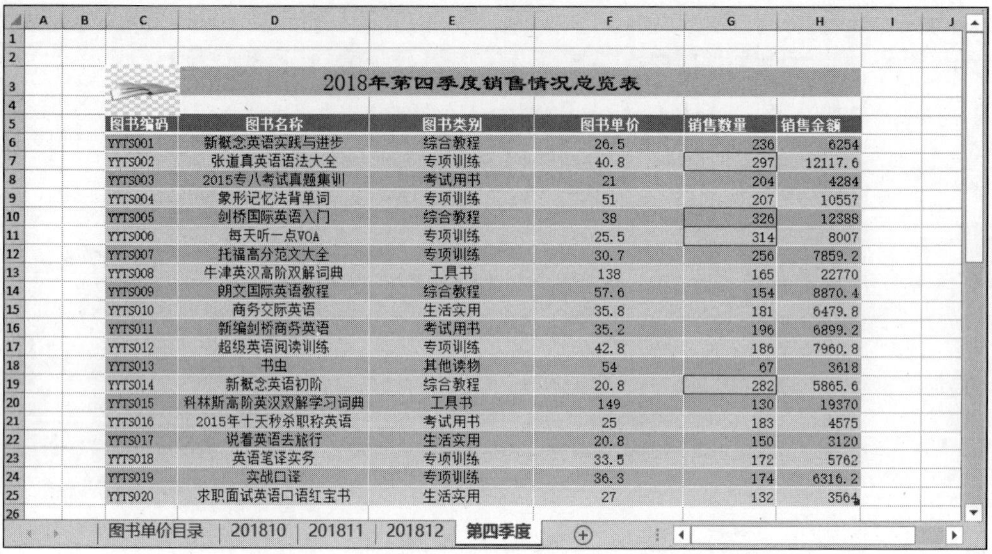

2018年第四季度销售情况总览表

图书编码	图书名称	图书类别	图书单价	销售数量	销售金额
YYTS001	新概念英语实践与进步	综合教程	26.5	236	6254
YYTS002	张道真英语语法大全	专项训练	40.8	297	12117.6
YYTS003	2015专八考试真题集训	考试用书	21	204	4284
YYTS004	象形记忆法背单词	专项训练	51	207	10557
YYTS005	剑桥国际英语入门	综合教程	38	326	12388
YYTS006	每天听一点VOA	专项训练	25.5	314	8007
YYTS007	托福高分范文大全	专项训练	30.7	256	7859.2
YYTS008	牛津英汉高阶双解词典	工具书	138	165	22770
YYTS009	朗文国际英语教程	综合教程	57.6	154	8870.4
YYTS010	商务交际英语	生活实用	35.8	181	6479.8
YYTS011	新编剑桥商务英语	考试用书	35.2	196	6899.2
YYTS012	超级英语阅读训练	专项训练	42.8	186	7960.8
YYTS013	书虫	其他读物	54	67	3618
YYTS014	新概念英语初阶	综合教程	20.8	282	5865.6
YYTS015	科林斯高阶英汉双解学习词典	工具书	149	130	19370
YYTS016	2015年十天秒杀职称英语	考试用书	25	183	4575
YYTS017	说着英语去旅行	生活实用	20.8	150	3120
YYTS018	英语笔译实务	专项训练	33.5	172	5762
YYTS019	实战口译	专项训练	36.3	174	6316.2
YYTS020	求职面试英语口语红宝书	生活实用	27	132	3564

图 4-191 对满足条件的单元格进行圈示后的工作表

3. 对“第四季度”工作表进行分类汇总并使用迷你图

(1) 首先需要删除条件格式设置并恢复工作表数据的原始状态。选择“销售数量”列的数据区域,单击“开始”选项卡下的“条件格式”按钮,并在级联菜单中选择“清除规则”下的“清除所选单元格的规则”命令即可。

(2) 对工作表按不同类别图书的季度销量金额总值进行汇总。

① 为使分类汇总的最终结果看起来明晰,需要先设定分类字段为关键字进行排序,此处将工作表按关键字“图书类别”的汉字拼音“升序”进行排列。

② 还需要将工作表的原始数据区域转换为普通数据区域,否则“分类汇总”命令无效。选择工作表中的原始数据区域后,单击“设计”选项卡下的“转换为区域”按钮,在激活的对话框中单击“是”按钮,如图 4-192 所示。

③ 选择工作表数据区域的任意一个单元格,单击“数据”选项卡下的“分类汇总”按钮,激活“分类汇总”对话框,设置分类字段为“图书类别”,汇总方式为“求和”,选定汇总项为“销售金额”,然后单击“确定”按钮,如图 4-193 所示。

④ 进行“分类汇总”后的工作表可以展开折叠按钮,显示或隐藏明细数据,也可单击行级符号来分级显示,如图 4-194 所示。

(3) 把以“图书类别”分类、“销售金额”求和汇总的结果数据复制到工作表中指定位置,并插入迷你图直观地查看各类图书的销售总额情况。

① 选择分类汇总数据中的“图书类别”和“销售金额”两列后复制,右击通过下拉菜单指定粘贴位置并设置粘贴方式为“链接”。

② 单击“插入”选项卡“迷你图”分组中的“柱形图”按钮。

③ 在激活的“创建迷你图”对话框中选择所需的数据为粘贴位置区域的“销售金额”下数据,选择放置迷你图的位置是该列数据下面的单元格,如图 4-195 所示。

图 4-192　将工作表数据区域转换为普通区域

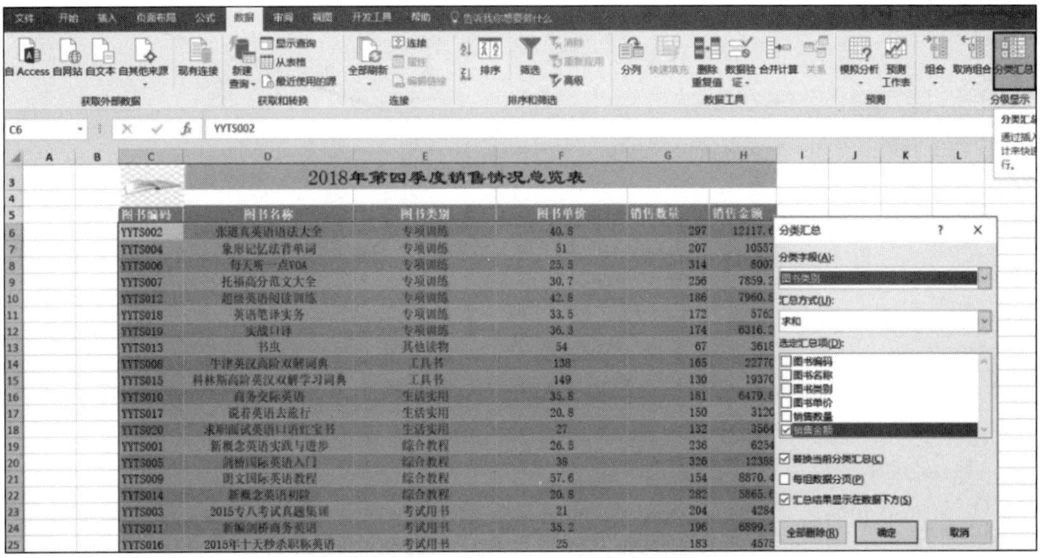

图 4-193　对工作表进行"分类汇总"设置

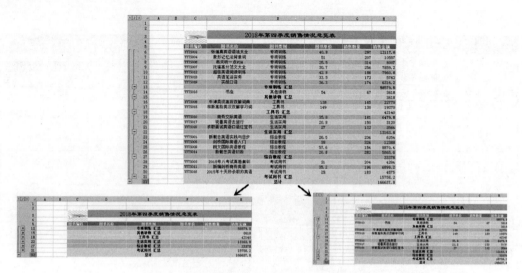

图 4-194　"分类汇总"后工作表的各种显示方式

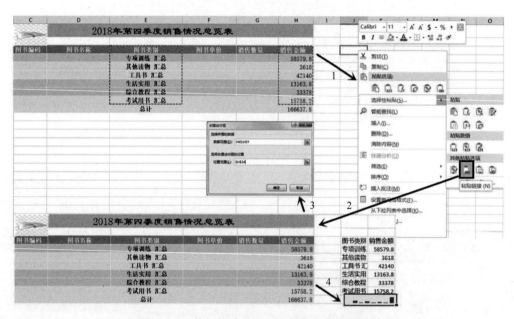

图 4-195　数据粘贴及插入迷你图并完成设置

4. 在"第四季度"工作表中创建数据透视表及图表并进行编辑

（1）创建和编辑数据透视表。

① 首先需要删除之前的分类汇总（通过菜单分级显示→取消组合→取消分级显示进行操作），并通过对"图书代码"升序排列以恢复工作表数据的原始状态。

② 选择工作表数据区域的任意一个单元格，单击"插入"选项卡的"数据透视表"下拉按钮，选择"数据透视表"命令，激活"创建数据透视表"对话框，选择要分析的数据下的"选择一个表或区域"，发现"表/区域"位置默认选择的是工作表的整个数据区域，"选择放置数据

透视表的位置"默认选择为"新工作表",单击"确定"按钮,保存默认选择,完成数据透视表的创建,如图 4-196 所示。

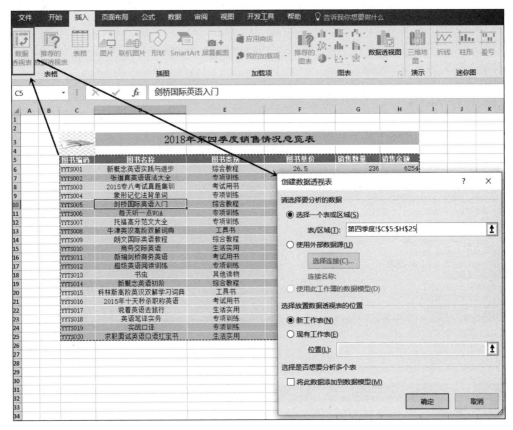

图 4-196 创建数据透视表

③ 在随后激活的数据透视表设计环境中,从"选择要添加到报表的字段"窗口中,将"图书类别"拖曳到"筛选"窗口,"图书名称"拖曳到"行"窗口,"销售金额"拖曳到"Σ值"窗口,如图 4-197 所示。

④ 选择"图书类别"右侧"全部"右侧下拉按钮,在激活窗口中选择显示类别仅为"生活实用"一类,如图 4-198 所示。

⑤ 添加"销售数量"字段到"Σ值"窗口,并在窗口中拖曳"销售数量"字段到"销售金额"字段上面,如图 4-199 所示。

(2) 创建和编辑数据透视图表。

① 将如图 4-197 所示的数据透视表中的"图书类别"字段拖曳到"行"窗口中,并调整到"图书名称"字段之上。

② 单击数据透视表"行标签"位置右侧的下拉按钮,在弹出的列表框中选择"图书类别"字段中的"工具书"和"专项训练",如图 4-200 所示。

③ 选中工作表中的任意单元格,单击"插入"选项卡"图表"分组中的"数据透视图"按钮,在随后激活的"插入图表"对话框中选择图表类型及其子类,然后单击"确定"按钮,如图 4-201 所示。

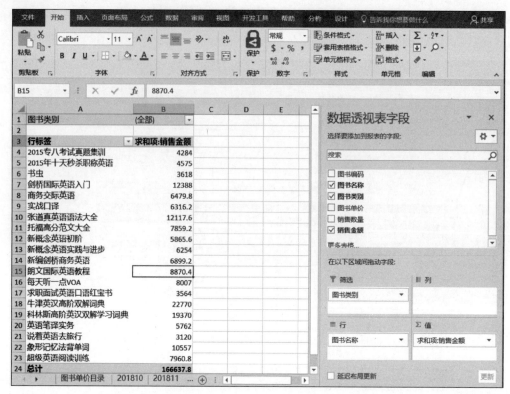

图 4-197　设置数据透视表为显示所有图书的季度销售总额

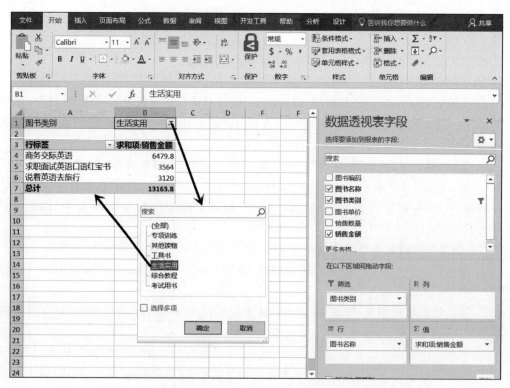

图 4-198　设置数据透视表为仅显示"生活实用"类图书季度销售总额

图 4-199 添加"销售数量"字段后的数据透视表

图 4-200 设置数据透视表中"图书类别"的显示字段

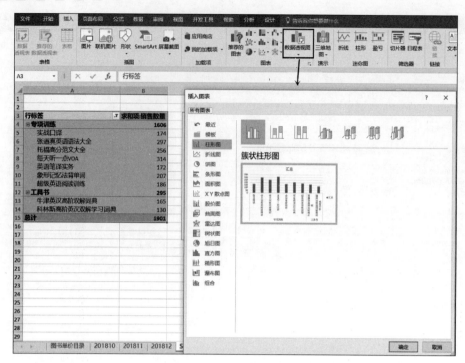

图 4-201　插入"数据透视图"并选择图表类型

④ 插入数据透视图表后,还允许用户方便地进行图表编辑操作。图表编辑的技巧是: 选中图表中的任意部分对象双击或通过右键快捷菜单激活相应的设置对话框,然后在其中进行各种参数的细化设置,如图 4-202 所示插入后的初始图表与编辑后的图表对比。

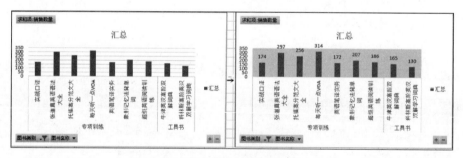

图 4-202　"数据透视图表"编辑前后对比

4.8　习题

一、单项选择题

1. 在 Excel 2016 单元格内输入计算公式时,应在表达式前面添加的前缀字符是(　　)。
   A. 左圆括号"("　　　B. 等号"＝"　　　　C. 美元号"＄"　　　D. 逗号","
2. 在 Excel 2016 中,当用户希望横跨多个单元格的标题位于表格中央时,可以使用对齐方式中的（　　）。

  A. 居中   B. 合并及居中   C. 分散对齐   D. 居中对齐

3. 首次进入 Excel 2016 打开的第一个工作簿的名称默认为（　　）。

  A. Book1   B. Sheet1   C. 文档 1   D. 工作簿 1

4. 在 Excel 2016 中，单元格中输入"＝MAX(B2:B8)"，其含义是（　　）。

  A. 比较 B2 和 B8 两个单元格的大小 B. 求 B2～B8 区间单元格的平均值

  C. 求 B2～B8 区间单元格的最大值 D. 求 B2 和 B8 两个单元格的和

5. 在 Excel 2016 中，为使分类汇总结果明晰一般可以先（　　）。

  A. 按汇总字段排序   B. 按任意字段排序

  C. 按一定条件进行筛选   D. 计算分类汇总数据

6. 在 Excel 2016 中，如果在单元格输入"2018-8-19"，Excel 2016 会将其识别为（　　）数据。

  A. 数值   B. 日期时间   C. 文本   D. 公式

7. 在 Excel 2016 中，如果在单元格输入"＝31"，Excel 2016 会将其识别为（　　）数据。

  A. 数值   B. 日期时间   C. 文本   D. 公式

8. 在 Excel 2016 中，如果在单元格输入"'＝31＋32"，Excel 2016 会将其识别为（　　）数据。

  A. 数值   B. 日期时间   C. 文本   D. 公式

9. 在 Excel 2016 中使用公式，如果公式中有多个运算符，则运算符优先级由高到低是（　　）。

  A. 括号、％、?、乘除、加减、&、比较符 B. 括号、％、?、乘除、加减、比较符、&

  C. 括号、?、％、乘除、加减、比较符、& D. 括号、?、％、乘除、加减、&、比较符

10. 在 Excel 2016 中，单元格加入批注后，单元格的（　　）出现红点，当鼠标指向该单元格时，批注信息会自动显示。

  A. 左上角   B. 右上角   C. 左下角   D. 右下角

11. 在 Excel 2016 中，如果在 A1、B1、C1 三个单元格分别输入数字后，再选择 D1 单元格，然后单击公式选项卡下的∑，则单元格 D1 显示（　　）。

  A. ＝SUM(A1:C1)   B. ＝TOTAL(A1:C1)

  C. ＝AVERAGE(A1:C1)   D. ＝COUNT(A1:C1)

12. 在 Excel 2016 中使用自动筛选功能，各列的筛选条件之间是（　　）关系。

  A. 或   B. 非   C. 与   D. 没关系

13. 在 Excel 2016 中，单元格区域 A3:D6 包含（　　）个单元格。

  A. 9   B. 16   C. 28   D. 24

14. 在 Excel 2016 中，如果只想显示满足条件的记录，则应使用（　　）。

  A. 记录单命令 B. 条件格式   C. 排序   D. 筛选

15. 在 Excel 2016 中，如果想输入一串字符串"01234"，并且使其显示为"01234"，则应该（　　）。

  A. 先输入一个单引号"'"，然后输入"01234"

  B. 直接输入"01234"

  C. 输入一个双引号"""，然后再输入一个单引号"'"和"01234"，再输入一个双引号"""

    D. 先输入一个双引号"""，然后再输入"01234"

16. 在 Excel 2016 数据表中，按某一字段内容进行归类，并对每一类做出统计的操作是(　　)。

    A. 分类排序　　　　　B. 分类汇总　　　　　C. 筛选　　　　　D. 记录单处理

17. 在 Excel 中，当公式中出现被零除的现象时，产生的错误值是(　　)。

    A. ♯DIV/0!　　　　　B. ♯N/A!　　　　　C. ♯NUM!　　　　　D. ♯VALUE!

18. 在 Excel 2016 中，当某一单元格中出现错误值"♯♯♯♯♯"时，可能原因是(　　)。

    A. 公式被零除

    B. 公式中使用了 Excel 不能识别的文本

    C. 单元格所含的数字、日期或时间比单元格宽

    D. 使用了错误的参数或者对象类型

19. 在 Excel 2016 中进行数据分析处理，说法不正确的是(　　)。

    A. 当查询数据较多，或者把查询的结果汇总成表时，需要使用筛选功能

    B. 数据透视表可以用做快速汇总大量数据的交互式表格

    C. 对数据进行分析时，常常需要将相同类型的数据统计出来，这就是数据的分类与汇总

    D. 在对数据进行分类汇总之前，无须对汇总关键字进行排序

20. 在 Excel 2016 中排序，说法不正确的是(　　)。

    A. 逻辑值升序时先 FALSE 后 TRUE

    B. 汉字按照汉语拼音的顺序或按笔画顺序进行

    C. Excel 2016 排序时支持按字体颜色排序，但不支持按单元格颜色排序

    D. 空格总是排在最后

二、多项选择题

1. 在 Excel 2016 中，不同类型的数据默认对齐方式正确的是(　　)。

    A. 文本左对齐　　　B. 数值右对齐　　　C. 日期居中对齐　　　D. 货币右对齐

2. 在 Excel 2016 中，可以实现的操作是(　　)。

    A. 单独调整一个单元格的高度　　　　　B. 单独插入一个单元格

    C. 合并多个单元格后居中　　　　　　　D. 拆分合并后的单元格

3. 在 Excel 2016 中，可以插入的图表类型有(　　)。

    A. 气泡图　　　　　B. 散点图　　　　　C. 曲面图　　　　　D. 雷达图

4. 在 Excel 2016 的编辑栏中可以显示的是(　　)。

    A. 当前激活单元格的内容　　　　　　　B. 当前激活单元格的计算结果

    C. 当前激活单元格的名称　　　　　　　D. 当前激活单元格内的公式

5. 在 Excel 2016 中，可以做到的数据排序是(　　)。

    A. 直接按员工的"姓名"字段进行汉字笔画升序排列

    B. 直接按员工的"基本工资"字段进行数值降序排列

    C. 直接按员工所在"部门"字段进行汉字拼音降序排列

    D. 直接按员工的"身份证号码"字段进行年龄升序排列

三、判断题

1. Excel 2016 的一个工作簿文件包含的工作表个数最少是 3 个。( )

2. 在 Excel 2016 工作簿文件中一次可将多个工作表同时隐藏或取消隐藏。( )

3. 在 Excel 2016 中可将包含宏的工作簿保存为 ＊.xlsm 类型。( )

4. Excel 2016 中将输入单元格的数据设置成"文本",其对齐方式仍然是右对齐。( )

5. Excel 2016 中对单元格的引用包含:相对引用、绝对引用和交叉引用。( )

6. Excel 2016 中对工作表中的数据进行高级筛选时,相同字段的多个条件之间是"或"的关系,不同字段的多个条件之间是"与"的关系。( )

7. Excel 2016 中删除单元格是指将单元格中的内容清除。( )

8. 当 Excel 2016 中某个值不允许被用于函数或公式但却被其引用时,会显示的错误信息是"＃NUM!";当公式或函数包含无效数值时,会显示的错误信息是"＃N/A"。( )

9. Excel 2016 中选中已填入内容的上下两个单元格后,利用自动填充句柄进行填充的默认方式为按等比序列进行填充。( )

10. Excel 2016 中默认提供的函数类别有:文本函数、统计函数、逻辑函数、查找和引用函数、日期和时间函数、数据和三角函数等 13 大类。( )

第5章 演示文稿软件PowerPoint 2016

PowerPoint 2016 是美国微软公司开发的办公自动化软件 Office 的组件之一,也常常称为演示文稿制作软件或幻灯片制作软件。使用 PowerPoint 可以方便、灵活地创建包含文字、图形、图像、动画、声音、视频等多种媒体组成的演示文稿,并通过计算机屏幕或投影仪等设备进行演示,使信息的表达过程变得丰富多彩、生动活泼;也可以将演示文稿打印出来,制作成胶片,以便应用到更广泛的领域中。PowerPoint 的外观及操作方法与 Word、Excel 有许多相似之处,Word、Excel 中的文字、表格和图片、图表可以非常轻松地复制、粘贴到 PowerPoint 当中。本章以 PowerPoint 2016 为基础,着重介绍演示文稿的设计、制作和使用方法。

5.1 演示文稿的基本操作

PowerPoint 2016 幻灯片页面中可以包含的多种对象包括:文字、表格、图片、图形、动画、声音、影片、Flash 动画和动作按钮等,这些对象是组成幻灯片内容或情节的基础。PowerPoint 2016 中的每个对象均可以任意进行选择、组合、添加、删除、复制、移动、设置动画效果等编辑操作,还可以进行动作设置。此外,PowerPoint 还提供了多种不同的放映方式,用户可根据实际需要选择令人满意的幻灯片放映方式。

通常把 PowerPoint 称为演示文稿,PowerPoint 2016 演示文稿文件的扩展名为.pptx。每个演示文稿文件可包含多张幻灯片,每张幻灯片可包含不同类型的信息。PowerPoint 2016 提供了丰富的应用主题、模板和动画设计等功能,可以辅助用户非常方便地制作出图文并茂、生动活泼的演示文稿。

在使用 PowerPoint 2016 之前,首先了解一下演示文稿中常用的一些术语。了解这些术语,对于初学者来说,可以更好地学习、理解和掌握演示文稿的设计方法和技巧。

1. 演示文稿

一个演示文稿就是一个文档,PowerPoint 2016 默认扩展名为.pptx。演示文稿早期版本(2007 之前版本)的扩展名为.ppt。一个演示文稿由若干张"幻灯片"组成。制作一个演示文稿的过程就是依次制作演示文稿中一张张幻灯片的过程。多数情况下这些幻灯片依次按先后顺序播放,偶尔也可以在动作按钮控制下进行跳跃式播放。

2．幻灯片

演示文稿中相对独立的页面，每张幻灯片就是一个单独的屏幕编辑页。制作一张幻灯片的过程就是在幻灯片中添加和排列一个个对象的过程。

3．对象

对象可以在幻灯片中使用的各种元素。例如文字、图形、图片、表格、图表、声音和影像等。

4．版式

版式是各种不同占位符在幻灯片中的"布局"。

5．占位符

占位符带有虚线或影线标记边框的区域，这些区域可以容纳标题、正文、图表、表格和图片等内容。

6．模板

模板指一个演示文稿整体上的外观设计方案，包含了每一张幻灯片预定义的文字格式、颜色以及幻灯片背景图案等。

7．幻灯片母版

幻灯片母版是指幻灯片的外观设计方案，它存储了有关幻灯片的主题和幻灯片版式的所有信息，包括背景、颜色、字体、效果、占位符大小和位置，也包括为幻灯片特定添加的对象。

5.1.1 PowerPoint 2016 启动与退出

1．PowerPoint 2016 的启动

在 Windows 中启动 PowerPoint 2016 的方法有多种，我们介绍几种常用的启动方法：

（1）利用"开始"菜单启动。选择任务栏"开始"|"所有程序"|"Microsoft Office 文件夹"|Microsoft PowerPoint 2016 命令。

（2）利用桌面上 Microsoft PowerPoint 2016 的快捷方式图标启动。双击该快捷方式图标，直接启动 Microsoft PowerPoint 2016。

（3）利用文档启动。双击 PowerPoint 文档来启动演示文稿。可以在"我的文档""资源管理器"或"我的电脑"等处搜索到一个 PowerPoint 文档，双击这个文档，启动 PowerPoint，也同时打开了该文档。

2．PowerPoint 2016 的退出

每次使用 PowerPoint 2016 后，应当先保存演示文稿，然后退出 PowerPoint 2016。下面是常用退出 PowerPoint 2016 的几种方式。

（1）从"文件"按钮退出。单击"文件"按钮,选择"关闭"命令,退出 PowerPoint。

（2）从"关闭"按钮退出。单击 PowerPoint 2016 窗口标题栏中最右边的"关闭"按钮退出。

5.1.2 PowerPoint 2016 的工作界面

PowerPoint 2016 的工作界面主要由"文件"按钮、标题栏、功能区、快速访问工具栏、预览窗格、幻灯片编辑区、备注编辑区和状态栏等部分组成,如图 5-1 所示。

图 5-1   PowerPoint 2016 窗口组成

1."文件"按钮

"文件"按钮位于标题栏左下方,单击"文件"按钮(选项卡),在打开的下拉菜单中可以对文档进行新建、打开、保存、另存为、打印、关闭等操作。

2.标题栏

标题栏位于工作界面的顶端,其中自左至右显示的是 PowerPoint 2016 控制菜单按钮、快速访问工具栏、当前正在编辑的文档名称(如"演示文稿 1")、应用程序名称 Microsoft PowerPoint、最小化按钮、最大化/还原按钮和关闭按钮。

3．功能区

功能区由选项卡和操作命令组两部分组成，单击某个选项卡可以打开相应的操作命令组。例如，"开始"选项卡中主要包括了剪贴板、幻灯片、字体、段落、绘图、编辑等命令组。有的命令组的右下角有箭头按钮，单击该箭头按钮可以打开相应的对话框。

4．快速访问工具栏

快速访问工具栏位于标题栏左侧，包括保存按钮、撤销按钮、重复按钮以及自定义快速访问工具栏扩展按钮，可以通过自定义选项将常用功能加入到快速访问工具栏中。

5．选项卡

通常情况下，在"文件"按钮右侧排列 8 个选项卡，分别是开始、插入、设计、切换、动画、幻灯片放映、审阅和视图。例如"开始"选项卡的布局如图 5-2 所示。

图 5-2　"开始"选项卡

6．预览窗格

预览窗格在"普通视图"下显示的是幻灯片的缩略图，单击某个缩略图可在幻灯片编辑区查看和编辑该幻灯片；在"大纲视图"下显示的为幻灯片中的文字信息，基于此可以对幻灯片的标题文本进行快速编辑。

7．状态栏

状态栏位于窗口的底端，主要用于提供系统的状态信息，其内容随着操作的不同而有所变化。状态栏的左边显示了当前幻灯片的序号以及总幻灯片数，右边显示了视图按钮和显示比例按钮。

8．备注编辑区

备注编辑区位于幻灯片编辑窗格下方，可供演讲者编辑和查阅该幻灯片的相关信息，以及对幻灯片添加注释和说明。

9．幻灯片编辑区

幻灯片编辑区是 PowerPoint 2016 的主要工作区域，对文本、图像、多媒体对象等进行的绝大多数操作都在该区域完成，操作结果都将显示在该区域。

10．"视图"按钮

该区域包括 4 个视图按钮，分别是普通视图、幻灯片浏览、阅读视图和幻灯片放映。通过单击"视图"按钮,可快速切换视图模式。

11．显示比例调节区

显示比例调节区包括三部分,即"显示比例"按钮、"显示比例调节器"和"使幻灯片适应当前窗口"按钮。利用"显示比例"按钮可快速设置幻灯片的显示比例;通过拖动"显示比例调节器"中的滑块,可以直观地改变文档编辑区的大小;"使幻灯片适应当前窗口"按钮可使幻灯片以合适比例显示在主编辑窗口中。

12．智能搜索框

与 Word、Excel 相同,PowerPoint 2016 也提供了智能搜索框。在 PowerPoint 2016 功能区上有一个搜索框"告诉我您想要做什么",在此处可以快速获得你想要使用的功能和想要执行的操作,还可以获取相关的帮助,这个新增功能使其更人性化和智能化了。例如在智能搜索框中输入"帮助",将会获得有关帮助的信息,如图 5-3 所示。

图 5-3　"帮助"的相关信息

13．菜单选项卡

在 PowerPoint 2016 窗口中,菜单栏的形式发生了变化,用选项卡取代了下拉式菜单形式。如果需要增加或减少选项卡,可以用鼠标对准任意一个选项卡名称,单击鼠标右键打开快捷菜单,如图 5-4 所示。选择"自定义功能区"命令,打开"PowerPoint 选项"对话框,如图 5-5 所示,在"自定义功能区"选项中选择"主选项卡"类别,在该类别中勾选对应的选项卡。同时还可以新建选项卡,对选项卡进行更名等。

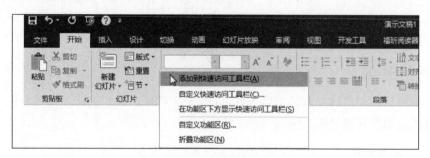

图 5-4　"选项卡"快捷菜单

如果需要对功能区中的命令进行增减,可以打开选项卡的下一级目录,对命令进行添加或删除操作。例如,增减"开始"选项卡功能区中"幻灯片"命令组中的命令,可以先展开"开始"目录,然后展开下一级"幻灯片"目录,即可进行添加或删除操作,如图 5-6 所示。

图 5-5 "PowerPoint 选项"对话框

图 5-6 添加或删除功能区中的命令

5.2 制作个人求职简历

本节制作的"个人求职简历"需要掌握 PowerPoint 2016 的创建、保存、设置幻灯片背景、幻灯片文本的输入及编辑、插入艺术字、图片和图形以及复制、移动和删除幻灯片等基本操作。

5.2.1　创建、保存及打开演示文稿

启动 PowerPoint 2016 后，可以利用多种方法创建新的演示文稿，下面将介绍 PowerPoint 2016 常用的几种创建新演示文稿的方法。

1. 使用"空白演示文稿"创建演示文稿

在 PowerPoint 2016 已经启动的情况下，选择"文件"|"新建"命令，在"空白演示文稿"组中选择，如图 5-7 所示，然后单击，则新建一个空白的演示文稿。用这种方法创建的新演示文稿，需要创建者后续添加演示文稿内容和设置格式。

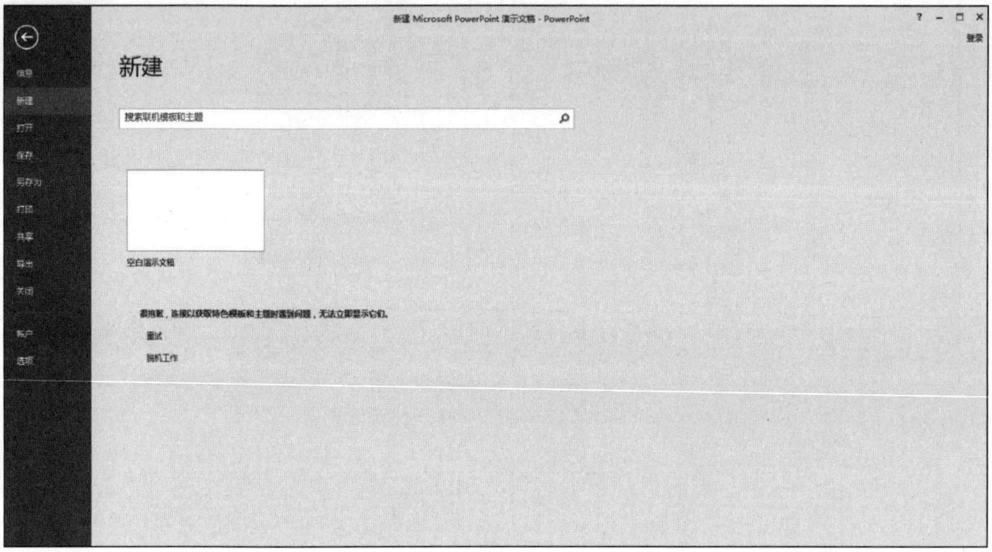

图 5-7　创建"空白演示文稿"

2. 使用"根据现有内容新建"创建演示文稿

"根据现有内容新建"创建演示文稿，就是直接打开原本已经存在的演示文稿，在进行内容和格式的修改后保存为一个新的文档。这种方法可以称为"打开即新建"，即在打开原有演示文稿的同时新建了一个新的演示文稿。

3. 利用"搜索联机模板和主题"创建演示文稿

随着互联网应用的普及，使用网络资源创建演示文稿也成为用户的新选择，只要能联网，用户就可以在线获得大量设计精美、主题多样的免费演示文稿模板来创建自己的演示文稿。

在图 5-7 所示的"新建"窗格中的"搜索联机模板和主题"栏目内，已按内容主题分类列出了一些网站上的模板项目，选择其中一项或直接在"搜索联机模板和主题"搜索框中输入关键字，系统都将在 office.com 网站上搜索，并将结果在窗格中以文件夹或文件图标列表方式列出。

例如，在搜索框中输入"动画"搜索关键词，单击"搜索"按钮，系统在 office.com 网站上

搜索后,将符合要求的模板下载到本机,并显示在如图 5-8 所示的窗格中。在此之后,自动联网下载模板,利用该模板可以轻松创建新的演示文稿。

图 5-8　使用"搜索联机模板和主题"创建演示文稿

已经创建的演示文稿可以重新打开,打开 PowerPoint 2016 演示文稿的方法有多种,下面介绍几种常用方法。

1) 利用"文件"按钮打开演示文稿

选择"文件"|"打开"命令,在如图 5-9 所示的窗口中,根据需要可以打开最近使用过的文稿、本台计算机上的演示文稿及 OneDrive 中的演示文稿,然后选中要打开的演示文稿文档,单击"打开"按钮即可。

图 5-9　打开演示文稿窗口

2）利用键盘组合键打开演示文稿

在 PowerPoint 2016 已经启动的情况下，选中演示文稿窗口，直接按下 Ctrl＋O 快捷键，可以打开 PowerPoint 的"打开"对话框，然后选择需要打开的演示文稿。

3）直接打开演示文稿

直接打开演示文稿是最常用的方法。在计算机磁盘中找到要打开的演示文稿，双击该文档，将直接打开演示文稿。

对于已经保存过的演示文稿，如果进行了新的修改，应该重新保存，这只需要选择"文件"|"保存"命令，或者单击快速访问工具栏上的"保存"按钮图标。下面再介绍几种常用的保存演示文稿的方法。

（1）对新建演示文稿的保存。

如果一个演示文稿是新建的，并且尚未保存过，在初次保存时，将弹出一个"另存为"对话框，初次保存演示文稿时要确定文档的存储位置，还要在"文件名"文本框中输入文件名，必要时还需要选择"保存类型"，以确定文件存储格式，最后单击"保存"按钮，完成保存操作。

（2）对已经保存过的演示文稿的另存为。

对于已经保存过的演示文稿，在编辑之后可以更名和换位置存放，可选择"文件"|"另存为"命令，在弹出的"另存为"对话框中对文件进行保存操作。需要注意的是，如果换名保存现有文档后，则将新生成一个该名字的文档，而原来打开的文档将被关闭，且对其内容不做任何修改。

（3）演示文稿的自动保存

PowerPoint 2016 还提供了一种文档自动保存的方法，PowerPoint 定时对文档进行自动保存，这样可以进一步避免数据信息的丢失。可以从以下两种方法来进行。

① 选择"文件"|"选项"命令。打开"PowerPoint 选项"对话框，单击"保存"选项卡，在"保存演示文稿"栏中选中"保存自动恢复信息时间间隔"复选框，然后在后面的文本框中输入保存时间，单击"确定"按钮。自动保存时间间隔不宜过长或过短，一般 5～10min 为宜。

② 选择"文件"|"另存为"命令，在打开的"另存为"对话框中，单击"工具"|"保存"选项，打开"PowerPoint 选项"对话框，剩下的设置与方法 1 类似。

PowerPoint 2016 演示文稿文档存储的默认格式是. pptx。此外，还可以保存为其他格式。在保存文件的过程中，文件名命名时最多可以包含 255 个字符，不过最好以简洁的名字保存。文件名不可以包含"/""＜""＞"等特殊字符。在存储演示文稿时，不但要注意保存类型的选择，同时还要注意 PowerPoint 版本之间的差别。将 PowerPoint 文档保存为其他版本文档时，遵循较高版本 PowerPoint 软件向下兼容较低版本的原则。也即高版本软件可以打开低版本文档，而低版本系统无法打开高版本文档。

当演示文稿文档编辑结束时，需要将其关闭。关闭 PowerPoint 2016 的方法与关闭程序窗口的方法基本相同。例如：可以单击"关闭"按钮；可以单击"控制菜单"，在下拉列表中选择"关闭"命令；可以双击"控制菜单"直接关闭；也可以使用 Alt＋F4 组合键关闭。另外 PowerPoint 2016 还可以通过单击"文件"按钮,在菜单中选择"关闭"命令,关闭当前的演示文稿。需要注意的是,使用该命令只关闭当前文档,并不退出 PowerPoint 2016。

5.2.2 设置幻灯片主题颜色和字体格式

在为演示文稿选择了主题后,可能对该主题中的配色方案或者字体样式并不满意,需要重新设计。PowerPoint 2016 为每种设计主题提供了几十种内置的主题颜色,用户可以根据需要选择不同的颜色来设计演示文稿。这些颜色是预先设置好的协调色,自动应用于幻灯片的背景、文本线条、阴影、标题文本、填充、强调和超链接。

例如设置幻灯片主题颜色,可以先打开"设计"选项卡,然后在"变体"组中单击"其他"按钮,打开下拉菜单,此时可以选择内置主题颜色,具体如图 5-10 所示。

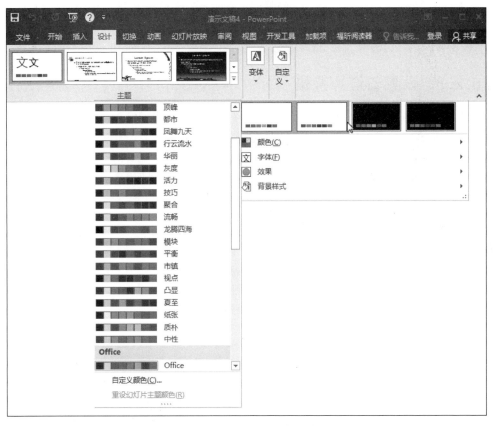

图 5-10 内置主题颜色列表

在 PowerPoint 2016 中,除了自定义配色方案外也可以单独设置字体主题。字体主题的设置方法与颜色主题的设置方法类似。在如图 5-10 所示的窗口中,单击"字体"弹出如图 5-11 所示的界面,然后选择已有字体主题;也可以选择"自定义字体"命令,打开"新建主题字体"对话框,如图 5-12 所示,按需自定义字体主题。效果主题的方法设置与之类似,在此不再赘述。

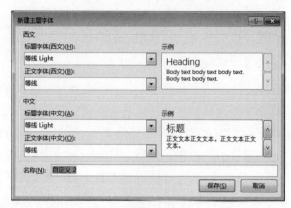

图 5-11　内置主题字体列表　　　　　　　图 5-12　"新建主题字体"对话框

5.2.3　设置幻灯片背景

可以为每张幻灯片单独设置背景,也可以为选中的若干张幻灯片设置相同的背景,还可以为整个演示文稿设置相同的背景。背景可以是单一颜色、渐变颜色、纹理、图案或图片。设置幻灯片背景的方法是选中需要调整背景颜色的幻灯片,打开"设计"选项卡,在"自定义"组中单击"设置背景格式"命令,将打开一个对话框,如图 5-13 所示。例如,选图案填充如图 5-14 所示,除此以外也可以选择其他方案填充背景。设置背景幻灯片后,可以选择应用到某一特定幻灯片,也可以选择应用到所有幻灯片。

图 5-13　"设置背景格式"对话框　　　　　　图 5-14　"图案填充"列表

5.2.4　幻灯片文本的输入、编辑及格式化

PowerPoint 2016 提供了普通视图、大纲视图、幻灯片浏览视图、备注页视图和阅读视图 5 种视图模式。我们主要在普通视图模式下进行幻灯片文本的输入和编辑，下面在介绍文本的输入和编辑前，先详细介绍几种视图模式。

1. 普通视图

普通视图模式为默认的视图模式，该视图模式主要用于设计幻灯片的总体结构和进行单张幻灯片的编辑，如图 5-15 所示。左侧窗格为预览窗格，显示幻灯片的缩略图，方便查看整体效果，可以在此窗格进行新建、复制、删除及移动顺序等操作，右侧窗格为幻灯片的编辑区，对单张幻灯片进行编辑。

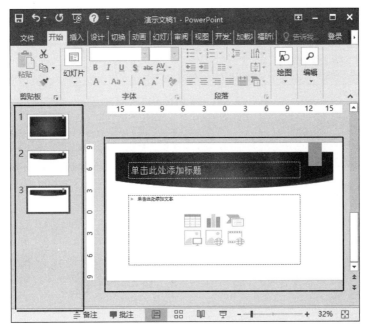

图 5-15　普通视图模式

2. 大纲视图

大纲视图模式左侧以大纲形式显示幻灯片中的标题文本，我们可以直接在左侧窗格查看、编辑幻灯片中的文字内容，并且在左侧窗格中输入或编辑文字时，右侧窗格能看到相应变化；右侧窗格与普通视图大致相同，但会自动显示备注，如图 5-16 所示。

3. 幻灯片浏览视图

幻灯片浏览视图能够看到整个演示文稿的外观，以多张幻灯片的缩略图形式显示。使用幻灯片浏览视图模式可以快速调整幻灯片的顺序、添加或删除幻灯片、复制幻灯片，设置放映效果等，但不能对幻灯片进行内容编辑，如图 5-17 所示。

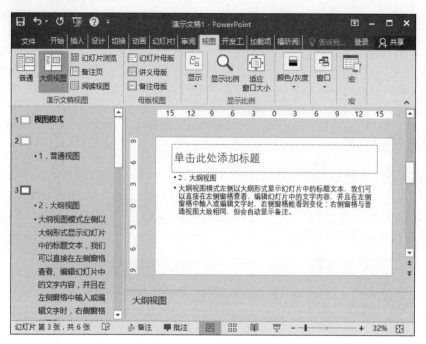

图 5-16　大纲视图模式

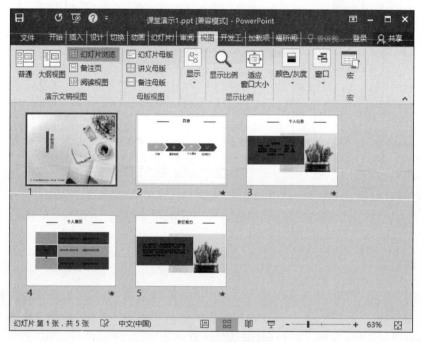

图 5-17　幻灯片浏览视图模式

4. 备注页视图

在备注页视图模式下，用户可以方便地添加和更改备注信息。例如，在备注页中填写"制作一幅动态图片"的步骤和说明，如图 5-18 所示。

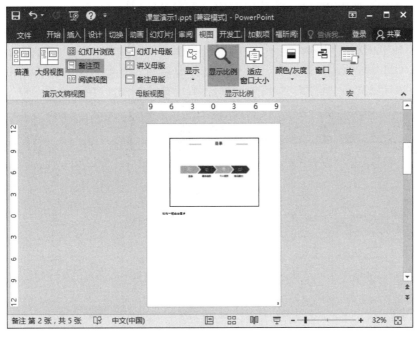

图 5-18　备注页视图模式

5．阅读视图

如果只希望在一个简单的审阅窗口中查看演示文稿,而不想使用全屏幻灯片放映视图,则可以选择阅读视图。阅读视图模式如图 5-19 所示。

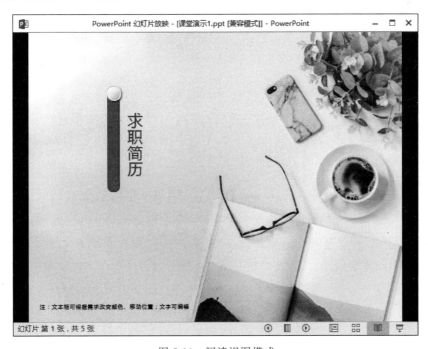

图 5-19　阅读视图模式

在 PowerPoint 2016 中,不能在幻灯片中直接输入文本,只能在文本占位符或文本框中输入、添加和编辑文本。

1) 在占位符中输入和编辑文本

大多数幻灯片的版式中都提供了文本占位符,这种占位符中预设了文字的属性和样式,供使用者添加标题文字、项目文字等。"幻灯片版式"样式如图 5-20 所示。

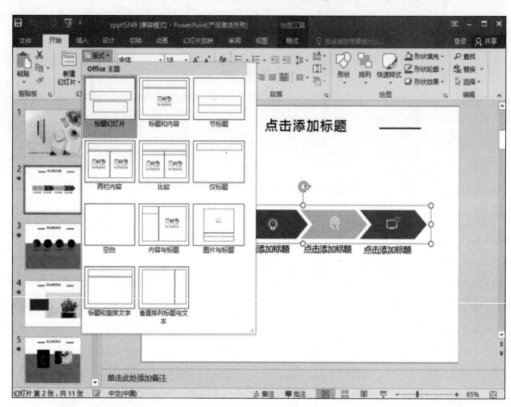

图 5-20 "幻灯片版式"样式

在幻灯片中,占位符边框通常以虚线形式显示,单击占位符边框,可选中该占位符,对该占位符进行移动、缩放、添加底纹等操作;单击占位符内部,进入文本编辑状态,可以直接输入和编辑文本。如果在占位符中输入文字太多,PowerPoint 2016 会自动调整字号大小。也可以用鼠标拖动边框线,改变占位符边框尺寸。

2) 在文本框中输入和编辑文本

除了在占位符中输入文本之外,有时使用者希望在幻灯片的任意位置插入文字,这时可以利用文本框来解决。选择"插入"|"文本"|"文本框"命令,在打开的列表中选择"横排文本框"或"垂直文本框",将鼠标移动到幻灯片中,当鼠标指针变为十字形状时,按下鼠标左键并斜向拖动鼠标,即可绘制出一个文本框。这时光标已经在文本框中,可以直接输入文本。

输入文本之后应该对其进行反复检查,如果发现问题,要对文本重新进行修改和编辑。一般的编辑方法包括文本的选择、复制、剪切、移动、删除和撤销删除等操作,这些操作方法与 Word 中介绍的方法相同,这里不再重复介绍。

　　为了使演示文稿更加美观、清晰,通常需要对文本属性进行设置。文本的基本属性设置包括字体、字形、字号及字体颜色等设置。在 PowerPoint 2016 中,当幻灯片应用了版式后,幻灯片中的文字也具有了预先定义的属性。但在很多情况下,使用者仍然需要按照自己的需求对它们重新进行设置。下面从文本基本属性设置、段落格式设置、项目符号和编号三方面介绍幻灯片文本的格式化。

　　(1) 文本基本属性设置。

　　常用的文本属性设置方法有以下三种。

　　① 使用"字体"命令组来设置文字格式。

　　在"开始"选项卡的"字体"命令组中包含了对文字格式的基本设置内容。选中要设置格式的文字,单击"字体"组中的"字体"右侧的下拉按钮,在展开的列表中选择相应的字体,如图 5-21 所示。用同样的方法还可以设置字号和颜色。

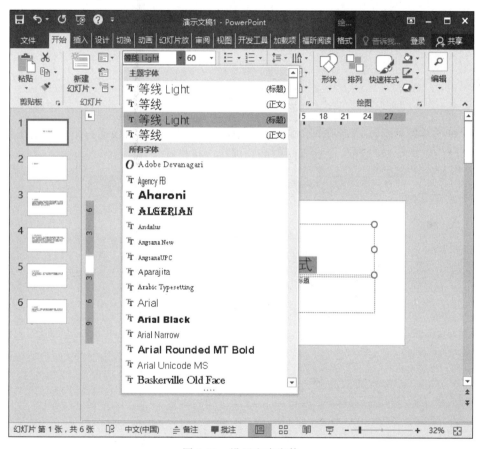

图 5-21　设置文本字体

　　② 通过浮动工具栏设置文字格式。

　　在幻灯片中添加文字后,当选择了文本之后会出现一个浮动的工具栏,如图 5-22 所示。将鼠标移动到该工具栏上,单击相应的按钮可以实现文字格式设置。

　　③ 通过对话框设置文字格式。

　　在选择了幻灯片中的文字后,右击鼠标,在弹出的菜单中选择"字体"命令,打开"字体"

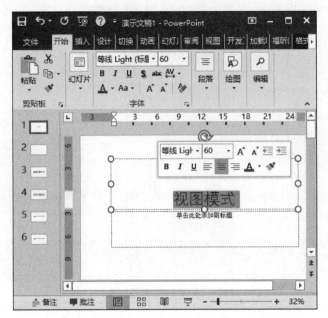

图 5-22　浮动工具栏

对话框,如图 5-23 所示;或者在"开始"选项卡的"字体"组中,单击该栏右下角的箭头按钮,同样可以打开"字体"对话框,在对话框中可以进行文字格式设置。

图 5-23　"字体"对话框

(2) 段落格式设置。

为了使演示文稿更加美观、清晰,可以在幻灯片中为文本进行段落格式设置,如缩进值、行距、对齐方式和段落列表级别等。设置段落格式,多数情况下可以在"开始"选项卡的"段落"命令组中进行,按如图 5-24 所示设置行距;特殊情况下可以单击该栏右下角的箭头按钮,打开"段落"对话框,进行段落格式设置,如图 5-25 所示。

图 5-24　设置行距

图 5-25　"段落"对话框

(3) 项目符号和编号。

在演示文稿中,为了使某些内容更为醒目,经常要用到项目符号和编号。这些项目符号和编号用于强调一些特别重要的观点或条目,从而使主题更加美观、突出和分明,使文本具有条理性。

① 添加项目符号。

首先选中需要添加项目符号的文本,在"开始"选项卡的"段落"组中,单击"项目符号"右侧的下拉按钮,从弹出的下拉菜单中选择一种项目符号图形,如图 5-26 所示。

② 添加编号。

首先选中需要添加编号的文本,在"开始"选项卡的"段落"组中,单击"编号"右侧的下拉按钮,从弹出的下拉菜单中选择一种编号序列,如图 5-27 所示。

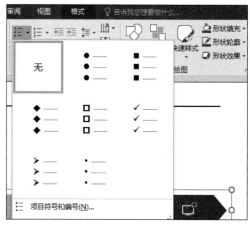

图 5-26　项目符号

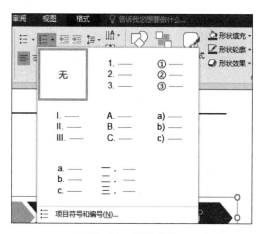

图 5-27　项目编号

③ "项目符号和编号"对话框。

单击"项目符号"或"编号"下拉菜单中最下面的"项目符号和编号"选项,可以打开"项目符号和编号"对话框,在对话框中可以设置项目符号和编号的"大小"和"颜色"选项。

5.2.5　插入新的幻灯片

新建的空白演示文稿中默认只有一张幻灯片,但是在实际制作幻灯片的时候,往往需要多张幻灯片。因此,需要在演示文稿中插入新的幻灯片。

常用的插入幻灯片的方法有以下几种。

(1) 在"预览窗格"中选中一张幻灯片,打开"开始"选项卡,在"幻灯片"组中单击"新建幻灯片"按钮,在选中的幻灯片下方即可插入一张新的幻灯片,如图 5-28 所示。

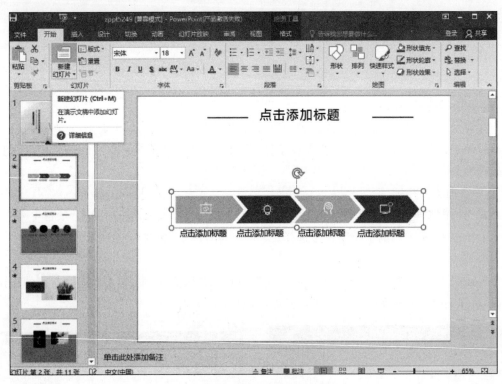

图 5-28　"新建幻灯片"按钮

(2) 在"预览窗格"中选中一张幻灯片后,按 Enter 键,在该幻灯片下方插入一张默认版式的幻灯片。

(3) 在"预览窗格"中选中一张幻灯片后,按 Ctrl＋M 组合键也可以在该幻灯片下方插入一张幻灯片。

(4) 在"预览窗格"中选中一张幻灯片后,右击鼠标,在弹出的菜单中选择"新建幻灯片"命令,将在该幻灯片下方插入一张新的幻灯片。

(5) 从其他演示文稿获取幻灯片。

打开一个演示文稿,单击一张幻灯片,准备在这张幻灯片的后面添加新幻灯片。选择"开始"|"幻灯片"|"新建幻灯片"命令,在展开的列表框中,单击下方的"幻灯片(从大纲)"命

令,在弹出的"插入大纲"对话框中选择欲插入的演示文稿文档,单击"插入"按钮,即可将该文档的所有幻灯片插入进来。

5.2.6　复制、移动和删除幻灯片

在制作幻灯片时,往往需要对幻灯片进行复制、删除和移动等基本操作。要进行这些基本操作需要首先选择幻灯片。有时需要选择单张幻灯片,有时需要选择多张连续或不连续的幻灯片。

常见的几种选择幻灯片方法如下。

(1)选择单张幻灯片。在"预览窗格"中,单击需要选择的幻灯片缩略图,即可单独选择该张幻灯片。

(2)选择多张连续幻灯片。在"预览窗格"中,单击需要选择连续的多张幻灯片中的第一张幻灯片缩略图,然后按住 Shift 键,再单击最后一张幻灯片缩略图,这时两张幻灯片之间的所有幻灯片均被选中。

(3)选择多张不连续幻灯片。在"预览窗格"中,单击需要选择的第一张幻灯片缩略图,然后按住 Ctrl 键,再依次单击其他需要选择的幻灯片缩略图,可以实现选择不连续的幻灯片操作。

在了解如何选择幻灯片后,下面详细讲解一下幻灯片的复制、移动及删除三个基本操作。

1.复制幻灯片

如果新的幻灯片与已制作完成的幻灯片内容相似,可以复制已制作完成的幻灯片,然后在此基础上进行修改。复制幻灯片的方法是:在"预览窗格"中选中需要复制的幻灯片,进行复制操作,选择需要粘贴新幻灯片的位置进行粘贴操作。

2.移动幻灯片

在制作幻灯片的过程中,有时需要移动幻灯片的前后顺序,移动幻灯片的方法有以下几种。

(1)选中需要移动的幻灯片,按 Ctrl+X 快捷键剪切该幻灯片,后在新的位置按 Ctrl+V 快捷键粘贴该幻灯片。

(2)选中需要移动的幻灯片,打开"开始"选项卡,"剪切"该幻灯片,在新的位置"粘贴"该幻灯片。

(3)在"预览窗格"中,选中需要移动的幻灯片,按住鼠标左键不放并拖动到适当位置后,释放鼠标即可完成移动幻灯片的操作。

(4)选中需要移动的幻灯片,右击鼠标,在弹出的快捷菜单中选择"剪切"命令,再在新的位置处右击鼠标,在弹出的快捷菜单中选择"粘贴"选项中的"保留源格式"命令即可。

3.删除幻灯片

在编辑幻灯片时,对于不需要的幻灯片,可以将其删除。删除幻灯片的方法有很多种,下面介绍常用的两种。

(1)在"预览窗格"中选择需要删除的幻灯片,右击鼠标,在弹出的快捷菜单中选择"删除幻灯片"命令。

（2）选中需要删除的幻灯片，按 Del 键进行删除。

5.2.7　插入艺术字、图片和图形

在制作幻灯片时，为更清晰地说明问题，从而使得幻灯片的呈现效果更加丰富多彩，往往需要向幻灯片中添加与图有关的对象，例如图形、图片、联机图片和 SmartArt 图形等。下面将从如何向幻灯片中插入艺术字、图片、图形、联机图片和 SmartArt 图形几个方面进行详细介绍。

1. 插入艺术字

艺术字是一种特殊的图形文字，常被用来表现幻灯片的标题文字。使用者既可以像对普通文字一样设置其字号、加粗、倾斜等效果，也可以像图形对象那样设置它的边框、填充等属性，还可以对其进行大小调整、旋转、添加阴影和添加三维效果等。在幻灯片中插入艺术字的方法如下。

选择一张幻灯片，选择"插入"|"文本"|"艺术字"命令，在弹出的艺术字样式列表中选择一种艺术字样式，在幻灯片中出现的文本框中输入艺术字的文字。单击艺术字文本框边框或艺术字文字，可以启动"绘图工具"选项组，该组只包含一个"格式"选项卡，打开该选项卡，在"艺术字样式"组中选择一个效果，被选中的文字就具有了艺术字样式。可以在"形状样式"组中选择"形状填充"命令、"形状轮廓"命令和"形状效果"命令等对艺术字进行设置；或者选择"形状样式"组右下角的箭头按钮，打开"设置形状格式"对话框来进行设置；也可以单击"艺术字样式"组右下角的箭头按钮，打开"设置文本效果格式"对话框来进行设置。

2. 插入自选图形

PowerPoint 2016 提供了大量的、简单的几何图形供使用者选择，这些图形被称为自选图形。由于图形众多，自选图形被分为线条、矩形、基本形状、箭头总汇、公式形状、流程图、星与旗帜、标注和动作按钮等几大类。使用者选择了一个图形以后，需要进一步进行绘制，如变形、着色等。

下面介绍一下插入自选图形的方法。

打开"插入"选项卡，在"插图"命令组中选择"形状"命令，在弹出的图形列表框中选择需要的图形进行绘制，如图 5-29 所示。

例如，在自选图形中选择了"笑脸"自选图形，将鼠标指针移动到幻灯片中，此时鼠标指针变成"＋"形状，在幻灯片空白处拖动鼠标即可绘制出该自选图形。

自选图形绘制完毕后，单击自选图形图片，启动"绘图工具"的"格式"选项卡，可以在"形状样式"组中对自选图形进行进一步设置，还可以单击"形状样式"组右下角的箭头

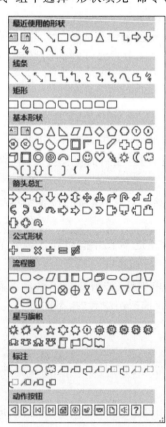

图 5-29　部分自选图形

按钮,打开"设置形状格式"对话框,在对话框中进行设计。根据需要可以在图形中添加文本。方法是选中图形,单击鼠标右键,在弹出的快捷菜单中选择"编辑文字"命令,此时自选图形中间出现一个闪烁的光标,这时就可以向自选图形输入文本。

3. 插入联机图片

PowerPoint 2016 附带的联机图片内容非常丰富,种类很多,包括人物、动植物、建筑、科技和机械等各个领域的图片,它们能够表达不同的主题,适合于制作各种不同风格的演示文稿。

常用的插入联机图片的方法如下。

(1)选中需要插入联机图片的幻灯片,选择"插入"|"图像"|"联机图片"命令,弹出"插入图片"对话框,如图 5-30 所示。在该对话框中的"必应图像搜索"框中输入"会议",单击需要的图片即可插入一幅与会议相关的图片。插入图片后可以对其大小、位置和图片样式等进行编辑。

(2)插入一张幻灯片,选择"标题和内容"幻灯片版式,在内容占位符提供的插入对象中选择"联机图片",亦可打开"插入图片"对话框。然后与上面的操作类似即可插入图片。

图 5-30 "插入图片"对话框

4. 插入图片

除了插入联机图片之外,还可以在幻灯片中插入硬盘上存储的图片。PowerPoint 2016 允许插入多种格式的图片,如 BMP、JPG、GIF、PNG、WMF 等格式。插入图片可以使幻灯片图文并茂,更加具有说服力和观赏性。插入图片的方法如下。

(1)选中需要插入图片的幻灯片,选择"插入"|"图像"|"图片"按钮,打开"插入图片"对话框,在对话框中搜索和选择一幅图片。

(2)插入一张幻灯片,选择"标题和内容"幻灯片版式,单击内容占位符中"插入图片"按钮,打开"插入图片"对话框,选择一幅图片。

将图片插入到幻灯片后,PowerPoint 2016 自动启动"格式"选项卡,如图 5-31 所示;也可以单击幻灯片中需要编辑的图片,打开"格式"选项卡,可以在"调整"组中设置图片的背景、亮度、对比度、颜色、艺术效果及压缩图片等;在"图片样式"组中可设置图片的形状、边框、效果或版式等;在"排列"组中可设置图片的叠放次序或对齐方式等;在"大小"组中可以裁剪图片并设置其大小和位置。

图 5-31 "格式"选项卡

此外,还可以在"设置图片格式"对话框中对图片的线型、阴影、映像、三维格式、三维旋转、发光和柔化边缘等进行编辑。如果要打开"设置图片格式"对话框,首先选中图片,然后单击鼠标右键,在弹出的快捷菜单中选择"设置图片格式"命令;或者单击"图片样式"栏右下角的箭头按钮,打开"设置图片格式"对话框,如图 5-32 所示。

图 5-32 "设置图片格式"对话框

5. 插入 SmartArt 图形

SmartArt 图形是信息和观点的视觉表示形式。SmartArt 图形因其丰富的组织形状和优美的外观效果深受使用者的喜爱。SmartArt 图形提供了许多种不同效果和结构的组织布局,能够快速、有效、准确地传达演讲者所要表达的信息。下面简要介绍 SmartArt 图形使用方法。

(1)插入 SmartArt 图形。选择需要添加 SmartArt 图形的幻灯片,选择"插入"|"插图"|SmartArt 按钮,打开"选择 SmartArt 图形"对话框,如图 5-33 所示。在该对话框中选择需要的图形样式,单击"确定"按钮即可在幻灯片中添加 SmartArt 图形。

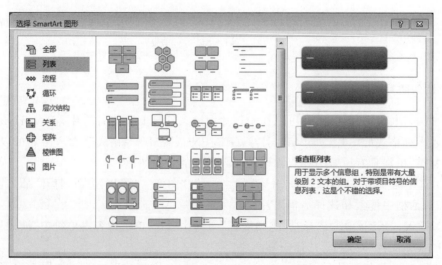

图 5-33 "选择 SmartArt 图形"对话框

（2）在 SmartArt 图形中添加文本。在已经插入的 SmartArt 图形中单击"［文本］"字样，原有的"文本"字样消失，这时可以向文本框内输入文字，也可以修改已经添加的文本。

（3）修改 SmartArt 图形样式。插入 SmartArt 图形后，单击"SmartArt 工具"中的"设计"选项卡，在"SmartArt 样式"组中选择"更改颜色"按钮，改变 SmartArt 图形颜色；可以在"SmartArt 样式"组中选择或更改 SmartArt 图形样式；还可以在"布局"组中为 SmartArt 图形选择不同的组织结构，如图 5-34 所示。

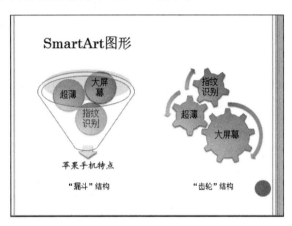

图 5-34　SmartArt 图形的"漏斗"结构和"齿轮"结构

（4）添加 SmartArt 图形形状。插入 SmartArt 图形后，如果现有图形形状的个数不能满足需要，可以向 SmartArt 图形中添加形状。例如，在幻灯片中插入了 SmartArt 图形"列表"类中的"垂直框列表"之后，得到 3 个形状，参见图 5-33。在幻灯片中选中一个 SmartArt 图形形状，单击鼠标右键，在弹出的快捷菜单中选择"添加形状"，在其下一级菜单中选择"在后面添加形状"命令，可以为 SmartArt 图形添加一个形状。也可以单击"SmartArt 工具"中的"设计"选项卡，在"创建图形"组中单击"添加形状"按钮来实现此项操作。

（5）修改 SmartArt 图形格式。如果对插入的 SmartArt 图形的外观及文字的样式不满意，可以打开"SmartArt 工具"中的"格式"选项卡，利用功能区中的各种选项重新设置图形的形状、形状样式、艺术字样式及图形排列和大小。也可以单击"形状样式"组右下角的箭头按钮，打开"设置形状格式"对话框，在对话框中进行更深入的设计。

课堂实战

1. 新建并保存演示文稿"个人求职简历"

（1）启动 PowerPoint 2016，新建一个空白的演示文稿。

（2）保存演示文稿，选择"文件"|"保存"命令或单击"快速访问工具栏"中的"保存"按钮，指定演示文稿的保存名称为"个人求职简历"。

2. 幻灯片的编辑

（1）插入第一张幻灯片，幻灯片版式选择为空白版式，设置幻灯片的背景，效果如图 5-35 所示。

图 5-35　第一张幻灯片效果图

（2）插入第二张幻灯片作为个人求职简历的目录页。在第二张幻灯片合适位置插入制作好的图片，输入简历的目录内容，设置主题颜色、字体颜色及字体格式。具体效果如图 5-36所示。

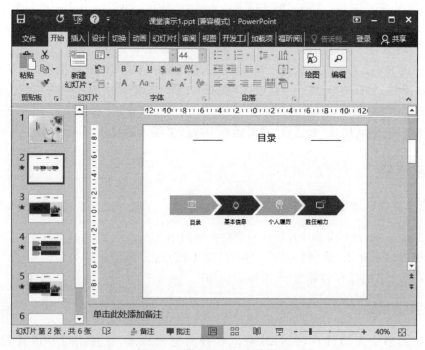

图 5-36　第二张幻灯片效果图

（3）复制第二张幻灯片，插入图片，并输入个人基本信息，作为个人求职简历的第三页，具体效果如图 5-37 所示。

图 5-37　第三张幻灯片效果图

（4）复制第三张幻灯片，插入相应的自选图形，设置自选图形的填充颜色，并且在自选图形上添加文字，具体效果如图 5-38 所示。

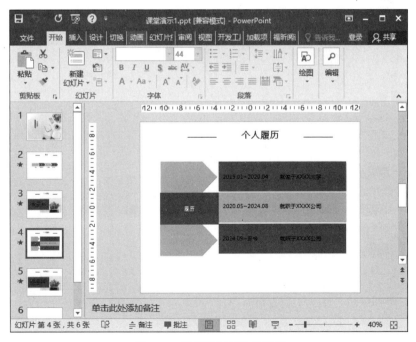

图 5-38　第四张幻灯片效果图

（5）复制第三张幻灯片，利用新的文字信息替换个人基本信息处的文字，具体效果如图 5-39 所示。

图 5-39　第五张幻灯片效果图

（6）新建一张空白幻灯片，版式选择为空白，插入艺术字和联机图片，具体效果如图 5-40 所示。

图 5-40　第六张幻灯片效果图

3．演示文稿的浏览和保存

（1）在幻灯片浏览视图中查看幻灯片制作的整体效果。

（2）再次保存制作的所有幻灯片。

5.3 制作年度工作总结

本节制作的"年度工作总结"演示文稿，除了需要掌握 PowerPoint 2016 的创建、保存、设置幻灯片背景、幻灯片文本的输入及编辑、插入艺术字、图片和图形以及复制、移动和删除幻灯片等基本操作以外，还需要掌握幻灯片的模板样式、母版、表格、图表及超链接等相关操作。

5.3.1 修改模板样式

针对不同的演示内容和不同的受众对象，需要设计出不同风格的、有针对性的演示文稿。这些演示文稿的差异性主要体现在幻灯片的外观上。PowerPoint 2016 提供了多种设计演示文稿外观的途径，例如设置幻灯片背景，使用应用设计模板等，必要时设计者可以通过母版来自行设计模板。

"模板样式"指的是幻灯片内容在幻灯片上的排版和布局方式。在 PowerPoint 2016 中，每种版式都由若干占位符组成，幻灯片文字类占位符中可放置标题和项目符号列表等与文字有关的信息，而幻灯片内容类占位符中可以放置多种信息，如表格、图表、SmartArt 图形、图片、联机图片和媒体剪辑等。每一张幻灯片都可以选择一种版式，即使是空白的幻灯片，也属于幻灯片版式的一种，即"空白"版式。

PowerPoint 2016 提供了许多内置的模板样式，应用这些模板样式可以快速统一演示文稿的外观，PowerPoint 2016 将这些模板样式放在设计主题之中。一般来说，在创建一个新的演示文稿时，应先为演示文稿选择一种主题，以便幻灯片有一个完整、专业的外观，也可以在演示文稿建立后，为该演示文稿重新更换设计主题。用户也可以自己设计模板样式，设计完成后将其作为设计主题保存下来，以便以后继续使用。

具体的修改模板样式操作如下：

打开"设计"选项卡，在"主题"组中可以看到主题列表选项。单击该列表右下角的"其他"按钮，如图 5-41 所示，将展开主题列表，可以看到 PowerPoint 2016 提供的所有主题，如图 5-42 所示。单击其中任意一个主题选项，则该主题将被应用于所有的幻灯片，例如选择主题"凸显"。如果要将该主题仅应用于当前幻灯片，用鼠标指向所需的主题，单击鼠标右键，在弹出的快捷菜单中选择"应用于选定幻灯片"命令，可以看到在选定的幻灯片中，新的主题设计方案取代了原来的设计主题。这样，一个演示文稿可以应用多种设计主题，使每张幻灯片具有不同的风格。

图 5-41　"其他"按钮

图 5-42　"所有主题"列表

5.3.2　修改母版

幻灯片母版是存储有关设计模板初始信息的一组特殊形式的幻灯片。这些初始信息包括了模板的字形、占位符大小或位置、背景设计和配色方案。对某一母版进行设置,就等于对该母版对应的设计模板中的样式进行统一设置。这种设置包括对该模板的幻灯片版式数量、版式结构、标题文字、背景、属性等项内容的设置。

在 PowerPoint 2016 中,幻灯片的母版类型包括幻灯片母版、备注母版和讲义母版3 种,与之相对应有 3 种母版视图:幻灯片母版视图、备注母版视图和讲义母版视图。如果想要修改幻灯片的母版,必须将视图切换到幻灯片母版视图环境。对母版所做的任何修改都将应用于所有使用此母版的幻灯片上。如果只想改变单个幻灯片的版面,只要在普通试图中对该幻灯片做修改就可以达到目的,这种操作如果不涉及占位符,则与母版没有太大关系。通常情况下,人们都使用系统内置的母版。如果自己动手设计幻灯片母版,最好在开始构建各张幻灯片之前进行,而不要在构建了幻灯片之后再创建母版。下面将详细介绍幻灯片母版视图、备注母版视图和讲义母版视图。

1. 幻灯片母版视图

最常用的母版就是幻灯片母版。幻灯片母版是幻灯片层次结构中的顶层幻灯片,用于存储有关演示文稿的主题和幻灯片版式的信息,它控制着所有幻灯片的格式。每个演示文稿至少包含一个幻灯片母版,也可以根据需要在演示文稿中添加母版,添加母版后最直观的感觉就是演示文稿中的版式样式增加了许多种。

使用幻灯片母版有利于对演示文稿中的每张幻灯片进行统一的样式更改,其中还包括了以后添加到演示文稿中的幻灯片。使用幻灯片母版时,无须在多张幻灯片上输入相同的信息以及设置相同的格式,因此可以大量节省设计时间。

　　母版具有更改打印页面设置,改变幻灯片方向,设置页眉、页脚、日期和页码,编辑主题和设置背景样式等功能。创建幻灯片母版或添加、修改、删除版式,都要在幻灯片母版视图下进行。设计幻灯片母版的具体操作步骤如下。

　　(1)打开"视图"选项卡,在"母版视图"组中单击"幻灯片母版"按钮,将自动启动"幻灯片母版"选项卡,进入"幻灯片母版"视图,如图5-43所示。

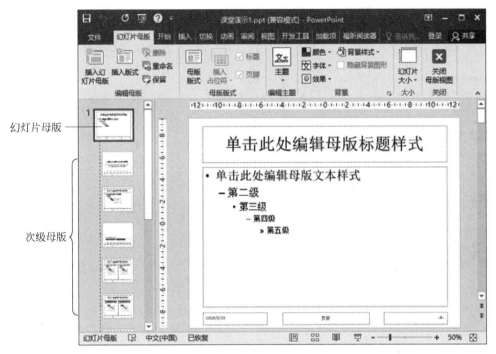

图5-43　"幻灯片母版"视图

　　(2)在"幻灯片母版"视图左边的"缩略图"窗格中可查看幻灯片母版和与该幻灯片不同版式相关联的次级母版,如图5-43所示。在右边的窗格中可以对该版式的母版进行设计。

　　(3)设计完成后,在"幻灯片母版"选项卡右边的"关闭"组中,单击"关闭母版视图"按钮即可完成母版设置。

　　如果在一个演示文稿中使用了多个母版,可以对母版进行插入、删除、重命名、修改母版版式、设置母版背景、文本和项目符号等一系列操作,使演示文稿达到最佳效果。

2．备注母版视图

　　如果希望把要演讲的主要内容放到幻灯片上,而把一些解释、提示或步骤等内容一同保存在演示文稿中,但不直接展示给观众。那么可以将这些内容输入到备注编辑区,将其称为备注,如图5-44所示。如果需要阅读备注,可以在普通视图下浏览备注编辑区,或者选择"视图"选项卡,单击"演示文稿视图"组中"备注页"按钮,切换到"备注页"视图。如果希望在打印演示文稿时将备注同时打印出来,则在打印演示文稿时设置"打印版式"为"备注页",如图5-45所示,这样备注可以随同幻灯片一起打印出来。

　　在PowerPoint 2016中设计备注母版的操作步骤如下:

图 5-44　包含"备注"的幻灯片

图 5-45　在打印设置中选择"备注页"

（1）打开"视图"选项卡，在"母版视图"组中单击"备注母版"按钮，将自动启动"备注母版"选项卡，进入"备注母版"视图，如图5-46所示。

（2）为了更好地查看幻灯片，可以使用"页面设置"组中的"备注页方向"和"幻灯片方向"按钮，调整备注页和幻灯片方向为纵向或横向，使其能够更好地显示幻灯片。

（3）通过对"占位符"组中的6个复选框的选择，决定是否让这6个占位符在备注页中出现。

（4）在"背景"组中单击"背景样式"命令，打开"背景样式"列表框，可以从中选择一个背景样式，将其设置为背景颜色；也可以单击"设置背景样式"命令，在打开的"设置背景样式"对话框中进行设置。在备注母版中可以为所有的备注页设置相同的背景。

（5）在"备注母版"选项卡的"关闭"组中单击"关闭母版视图"按钮，结束备注母版的设置。

图5-46　"备注母版"视图

3．讲义母版视图

如果用户希望进行比在打印视图中可执行的更改更多的特定幻灯片版式和格式的更改，可以通过单击"讲义母版"进行设置。具体的讲义母版视图设置操作如下。

（1）打开"视图"选项卡，在"母版视图"组中单击"讲义母版"按钮，将自动启动"讲义母版"选项卡，进入"讲义母版"视图，如图5-47所示。

（2）在讲义母版视图中的"页面设置"组中可以设置讲义方向、幻灯片大小和每页幻灯片数量等。其中"每页幻灯片数量"如图5-48所示。

图 5-47　"讲义母版"视图

图 5-48　"每页幻灯片数量"列表

　　(3) 在"占位符"组中可以设置页眉、日期、页脚和页码占位符的显示,并可以在占位符中添加相应的内容。

5.3.3　插入页眉和页脚

　　提起页眉页脚,很多人可能想到的是 Word 中的页眉和页脚,其实幻灯片也有页眉和页脚。下面将详细介绍一下幻灯片页眉和页脚的插入方法。

（1）首先在"视图"选项卡下，选择"普通视图"选项（通常默认情况下就是这个选项，所以可以忽略这个步骤），然后在"插入"选项卡下选择"页眉和页脚"按钮，弹出如图5-49所示的"页眉和页脚"对话框。在弹出的"页眉和页脚"对话框中有"幻灯片"和"备注和讲义"两种选项卡。

（2）可选择在"幻灯片"选项卡下，将日期和时间、幻灯片编号、页脚等依次添加。

（3）选择全部应用后，所有幻灯片都添加了页眉和页脚信息。

图 5-49　"页眉和页脚"对话框

5.3.4　插入表格

在 PowerPoint 2016 的幻灯片中可以添加表格，其插入方法与在 Word 中插入表格方法类似，其操作也大体相同，这里不再详细介绍。PowerPoint 2016 允许将 Word 中的表格复制粘贴到幻灯片中，同样也允许将 Excel 中的表格复制粘贴到幻灯片中。单击幻灯片中表格的任何部分，都可以启动"表格工具"选项组，该组包括两个选项卡，分别是"设计"和"布局"选项卡。"设计"选项卡包括"表格样式选项""表格样式""艺术字"和"绘图边框"等功能区。"布局"选项卡包括"表""行和列""合并""单元格大小""对齐方式"和"表格尺寸"等功能区。

5.3.5　插入图表

制作演示文稿时，经常需要在幻灯片中加入数据图表，将枯燥的文字数据用形象直观的图表显示出来。在幻灯片中插入图表，不仅可以直观地体现数据之间的关系，便于分析和比较数据，还可以增添幻灯片的美感，便于人们理解。

由于 PowerPoint 2016 是 Office 2016 的一个组成部分，因此，在 Excel 2016 中制作的图表可以轻松复制粘贴到幻灯片中，也可以在 PowerPoint 2016 演示文稿中重新设计图表，其方法与在 Excel 中制作图表的操作非常类似,许多窗口或对话框也基本相同。下面简单介绍在 PowerPoint 2016 幻灯片中插入图表的方法。

选择要插入图表的幻灯片,选择"插入"|"插图"|"图表"命令,打开"插入图表"对话框,如图 5-50 所示。在该对话框中选择需要的图表类型,然后单击"确定"按钮,即可插入一张图表。插入图表后,在 PowerPoint 2016 窗口旁边将自动启动 Microsoft Excel 窗口,在该窗口中可以输入编辑图表中所需要的数据。

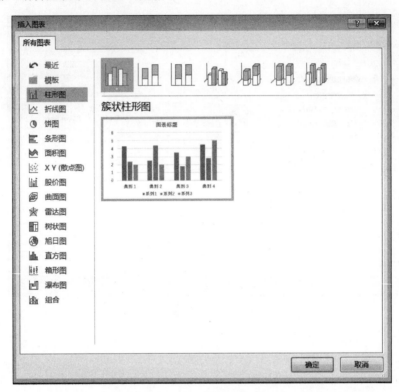

图 5-50　"插入图表"对话框

单击幻灯片中的图表后,PowerPoint 2016 自动启动"图表工具"选项组,该组包括 3 个选项卡,分别是"设计""布局"和"格式"。"设计"选项卡用来更改图表类型,重新编辑图表数据,调整图表中各标签的布局,变换图表的样式。"布局"选项卡可以调整标签的位置,设置坐标轴的参数和格式,设置图表的背景,还可以在图表中插入对象。"格式"选项卡主要用来设置图表的形状样式,还可以为图表中的文字设置艺术字样式,调整图表在幻灯片中的位置排列和大小。

5.3.6　插入超链接

一般情况下,演示文稿都是按照幻灯片的先后顺序来切换,即从前到后,但使用超链接后,幻灯片的播放顺序可以出现跳跃、重复等。在 PowerPoint 2016 中,除了可以将对象的超链接从一张幻灯片链接到同一演示文稿中的另一张幻灯片外,还可以将其链接到不同演示文稿、电子邮件或网页等对象中。

在制作幻灯片时,可以为文本、图形和图片等对象创建超链接。例如,对图片对象创建超级链接后,在播放幻灯片时,鼠标靠近具有超级链接的图片就会变成"手型"形状,如图 5-51 所示,单击该图片,播放顺序就会跳转到该超级链接所指向的幻灯片。下面介绍创建超级链接方法。

(1) 选中需要创建超链接的对象,打开"插入"选项卡,在"链接"组中单击"超链接"按钮。

(2) 选中需要创建超链接的对象,单击鼠标右键,在打开的快捷菜单中选择"超链接"命令。

(3) 选中需要创建超链接的对象,按 Ctrl+K 快捷键。

图 5-51　播放幻灯片时鼠标在"超级链接"处变成"手形"形状

执行上述任意一种操作后,都将打开"编辑超链接"对话框,如图 5-52 所示。在该对话框中,可以分别为 4 种不同的对象创建超链接。本文只介绍创建"本文档中的位置"超链接的方法。

在"编辑超链接"对话框中,单击对话框左侧"本文档中的位置"按钮,可以打开"请选择文档中的位置"列表框,在列表框中选择一张幻灯片,单击"确定"按钮,完成创建超链接操作。例如希望为"2.插入剪贴画"创建超级链接(见图 5-51),单击幻灯片中该图片,在"编辑超链接"对话框中单击"本文档中的位置"按钮,在"请选择文档中的位置"列表框中选择"插入剪贴画方法"幻灯片,单击"确定"按钮(见图 5-52)。

如果要取消"超链接",首先选中需要删除超链接的对象,然后单击鼠标右键,在打开的快捷菜单中选择"取消超链接"命令。

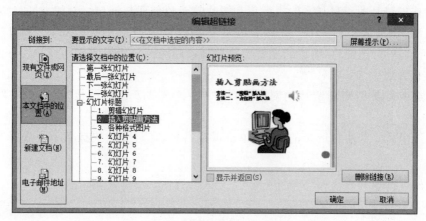

图 5-52 "编辑超链接"对话框

5.3.7 插入 Flash 动画

插入 Flash 动画,是指在幻灯片中插入具有扩展名为.swf 格式的动画,这种类型的动画是用 Flash 软件制作的,具有动画效果好、占用存储空间小等特点,唯一的缺点是插入过程比较复杂,同时还会受到计算机内预装软件的影响,掌握起来有一定难度。下面介绍在PowerPoint 2016 中插入.swf 格式动画的方法。

(1)打开"开发工具"选项卡,如图 5-53 所示。

(2)在功能区"控件"命令组下单击"其他控件"按钮,弹出"其他控件"对话框,如图 5-54所示。

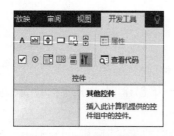

图 5-53 "其他控件"按钮

图 5-54 "其他控件"对话框

(3)在"其他控件"对话框的列表中选择 Shockwave Flash Object,单击"确定"按钮返回幻灯片。此时鼠标变成"+"形状,在幻灯片上拖出一个矩形区域,该区域是 Flash 动画播放的区域。

(4)鼠标指向 Flash 动画播放区域,单击鼠标右键,从快捷菜单中选择"属性"命令,打开"属性"对话框,进行修改。

(5)在"属性"对话框中,在"名称"字段中找到 Movie 项,用鼠标单击其右边文本框,在其中输入完整的 Flash 动画文件路径和文件名，最后关闭"属性"对话框返回。

（6）单击"幻灯片放映"视图按钮，或者打开"视图"选项卡，在"演示文稿视图"组中单击"阅读视图"按钮，观看 Flash 动画的演示效果。

5.3.8　插入动作和动作按钮

动作按钮的作用是，当单击或鼠标指向这个按钮时产生某种效果，例如链接到某一张幻灯片、某个网站、某个文件、播放某种音效或运行某个程序等。下面将详细介绍动作按钮的插入和动作的设置。

（1）打开"插入"选项卡，在"插图"命令组中选择"形状"按钮，打开"形状"下拉列表。

（2）在"形状"下拉列表中选择"动作按钮"，打开"操作设置"对话框，如图 5-55 所示。

图 5-55　"操作设置"对话框

（3）在如图 5-55 所示的对话框中，选择"单击鼠标"或"鼠标悬停"任意一个选项卡，然后选择需要执行的动作即可。例如选择超链接到本文档中的某一指定幻灯片。

5.3.9　插入动画效果

为演示文稿中的文本、图像和其他对象添加的特殊视觉效果被称为动画效果。动画效果包括不同对象的动态显示效果、各对象显示的先后顺序效果，以及对象附带的声音效果等。动画效果能够吸引观看者的视线，增加幻灯片的艺术性和观赏性。在幻灯片中，设置动画的对象有文本、图片、形状、表格和 SmartArt 图形等。

PowerPoint 2016 动画功能非常强大，种类繁多，为了便于设计者选择和使用，将其归纳为"进入""强调""退出"和"动作路径"这 4 大类；每类中包含若干个动画，将其称为"动画方案"；每一种动画方案又包含方向、速度等参数，将其称为"动画效果"。

在 PowerPoint 2016 中，为幻灯片中的对象选择动画方案步骤如下。

（1）选择要设置动画效果的某张幻灯片中的对象。

（2）打开"动画"选项卡，在"动画"组中单击"其他"按钮，在打开的下拉列表框中选择一种动画方案，如图5-56和图5-57所示。

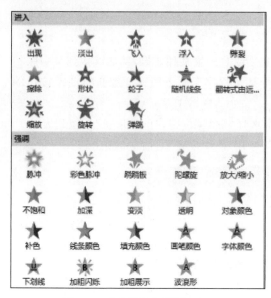

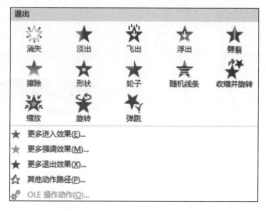

图5-56　"动画方案"列表（上）　　　　　　　　图5-57　"动画方案"列表（下）

（3）选中已经具有动画方案的对象，单击"动画"组"效果选项"按钮，在弹出的下拉列表框中选择相应选项。例如，如果选择"飞入"动画方案，单击"效果选项"按钮，在打开的下拉菜单中出现8个飞入"方向"选项；如果选择"放大/缩小"动画方案，单击"效果选项"按钮，在打开的下拉菜单中出现"方向"和"数量"两个选项组。

如果需要更改幻灯片中某一对象的动画方案，需要先选中该对象，然后在"动画"组中重新选择一种动画方案；如果需要给幻灯片中已有动画方案的对象再添加动画效果，则选中该对象，在"高级动画"组中选择"添加动画"按钮，在打开的列表框中选择一种动画方案。

在"动画方案"列表中可以看到"进入""强调""退出"和"动作路径"类动画方案。其中"进入"类是指幻灯片中的对象动作从无到有逐渐进入的动画方案；"强调"类是指对象基本在原地动作的动画方案；"退出"类是指幻灯片中的对象动作从有到无逐渐离开的动画方案；"动作路径"类是指幻灯片中的对象动作按照直线、曲线或任意指定的路径移动的动画方案。

在"动画方案"列表中还可以看到"更多进入效果""更多强调效果""更多退出效果"和"更多动作路径"等命令，这些命令可以打开对应的对话框，提供更多的效果选项。

课堂实战

1. 新建并保存演示文稿"年度工作总结"

（1）启动Powerpoint 2016，新建一个空白的演示文稿。

（2）保存演示文稿，选择"文件"|"保存"命令或单击"快速访问工具栏"中的"保存"按钮，指定演示文稿的保存名称为"年度工作总结"。

2．修改幻灯片模板样式

插入第一张幻灯片，打开"设计"选项卡，将幻灯片的主题改为 Seashore design template。

3．修改幻灯片母版

（1）打开幻灯片母版视图，调整页眉和页脚的位置及字体格式。

（2）关闭母版视图，插入页眉和页脚。

4．具体每张幻灯片的编辑

（1）在第一张幻灯片中输入文字"公司年度总结"，并且设置幻灯片的背景以图片形式填充，设置后效果如图 5-58 所示。

图 5-58　第一张幻灯片效果图

（2）插入新幻灯片，版式选择为"标题和内容"版式，并在"标题占位符"中输入"领导致辞"，插入图片和相应的领导致辞内容，具体效果如图 5-59 所示。

（3）复制第二张幻灯片，并在"标题占位符"中输入"本年总结"，接下来插入相应的图表。

（4）在第三张幻灯片右下角插入动作按钮，动作设置为链接到本文档的下一页，具体的效果如图 5-60 所示。

（5）复制第三张幻灯片，与上一张幻灯片类似，同样输入相应文字和图表，并且在幻灯片右下角插入动作按钮，设置其相应动作为链接到本文档的上一张幻灯片，具体效果如图 5-61 所示。

图 5-59 第二张幻灯片效果图

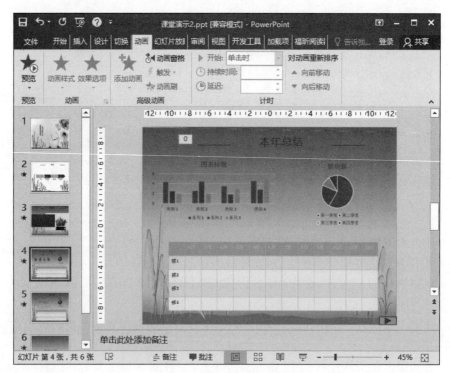

图 5-60 第三张幻灯片效果图

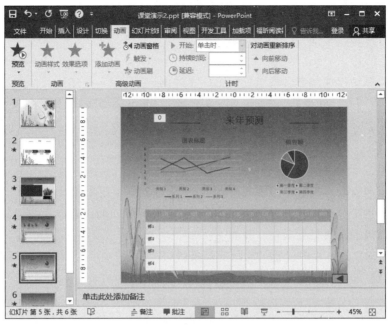

图 5-61　第四张幻灯片效果图

（6）插入第五张幻灯片，插入艺术字，并且设置其进入动画效果为"形状"，具体效果如图 5-62 所示。

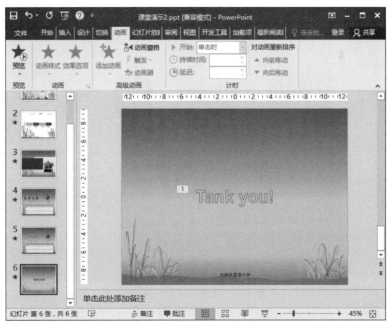

图 5-62　第五张幻灯片效果图

5. 预览幻灯片的动画效果并保存

上述操作步骤完成后，用户可预览幻灯片的效果并及时保存。

5.4　制作优秀学生表彰宣传

本节主要以制作优秀学生表彰宣传幻灯片为例进行讲解,具体从制作幻灯片内容的高级动画效果、插入音频和视频、设置幻灯片切换效果、演示文稿的放映、演示文稿的打印和打包等几个方面进行讲解。

5.4.1　制作幻灯片内容的高级动画效果

幻灯片中的对象在设置了基本动画效果后,还可以对该动画效果的启动方式、播放速度和伴音等参数进行更详细的设置,使其能够更完美地与展示的主题和内容相结合。为幻灯片对象设置高级动画效果的操作步骤如下:

(1)首先选择幻灯片中设置了动画的对象,打开"动画"选项卡,在"高级动画"命令组中单击"动画窗格"按钮,打开"动画窗格"对话框,如图 5-63 所示。

图 5-63　"动画窗格"对话框

(2)在"动画窗格"列表中显示已经设置的动画方案,这些动画方案按照播放的顺序由上向下排列。在需要设置动画效果的动画方案上单击鼠标右键,或者单击该动画方案右边下拉按钮,可以打开该动画方案的快捷菜单,如图 5-64 所示。

(3)在快捷菜单中可以选择动画开始方式,如"单击鼠标"开始,"从上一项开始"的同时开始,"从上一项之后开始"就是在上一项结束后开始。在快捷菜单中也可以选择"效果选项"命令,打开对应的"效果选项"对话框,如图 5-65 所示,对动画方案进行进一步设置。如果不需要此动画方案,可以将其删除。

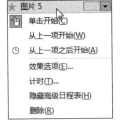

图 5-64 "动画方案"快捷菜单   图 5-65 "效果选项"对话框

　　动作路径动画又称为路径动画,可以指定文本、图片等对象沿预定的路径运动。PowerPoint 中的动作路径动画不仅提供了大量预设路径效果,还可以由设计者自定义动画的路径。动作路径动画可以分为以下两种。

1.预设动作路径动画

　　选择幻灯片中要设置动画的对象,打开"动画"选项卡,在"高级动画"组中单击"添加动画"按钮,在打开的下拉列表中选择"其他动画路径"命令,将打开"添加动作路径"对话框,如图 5-66 所示。在对话框中选择某个动画效果选项,然后单击"确定"按钮。在幻灯片编辑区要设置动画的对象旁出现了一个用虚线显示的动作路径图形。在"预览"组中单击"预览"图标按钮,可浏览查看该动画效果。

2.自定义动作路径动画

　　为对象设置自定义动作路径动画的具体操作步骤是:打开"动画"选项卡,在"高级动画"组中单击"添加动画"按钮,在打开的下拉列表中选择"动画路径"类中"自定义路径"按钮。当鼠标移动到幻灯片编辑区后指针变为"＋"形状时,按住鼠标左键不放,拖动鼠标(此时鼠标指针会变成铅笔形状)任意画出一条路径,在路径的终点处双击,即可完成路径的绘制,如图 5-67 所示。如果想调整动画的运行速度,则可打开"动画窗格"对话框,在列表中选择该动画方案,打开"效果、计时"对话框,在"期间"选项中选择动画速度。如果要观察动画效果,单击"预览"组中的"预览"按钮即可。

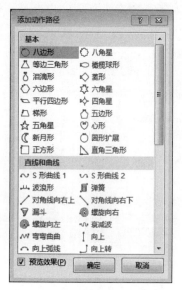

图 5-66 "添加动作路径"对话框

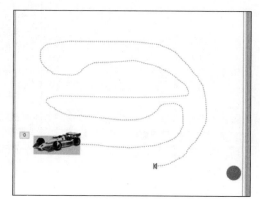

图 5-67 自定义动作路径

5.4.2 插入音频和视频

在幻灯片中插入音频和视频,将使幻灯片的内容更丰富、美观,表现更生动。下面将详细介绍如何在幻灯片中插入音频和视频。

1. 插入音频

在幻灯片中可以插入音频文件,如自己录制的音频文件,磁盘中的乐曲、歌曲或录音文件等。插入了音频的演示文稿,播放时有极佳的演示效果。

(1) 插入录制音频。选择需要插入音频的幻灯片,然后打开"插入"选项卡,在"媒体"组中单击"录制音频"按钮,如图 5-68 所示。在打开的"录制声音"对话框中单击"录音"按钮,录音结束后,单击"确定"按钮即可插入自己录制的音频文件,如图 5-69 所示。

图 5-68 "音频"下拉菜单图

图 5-69 "录制声音"对话框

插入音频后,在幻灯片编辑区出现一个小喇叭图标。用鼠标可以拖动该图标位置和调整图标大小。当把光标移动到小喇叭上方时,在小喇叭下方将显示播放工具栏,单击"播放/暂停"按钮可欣赏插入的音频。

(2) 插入 PC 上的音频。有时使用者需要将其他音频文件在幻灯片中进行播放,首先选择要插入音频文件的幻灯片,然后单击"插入"选项卡"媒体"组中的"音频"按钮,在打开的下拉列表中选择"文件中的音频"命令,在打开的"插入音频"对话框中选择要插入的音频文件,单击"插入"按钮。

（3）设置音频效果。在插入了音频文件的幻灯片中,选中幻灯片编辑区中的音频图标,将自动启动"音频工具"选项组,该选项组包含"格式"和"播放"两个选项卡。打开"播放"选项卡,可以在功能区中对插入的声音效果进行设置。在"播放"选项卡的"音频选项"组中可以设置音量的大小、音频播放的开始形式、放映隐藏和循环播放等选项。在编辑组中可对音频文件进行剪辑和设置声音的淡入、淡出持续时间。要查看插入音频的最终效果,直接放映幻灯片即可。

在默认情况下,插入的音频文件只在当前幻灯片播放时有效,当该幻灯片放映结束并切换到其他幻灯片时,音频的播放也随之结束。如果希望在放映下一张幻灯片时音频播放仍在继续,那么在"播放"选项卡的"音频选项"组中,单击"开始"对话框右侧的下拉按钮,选择"跨幻灯片播放",声音将一直播放下去;如果希望在放映几张幻灯片后停止音频播放,则需要打开"播放音频"对话框,在对话框中进行设置,例如希望音频只在当前和其后的两张幻灯片中播放,即共播放 3 张幻灯片,那么在"停止播放"栏中选择"在'3'张幻灯片后"选项,如图 5-70 所示。

打开"播放音频"对话框的操作是,打开"动画"选项卡,单击"高级动画"组中的"动画窗格"按钮,打开"动画窗格",在"动画窗格"中单击该音频动画方案的下拉按钮,在菜单中选择"效果选项"命令,即可打开"播放音频"对话框。

图 5-70 "播放音频"对话框

2. 插入视频

在制作幻灯片时,有时需要在幻灯片中播放视频。PowerPoint 2016 不仅可以插入联机视频文件,也可以插入外部视频文件。下面介绍插入视频文件的方法。

（1）选中需要插入影片的幻灯片，打开"插入"选项卡，在"媒体"组中单击"视频"按钮；或者单击"视频"下拉按钮，在弹出的下拉列表中选择"文件中的视频"命令。

（2）选中需要插入视频的幻灯片，选择"标题和内容"版式，在插入对象的占位符中单击"插入视频文件"按钮。

以上操作都会打开"插入视频"对话框，如图 5-71 所示，在对话框中浏览和选择需要插入的视频文件。

插入联机视频文件相对简单。单击要插入视频的幻灯片，在"插入"选项卡的"媒体"组中单击"视频"下拉按钮，在弹出的下拉列表中选择"联机视频"命令，此时将打开"插入视频"对话框。在"插入视频"对话框提供的"搜索"框中输入搜索关键词，将在下面显示所有的联机视频，单击需要插入的视频文件即可。

图 5-71　"插入视频"对话框

5.4.3　设置切换效果

幻灯片的切换效果是指演示文稿播放过程中幻灯片在屏幕上出现的形式，即前一张幻灯片的消失方式和下一张幻灯片的出现方式。PowerPoint 2016 提供了多种切换效果，在演示文稿制作过程中，可以为指定的一张幻灯片设计切换效果，也可以为若干张或者全部幻灯片设计相同的切换效果。设置幻灯片切换效果操作步骤如下。

（1）在需要设置幻灯片切换效果的演示文稿中，打开"切换"选项卡，在"切换到此幻灯片"组中单击"其他"按钮，在弹出的下拉列表框中选择需要的切换选项，即可设置其幻灯片切换的动画效果，如图 5-72 所示。

（2）当为一张幻灯片设置了切换动画之后，单击"切换到此幻灯片"组中的"效果选项"按钮，在弹出的下拉列表框中选择效果选项，可进一步设置切换动画效果。

（3）选择要为其切换效果设置计时的幻灯片，打开"切换"选项卡，在"计时"组中的"持续时间"数值框中输入相应的秒数，则可设置幻灯片动画所持续播放的时间。

图 5-72　"幻灯片切换"效果列表

（4）在"计时"组中单击"声音"右边的下拉按钮，在弹出的下拉列表框中选择一个声音的选项，则当幻灯片播放切换动画时会播放设置的声音。

（5）在"计时"组中还可以设置切换到下一张幻灯片的"换片方式"。"换片方式"有"单击鼠标时"和"设置自动换片时间"两个选项，其作用是单击鼠标切换或定时自动切换。

（6）在设置好某张幻灯片切换动画效果后，如果要将该动画效果应用在所有的幻灯片上，则可在"计时"组中单击"全部应用"按钮。如果对设置的幻灯片切换动画效果不满意，可以将其删除。选择需要删除切换效果的幻灯片，打开"切换"选项卡，在"切换到此幻灯片"组中单击"其他"按钮，在弹出的下拉列表框中的"细微型"栏中选择"无"选项，则将删除该幻灯片的切换动画效果。

5.4.4　演示文稿的放映

制作完成的演示文稿最终要播放给观众看。通过幻灯片的放映，可以将精心设计的演示文稿展示出来。在放映幻灯片之前，还需要对演示文稿的放映方式进行设置，如幻灯片的放映类型、换片方式和自定义放映等。PowerPoint 2016 提供了多种演示文稿的放映方式，使用者可根据具体情况选择不同的放映方式，以便更好地满足观众的需求。

一个全面的、完整的演示文稿制作完成后，可以在多种场合或受众面前使用。但是根据不同情况可能需要对演示文稿中幻灯片的顺序进行调整，或者对幻灯片进行少量修改。如此下去，可能会产生大量内容相近的演示文稿，这不便于文件保存和管理。PowerPoint 2016 提供了一种"自定义幻灯片放映"功能，可以很好解决这个问题。创建自定义放映的步骤如下。

（1）打开需要编辑的演示文稿，打开"幻灯片放映"选项卡，在"开始放映幻灯片"组中单击"自定义幻灯片放映"按钮，在打开的下拉菜单中选择"自定义放映"命令，打开"自定义放映"对话框，如图 5-73 所示。

（2）在打开的"自定义放映"对话框中单击"新建"按钮，打开"定义自定义放映"对话框，如图 5-74 所示。

（3）在"幻灯片放映名称"文本框中输入此次自定义放映的名称，便于放映时查询。选择"在演示文稿中的幻灯片"内容框中（左框）的幻灯片，单击"添加"按钮，按照需要逐一添加到"在自定义放映中的幻灯片"内容框中（右框）。在右框中创建了一个新的自定义放映，其幻灯片先后顺序与左侧窗口中原稿的顺序无关。可以利用"删除"按钮从右框中删除不需要的幻灯片。

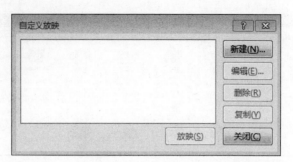

图 5-73　"自定义放映"对话框

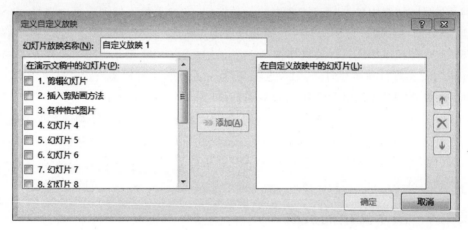

图 5-74　"定义自定义放映"对话框

（4）设置完成后，单击"确定"按钮，返回"自定义放映"对话框，单击"放映"按钮播放自定义方式的幻灯片。单击"确定"按钮结束设置。

如果要放映已经设置好的自定义放映，只要打开演示文档，单击"幻灯片放映"选项卡，在"开始放映幻灯片"组中，单击"自定义幻灯片放映"按钮，在展开的菜单中选择已经设置好的自定义放映名称，PowerPoint 即可按照设置好的顺序放映自定义幻灯片。

在 PowerPoint 2016 中创建的演示文稿通常以.pptx 格式即 PowerPoint 演示文稿格式存储在磁盘上，运行时需要进入 PowerPoint 环境；如果演示文稿以.ppsx 格式即 PowerPoint 放映格式存放，单击文件名时可以直接运行。下面介绍一下如何运行控制幻灯片放映。

1. 改变演示文稿文件存储类型

以"PowerPoint 放映"格式存放的演示文稿，单击该文件名时可以直接运行，不需要进入 PowerPoint。存储"PowerPoint 放映"格式文件的方法如下。

（1）单击"文件"按钮，选择"另存为"命令，打开"另存为"对话框。

（2）在"另存为"对话框中，在"文件名"文本框中输入文件名，在"保存类型"列表框中选择"PowerPoint 放映（*.ppsx）"类型。

（3）单击"保存"按钮，完成"PowerPoint 放映"格式存储操作。

2. 在 PowerPoint 2016 中运行演示文稿

要运行一个演示文稿，首先应在 PowerPoint 中打开该演示文稿，然后以下列方法之一开始运行演示文稿。

（1）打开"幻灯片放映"选项卡，在"开始放映幻灯片"组中单击"从头开始"按钮，PowerPoint 2016 将以全屏幕显示方式从头开始放映幻灯片。

（2）按 F5 键从头开始放映幻灯片。

（3）打开"幻灯片放映"选项卡，在"开始放映幻灯片"组中单击"从当前幻灯片开始"按钮，PowerPoint 2016 从当前正在编辑的幻灯片开始放映幻灯片。

（4）直接单击 PowerPoint 主窗口右下角视图栏中的"幻灯片放映"按钮，PowerPoint 2016 将从当前正在编辑的幻灯片开始放映幻灯片。

3. 控制幻灯片放映

当一个演示文稿正在播放时，可以用键盘或鼠标来控制幻灯片的放映。其方法如下。

（1）用键盘光标移动键控制幻灯片的播放顺序。如切换到下一张幻灯片，用"下移"键；切换到上一张幻灯片，用"上移"键。

（2）用鼠标控制幻灯片的播放过程。如单击鼠标左键，向下滚动鼠标的滑轮，按下 Enter 键，单击鼠标右键并在弹出的快捷菜单中选择"下一张"命令等，可以切换到下一张幻灯片，向上滚动鼠标的滑轮，可以切换到上一张。

（3）幻灯片开始播放后，在屏幕的左下方会显示播放控制图标，从左到右分别是"上一张"图标、"下一张"图标、"指针选项"图标、"缩小"图标、"放大"图标、"幻灯片操作"图标。其中，单击"指针选项"图标会弹出一个菜单，该菜单为使用者提供了不同的书写笔、颜色和擦除等功能，使得用户在播放幻灯片时，可以在幻灯片上写字、画图形等；单击"幻灯片操作"图标会弹出一个快捷菜单，该菜单为使用者提供了对幻灯片进行操作的功能，如对幻灯片进行翻页、定位、自定义放映、暂停和结束放映等操作。

如果演示文稿用于演讲或授课，则每张幻灯片停留的时间是不确定的，多数情况下通过单击鼠标完成动画播放和幻灯片切换操作。但是在某些场合，例如新产品介绍，则希望演示文稿能够自动播放，甚至从头至尾循环播放，尽量不受人为干预。演示文稿的自动播放需要设置其放映时间，下面介绍设置演示文稿放映时间的方法。

1）人工设置放映时间

每张幻灯片中的对象动画效果都选择"从上一项开始"或"从上一项之后开始"，不选择"单击开始"。每张幻灯片切换都在"设置自动换片时间"中输入时间值，并勾选，每张幻灯片的换片时间需根据具体情况设置，另外还需要设置"循环放映"。设置"循环放映"的方法是，打开"幻灯片放映"选项卡，单击"设置"组中的"设置幻灯片放映"按钮，打开"设置放映方式"对话框，如图 5-75 所示，在"放映选项"组中勾选"循环放映，按 ESC 键终止"选项，单击"确定"按钮，完成"循环放映"操作。

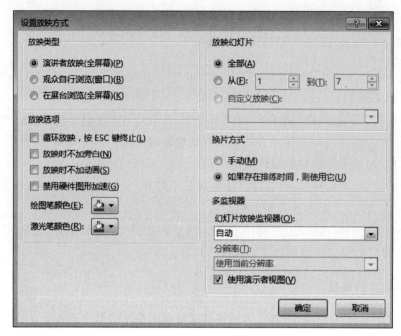

图 5-75 "设置放映方式"对话框

2）用排练计时设置放映时间

人工设置放映时间比较费时，还需要对原演示文稿进行修改，所以在实际操作过程中很少采用。PowerPoint 2016 提供了用"排练计时"方式设置放映时间的功能，不需要修改演示文稿，只要花费少量时间即可完成。下面介绍设置"排练计时"的方法。

（1）打开"幻灯片放映"选项卡，单击"设置"组中的"排练计时"按钮。

（2）直接进入"幻灯片放映"状态，在屏幕左上角出现"录制"计时器，如图 5-76 所示。"录制"计时器从左至右的按钮是"下一项""暂停""当前幻灯片放映时间""重复"和"总放映时间"，右上角为"关闭"按钮。

图 5-76 "录制"计时器

（3）如果对当前放映幻灯片的时间未把握好，可以单击"重复"按钮重新计时。

（4）单击"下一项"按钮，可以更换对象或切换到下一张幻灯片。

（5）录制结束时单击"关闭"按钮。如果需要保留此次排练时间可单击"是"按钮，否则单击"否"按钮。

（6）在保存演示文稿的排练时间后，如果要将该排练时间应用到幻灯片放映中，应该打开"设置放映方式"对话框，在"换片方式"组中选择"如果存在排练时间，则使用它"选项。

"排练计时"设置完成后，当再次进行幻灯片放映时，我们会发现，幻灯片能够自动放映，不再需要敲击鼠标。如果要回到手动操作模式，需要打开"设置放映方式"对话框，在"换片方式"组中选择"手动"选项。

5.4.5 演示文稿的打印

制作完成的演示文稿可以打印出来,也可以输出到某个设备上或软件之中,如"发送至OneNote 16"。打印、输出演示文稿可以采用如下步骤。

(1) 打开演示文稿,选择"文件"|"打印"命令,或按 Ctrl＋P 组合键,打开"打印"对话框,如图 5-77 所示。

(2)"打印机"选项。在"打印机"选项中可以选择默认打印机,或选择其他输出设备,如输出到数字笔记本。

(3)"设置"选项。在"设置"选项中可以选择"打印全部幻灯片",也可以选择"打印所选幻灯片",或选择"打印当前幻灯片",还可以选择"自定义范围"等选项。

(4)"幻灯片"文本框。在该文本框中可以输入需要打印的幻灯片编号或幻灯片编号范围等数据,如果有多项数据,可以用逗号分隔。例如:1,3,5-12。

(5) 每页纸打印幻灯片数量设置。可以设置每页纸张打印幻灯片数量,有以下几种情况,打印 1、2、3、4、6、9 张等。

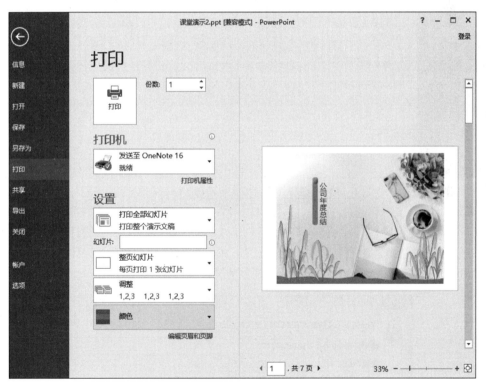

图 5-77 "打印"对话框

5.4.6 演示文稿的打包

制作完成的演示文稿经过保存后关闭,可以在已经安装了 PowerPoint 的计算机中再次打开浏览。但在没有安装 PowerPoint 的计算机中,演示文稿是无法直接播放的。若要解决这个问题,可以将演示文稿进行打包。对演示文稿进行打包后,演示文稿相关的文件都会被集中在一个文件夹中,同时自带播放软件。这样在进行文档复制的过程中,复制打包后的文件夹,就可以保证演示文稿可以在其他的计算机上进行播放。下面介绍演示文稿打包的具体操作步骤:

(1) 打开要打包的演示文稿,在"文件"窗口左侧的列表中选择"导出"选项,选择中间窗格中的"将演示文稿打包成 CD"选项,再在右侧窗格中单击"打包成 CD"按钮,如图 5-78 所示。

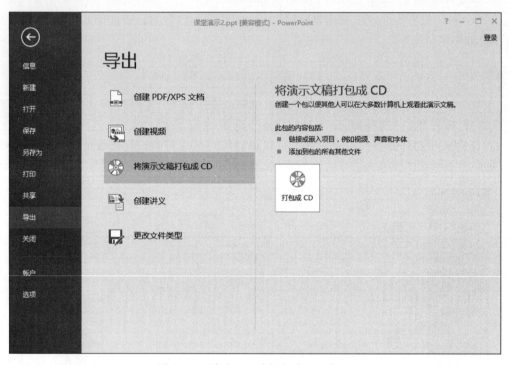

图 5-78 "将演示文稿打包成 CD"窗口

(2) 打开"打包成 CD"对话框,如图 5-79 所示,在"要复制的文件"列表框中将显示所有需要打包的文件。如果还需要添加其他的文件,单击此窗口中的"添加"按钮,打开"添加文件"对话框,如图 5-80 所示,然后需要一起打包的文件即可。

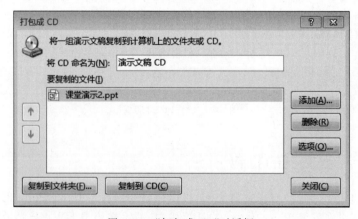

图 5-79 "打包成 CD"对话框

图 5-80 "添加文件"对话框

（3）单击"添加"按钮，关闭"添加文件"对话框后，选择一起打包的文件被添加到"要复制的文件"列表框中，如图 5-81 所示。单击图 5-81 中"选项"按钮，打开"选项"对话框，如图 5-82 所示。完成相应设置后单击"确定"按钮。

图 5-81 "要复制的文件"列表框

（4）单击"打包成 CD"对话框的"复制到文件夹"按钮，打开"复制到文件夹"对话框，如图 5-83 所示。输入打包后文件的名称并选择保存位置，单击"确定"按钮，等待打包结束，在相应的位置生成打包文件夹，如图 5-84 所示。

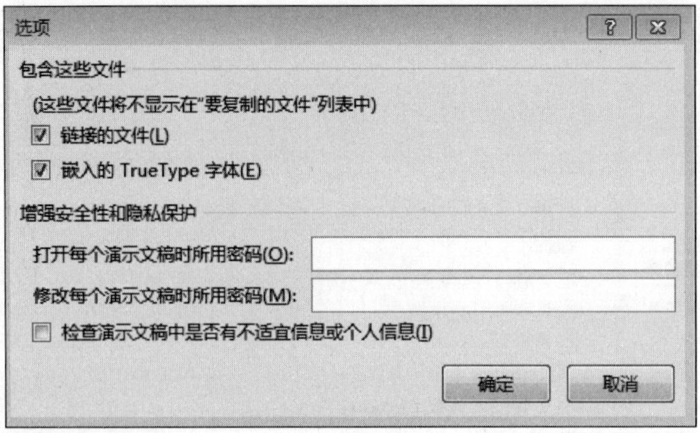

图 5-82　"选项"对话框

图 5-83　"复制到文件夹"对话框

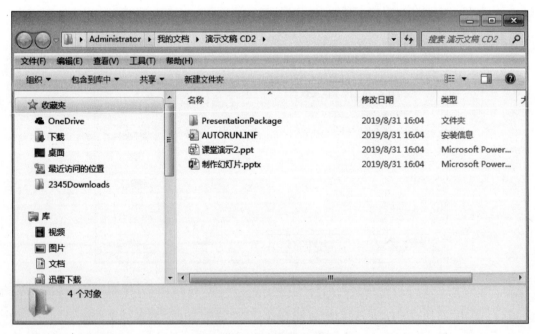

图 5-84　打包后的文件夹

课堂实战

1. 新建并保存演示文稿"优秀学生表彰宣传"

（1）启动 PowerPoint 2016，新建一个空白的演示文稿。

（2）保存演示文稿，选择"文件"|"保存"命令或单击"快速访问工具栏"中的"保存"按钮，指定演示文稿的保存名称为"优秀学生表彰宣传"。

2. 幻灯片的编辑

（1）插入第一张幻灯片，幻灯片版式选择为空白版式，设置幻灯片的背景，效果如图 5-85 所示。

图 5-85 第一张幻灯片效果图

（2）插入第二张幻灯片作为"优秀学生表彰宣传"的目录页。在第二张幻灯片合适位置插入制作好的图片，输入"优秀学生表彰宣传"的目录内容，设置主题颜色、字体颜色及字体格式。具体效果如图 5-86 所示。

（3）类似的方法，制作"优秀学生表彰宣传"的后续幻灯片，并且在后续相关幻灯片中插入音频和视频，具体的第三张、第四张、第五张幻灯片效果如图 5-87～图 5-89 所示。

3. 设置幻灯片的切换效果

设置幻灯片的换片方式为"单击鼠标时"，幻灯片间的切换效果为"切出""淡出""推进""擦除"和"分割"。

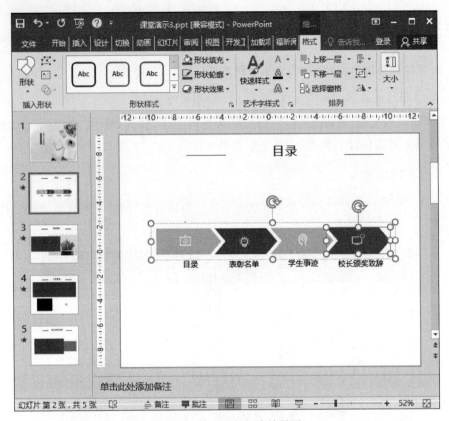

图 5-86　第二张幻灯片效果图

图 5-87　第三张幻灯片效果图

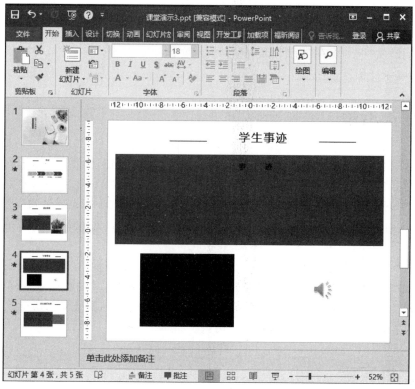

图 5-88　第四张幻灯片效果图

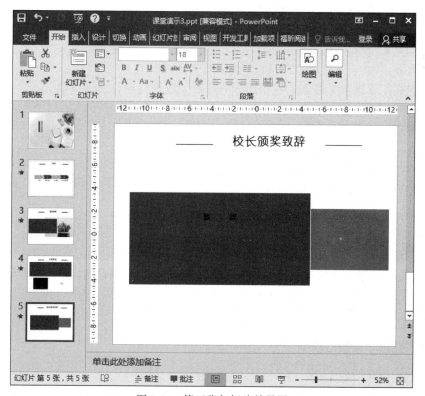

图 5-89　第五张幻灯片效果图

4．演示文稿的打包

（1）选择"文件"|"保存"命令，再次保存演示文稿。

（2）将演示文稿打包保存。

5.5　本章小结

本章介绍了 PowerPoint 2016 的窗口组成，演示文稿的创建、保存、打印方法，详细介绍了演示文稿的编辑方法和编辑过程，重点介绍了编辑文本、添加图像、添加多媒体对象的方法，对演示文稿的整体修饰进行了细致的描述，重点对幻灯片母版的制作和应用进行了分析，对幻灯片的动画效果和切换效果进行了梳理和归纳，介绍了交互式演示文稿的用途和制作方法，对幻灯片的运行和控制进行了深入探讨。

通过本章学习，读者对 PowerPoint 2016 会有一个全面的了解，掌握演示文稿创建过程，掌握在幻灯片中添加对象方法，了解设置幻灯片背景的意义及设计模板的作用，了解使用母版的意义和母版对演示文稿整体的影响，掌握创建幻灯片动画效果和切换效果的方法，了解幻灯片播放与演示文稿放映的差别及用途。

5.6　上机实验

上机实验　毕业论文答辩

【实验目的】

1．掌握 PowerPoint 2016 的启动、退出及保存基本操作。

2．掌握从空白演示文稿开始利用版式、母版、主题开始制作演示文稿。

3．掌握幻灯片中的文本格式化方法。

4．掌握幻灯片中表格、图表的编辑方法。

5．掌握幻灯片自定义动画的设置方法。

6．掌握超链接、动作按钮的使用方法。

7．掌握幻灯片的放映设置。

8．掌握演示文稿的打包。

【实验内容及步骤】

新建及保存演示文稿

新建一个空白演示文稿，选择"文件"|"保存"命令，打开"另存为"对话框。在该对话框中指定文件名称为"毕业答辩"、保存类型为"PowerPoint 演示文稿（＊.pptx）"且选择保存位置，最后单击"保存"按钮。

1．格式化第一张幻灯片

1）设置幻灯片版式

设置第一张幻灯片版式，在"幻灯片"窗格中单击选中第一张幻灯片，选择"开始"|"幻灯

片"|"版式",在打开的版式菜单中选择"标题幻灯片"版式。

提示：若需修改或自定义幻灯片版式，可以在幻灯片母版中进行修改。

2）编辑幻灯片的文本

（1）在"主标题占位符"处输入文本"Web 数据抽取方法研究"，设置文本格式："中文字体"为"楷体"，"西文字体"为"Times New Roman""44 磅""加粗""黑色，文字 1"。

（2）在"副标题占位符"处输入文本"指导教师""答辩人"，设置文本格式为"楷体""28 磅""加粗""黑色，文字 1"。

2. 幻灯片母版的编辑和使用

在"幻灯片母版"视图中，包括幻灯片母版和与每个版式相关联的次级母版，如图 5-90 所示。

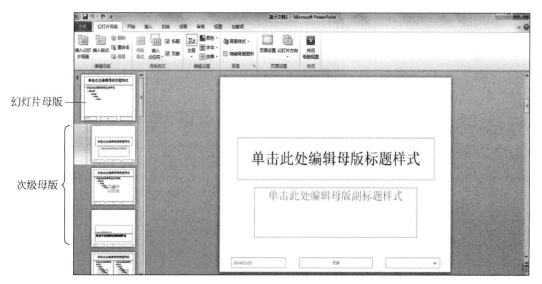

图 5-90 "幻灯片母版"视图

1）设置幻灯片母版

（1）设置幻灯片背景，选择"视图"|"母版视图"|"幻灯片母版"|"背景"命令，单击"背景"组右下角的箭头按钮，打开"设置背景格式"对话框，如图 5-91 所示，选择"图片或纹理填充"，设置幻灯片母版的背景为"标题幻灯片母版.bmp"，选择"全部应用"后关闭对话框。

提示：设置幻灯片母版中的背景填充之后，所有的幻灯片背景都进行了更改，除此方法以外还可以在"设计"选项卡中启动"设置背景格式"对话框设置演示文稿的背景填充。

（2）设置幻灯片标题区，设置幻灯片的标题字体："楷体""44 磅""黑色，文字 1"。

（3）设置幻灯片的页脚区，删除"日期"占位符，设置"页脚"占位符的位置水平为"10.57 厘米"，垂直为"18 厘米"，度量依据均为"左上角"；设置"幻灯片编号"占位符的位置水平为"19.38 厘米"，垂直为"18 厘米"，度量依据均为"左上角"；设置"页脚""幻灯片编号"占位符的文本格式为"楷体""12 磅""黑色，文字 1"。

提示：占位符位置的设置方法为单击选中要设置的占位符，选择"图片工具"|"格式"选项卡的"大小"组中的"设置图片格式"对话框启动器，打开"设置图片格式"对话框，如图 5-92 所示。

图 5-91　"设置背景格式"对话框

图 5-92　"设置图片格式"对话框

2）设置与标题版式幻灯片关联的次级母版

（1）在次级母版中插入图片"标题母版图片.bmp"，设置图片的高为"0.36 厘米"，宽为"25.4 厘米"；位置为水平"0 厘米"，垂直"1.92 厘米"，度量依据均为"左上角"。

（2）设置幻灯片的页脚区，删除"日期""幻灯片编号"占位符，设置"页脚"占位符的位置，文本格式与幻灯片母版的设置一致。

（3）幻灯片的标题区设置与幻灯片母版的设置一致。设置完毕后关闭幻灯片母版视图。

3. 插入幻灯片的页脚

在普通视图中插入幻灯片的页脚，选择"插入"|"文本"|"页眉和页脚"命令，打开"页眉和页脚"设置对话框，具体设置如图 5-93 所示，设置完毕后单击"全部应用"关闭该对话框。设置完毕后，第一张幻灯片效果如图 5-94 所示。

4. 设置幻灯片的字体主题

选择"设计"|"变体"|"字体"，在打开的"字体"下拉列表中选择"自定义字体"按钮，打开"新建主题字体"对话框，具体参数设置如图 5-95 所示。

5. 插入第二张幻灯片

版式选择为"标题和内容"，在"标题占位符"处输入"主要内容"；在"文本占位符"处输入以下文本：

◆ 课题背景
◆ 系统框架

图 5-93 "页眉和页脚"设置对话框

图 5-94 第一张幻灯片效果图

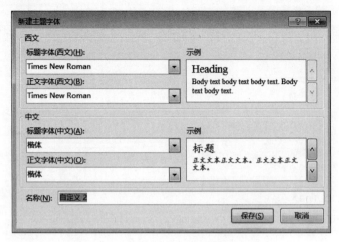

图 5-95　"新建主题字体"参数设置

◆ 实验结果分析
◆ 总结与展望

设置完毕后,第二张幻灯片效果如图 5-96 所示。

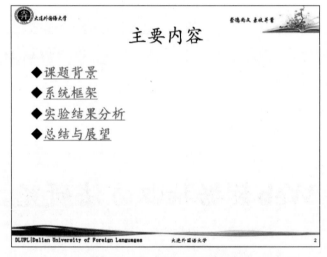

图 5-96　第二张幻灯片效果图

6. 自选图形、联机图片的设置

(1) 插入第三张幻灯片,版式选择为"标题和内容"版式,在"标题占位符"处输入文本"课题背景"。

(2) 删除"文本占位符",选择"插入"|"插图"|"形状"命令,插入两个"云形",设置两个"云形"的高度为"10.2 厘米",宽度为"11.2 厘米";位置分别为水平"0.5 厘米",垂直"4.12 厘米"和水平"13.9 厘米",垂直"4.12 厘米",度量依据均为"左上角"。

(3) 在第一个"云形"中插入 10 个等大的"圆形",设置"圆形"的高度、宽度均为"1.2 厘米","圆形"的填充颜色为三种,分别为"红色、绿色、黄色",分散排列 10 个"圆形"。

（4）复制第一个"云形"中的 10 个"圆形"到第二个"云形"中，重新排列组合圆形。

（5）在两个"云形"中间插入"箭头形状"中的"右箭头"，选择"格式"|"形状样式"，设置其"形状样式"为"强烈效果—青色，强调颜色 3"。

（6）选择"插入"|"图像"|"联机图片"命令，在打开的对话框中输入搜索关键词为"疑问"，单击"搜索"按钮后，选择一副剪贴画插入到合适的位置。

设置完毕后，第三张幻灯片效果如图 5-97 所示。

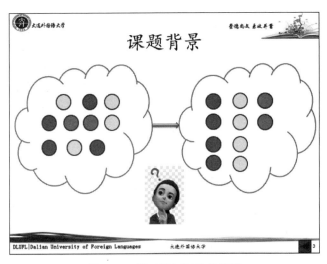

图 5-97 第三张幻灯片效果图

7. 设置图片、文本框

（1）插入第四张幻灯片，版式选择为"标题和内容"，在"标题占位符"处输入文本"系统框架"。

（2）插入图片，选择"插入"|"图像"|"图片"命令，打开"插入图片"对话框，在打开的对话框中选择图片"系统框架.bmp"，插入和移动图片到合适位置。

（3）在图片右侧插入文本框，选择"插入"|"文本"|"文本框"命令，打开"文本框"按钮的菜单栏，选择"横排文本框"，在插入的文本框中输入以下文本。

假设：

☐ 所有的 Deep Web 数据源已经按照领域进行了分类

☐ 每个分类对应一个领域

☐ 每个类已完成数据集成，有一个统一的查询接口

设置文本格式为"楷体""24 磅""黑色 文字 1"。

（4）选择"绘图工具"|"格式"|"大小"命令，设置文本框的大小，宽度为"10 厘米"、高度为"8.46 厘米"。单击"大小对话框启动器" 📷 ，打开"设置形状格式"对话框，如图 5-98 所示，设置文本框的位置为水平"12.5 厘米"、垂直"4.12 厘米"，度量依据均为"左上角"。

（5）选择"格式"|"形状样式"命令，设置文本框的"形状样式"为"彩色填充—青色，强调颜色 3"。设置完毕后，第四张幻灯片效果如图 5-99 所示。

图 5-98　"设置形状格式"对话框

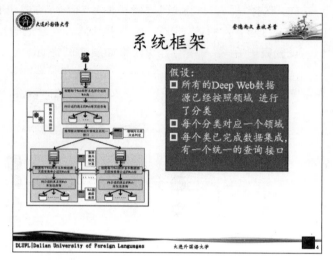

图 5-99　第四张幻灯片效果图

8. 设置表格、图表

（1）插入第五张幻灯片，版式选择为"标题和内容"，在"标题占位符"处输入文本"实验结果分析"，删除"内容占位符"。

（2）选择"插入"|"表格"命令，插入一个 2 行 6 列的表格，选中表格，选择"表格工具"|"设计"选项卡的"表格样式"中的"主题样式 1—强调 3"；选择"表格工具"|"布局"|"单元格大小"，设置表格第一列单元格高度为"1.02 厘米"，宽度为"3.2 厘米"，其余列单元格宽度为"2.42 厘米"。设置单元格对齐方式为"居中对齐"。

（3）在表格中输入数据如下：

SCP	0.134	0.296	0.451	0.61	0.803	0.862
满意度/%	10	40	62	71	86	90

（4）选择"插入"|"插图"中的"图表"，以表格中数据作为源数据制作一个"带数据标记的堆积折线图"，格式化图表成自己喜欢的样式。

设置完毕后，第五张幻灯片效果如图 5-100 所示。

9. 设置艺术字

（1）插入第六张幻灯片，版式选择为"空白"，选择"插入"|"文本"|"艺术字"命令，打开"艺术字"按钮的菜单栏，选择第 1 行第 5 列的艺术字样式，输入文本"Thank you!"。

（2）选中该艺术字，选择"绘图工具"|"格式"选项卡的"艺术字样式"|"文本效果"|"三维旋转"中的"平行"中的"离轴 2 左"。

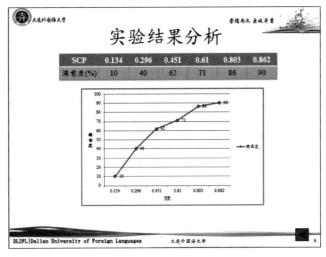

图 5-100　第五张幻灯片效果图

设置完毕后,第六张幻灯片效果如图 5-101 所示。

图 5-101　第六张幻灯片效果图

10.设置动画效果

(1) 选中第二张幻灯片中的标题部分,选择"动画"选项卡中的"动画"组,设置进入动画效果为"飞入",选择"计时"组中"开始"为"单击时",即设置"单击鼠标"时产生动画效果;文本内容采用"百叶窗"进入的动画效果,按项一条一条地显示,在"前一事件"5 秒后发生。

(2) 对第六张幻灯片的艺术字,采用"飞旋"进入的动画效果,添加动作路径为"泪滴形"。

(3) 设置幻灯片间的切换效果,选择"切换"|"切换到此幻灯片"组中的切换效果,六张幻灯片间的切换效果分别为"切出""淡出""推进""擦除""分割"和"显示"。选择"计时"组中的换片方式为"单击时"。

11. 设置超链接

（1）选择"插入"|"链接"|"超链接"，对第二张幻灯片中的文本内容分别设置超链接，分别链接到本文档中的第三～第六张幻灯片中。

（2）选择"插入"|"形状"，在第三～第五张幻灯片中合适的位置分别插入"动作按钮：后退或前一项"。

12. 设置幻灯片的放映方式并打包文件

选择不同的幻灯片放映方式，观看幻灯片放映方式之间的区别。

5.7 习题

一、单项选择题

1. 在幻灯片浏览视图中要选择多张连续的幻灯片时，先选中起始位置幻灯片，然后按住（　　）键单击结束位置幻灯片。

    A. Ctrl　　　　　　B. Enter　　　　　　C. Shift　　　　　　D. Alt

2. 在 PowerPoint 2016 中要将某张幻灯片版式更改为"空白"，应选择的选项卡是（　　）。

    A. "开始"　　　　B. "视图"　　　　C. "引用"　　　　D. "插入"

3. 在 PowerPoint 2016 提供的各种视图模式中，可以显示所有幻灯片缩览图的是（　　）。

    A. 大纲视图　　　　　　　　　　B. 幻灯片浏览视图

    C. 幻灯片视图　　　　　　　　　D. 幻灯片放映视图

4. 在 PowerPoint 2016 中，如果不想放映某张幻灯片，可以选择"幻灯片放映"选项卡的（　　）。

    A. "广播幻灯片"　　　　　　　　B. "设置幻灯片放映"

    C. "排练计时"　　　　　　　　　D. "隐藏幻灯片"

5. 在 PowerPoint 2016 中，如果要显示参考线，应该选择（　　）选项卡。

    A. "插入"　　　　B. "切换"　　　　C. "审阅"　　　　D. "视图"

6. 在 PowerPoint 2016 中，如果要设置幻灯片间换片方式，应该选择（　　）选项卡。

    A. "设计"　　　　B. "切换"　　　　C. "幻灯片放映"　　D. "视图"

7. 在 PowerPoint 2016 中，如果要设置某张幻灯片的背景图像，应该选择（　　）选项卡。

    A. "开始"　　　　B. "设计"　　　　C. "插入"　　　　D. "切换"

8. 在不同演示文稿中移动幻灯片时，可以打开要插入或移动的演示文稿，把演示文稿切换到幻灯片浏览视图，选择"视图"选项卡下"窗口"组的（　　），单击选中要移动的幻灯片并将它移到演示文稿中。

    A. "全部重排"　　　　　　　　　B. "新建窗口"

    C. "切换窗口"　　　　　　　　　D. "层叠"

9. 在幻灯片文本编辑过程中，若需要在段落中另起新行，可以借助的快捷键是（　　）。

    A. Alt＋Enter　　B. Alt＋Ctrl　　C. Shift＋Enter　　D. Ctrl＋Enter

10. PowerPoint 2016 演示文稿的扩展名是( )。

    A. .ppt   B. .pptx   C. .potm   D. .potx

11. 在打印演示文稿时,若想打印幻灯片 1-5 和第 6、第 9 两张幻灯片,应该在"幻灯片"文本框中输入幻灯片编号,下列输入编号的方法正确的是( )。

    A. 1-9   B. 1-5、6、9   C. 1-5,6,9   D. 1-5.6.9

12. 在 PowerPoint 2016 中,若要对插入的表格设置单元格的大小,应选择"表格工具"下的( )选项卡中的命令。

    A. "设计"   B. "布局"   C. "格式"   D. "表格"

13. 在 PowerPoint 2016 中,若要为幻灯片中的对象设置动画效果为单击鼠标时产生动画效果,应选择"动画"选项卡中( )组中命令实现。

    A. "预览"   B. "动画"   C. "高级动画"   D. "计时"

14. 关于主题(设计模板),下列说法错误的是( )。

    A. 主题(设计模板)是系统自带的,用户不可以自定义

    B. 主题(设计模板)可以应用到特定的幻灯片上

    C. 一个演示文稿可以包括多个主题(设计模板)

    D. 主题(设计模板)可以向演示文稿提供字体、颜色、效果和背景设置

15. 在展台进行广告演示文稿的放映时,首选设置放映方式为( )。

    A. 演讲者放映   B. 观众自行浏览

    C. 全屏放映   D. 在展台浏览

16. 若要退出幻灯片的放映模式,可以直接按( )键。

    A. Enter   B. Esc   C. Ctrl+F4   D. Alt

17. 若在幻灯片放映时不想人工换片,可以通过( )来自动设置每张幻灯片在屏幕上的停留时间。

    A. 循环播放   B. 排练计时   C. 自动播放   D. 打包输出

18. 若打印时需设置每页幻灯片数,除可以在"打印"对话框中设置以外,还可以在( )中进行设置。

    A. 幻灯片母版   B. 讲义母版   C. 备注母版   D. 标题母版

19. 若要设置幻灯片的起始编号,可以在"幻灯片母版"选项卡的( )中进行设置。

    A. 编辑母版   B. 母版版式   C. 编辑主题   D. 页面设置

二、多项选择题

1. 在 PowerPoint 2016 的幻灯片浏览视图下,可以完成的操作包括( )。

    A. 调整个别幻灯片的位置   B. 删除个别幻灯片

    C. 编辑个别幻灯片中填入的内容   D. 复制个别幻灯片

2. PowerPoint 2016 提供的视图模式包括( )。

    A. 普通视图   B. 幻灯片浏览视图

    C. 阅读视图   D. 备注页视图

3. 在自定义动画设置过程中,可以执行的操作包括( )。

    A. 调整动画顺序   B. 设置动画速度

  C. 调整动画持续时间　　　　　　　D. 不能删除动画

4. 在演示文稿保存的过程中可使用的格式包括(　　　)。

  A. 设备无关位图　　　　　　　　　B. PDF

  C. PowerPoint 演示文稿　　　　　　D. XPS

5. 下列关于颜色主题的说法中,正确的是(　　　)。

  A. 颜色主题是系统中自带的,用户不能更改

  B. 一个演示文稿中可以采用多种颜色主题

  C. 用户可以自定义或更改某种颜色主题

  D. 颜色主题是指在演示文稿中为各种颜色设定了其特定用途

三、判断题

1. 在 PowerPoint 2016 中,备注窗格中的信息在幻灯片放映时会全部显示。(　　　)

2. 利用幻灯片浏览视图可以轻松地按顺序组织幻灯片,进行插入、删除和移动等操作。(　　　)

3. 幻灯片发布视图属于 PowerPoint 2016 提供的视图模式。(　　　)

4. 在 PowerPoint 2016 中,文本框只包括横排文本框和竖排文本框两种样式。(　　　)

5. 在 PowerPoint 2016 中,可以直接执行改变视频的亮度和对比度、裁剪视频和在视频剪辑中添加书签等编辑视频的操作。(　　　)

6. 不可以使用 Microsoft Office 公式编辑器在 PowerPoint 2016 中插入数学公式。(　　　)

7. 在 PowerPoint 2016 中,可以通过添加、删除和重新排列命令和选项卡来自定义功能区。(　　　)

8. 字体主题是系统自带的,用户不能自定义。(　　　)

9. 不可以在演示文稿中设置幻灯片切换时的声音效果。(　　　)

参 考 文 献

［1］ 朱艳艳.大学计算机基础实践教程［M］.武汉：华中科技大学出版社,2019.

［2］ 甘勇,尚展垒,贺蕾.大学计算机基础实践教程(慕课版)［M］.北京：人民邮电出版社,2017.

［3］ 岳琪,禹谢华.大学计算机(微课版)［M］.北京：航空工业出版社,2019.

［4］ 齐红,禹谢华.大学计算机(微课版)［M］.北京：航空工业出版社,2019.

［5］ 郭夫兵,李黎.计算机应用基础项目化教程［M］.2 版.北京：高等教育出版社,2018.

［6］ 李俭霞.中文版 Office 2016 三合一办公基础教程［M］.北京：北京大学出版社,2016.

［7］ 曾爱林.计算机应用基础项目教程［M］.北京：高等教育出版社,2019.

［8］ 黄玉兰.物联网传感器技术与应用［M］.北京：人民邮电出版社,2014.

［9］ 林子雨.大数据技术原理与应用［M］.2 版.北京：人民邮电出版社,2017.

［10］ 杜思明.中文版 Office 2016 实用教程(计算机基础与实训教材系列)［M］.北京：清华大学出版社,2017.

［11］ TANENBAUM A S.计算机网络［M］.潘爱民,译,4 版.北京：清华大学出版社,2004.

［12］ 国家计算机网络应急技术处理协调中心.2018 年中国互联网网络安全报告,2019.

［13］ 詹国华.大学计算机应用基础教程［M］.3 版.北京：清华大学出版社,2012.

［14］ 高万萍,吴玉萍.计算机应用基础教程(Windows 7,Office 2010)［M］.北京：清华大学出版社,2013.

［15］ 郑旭红,等.大学计算机应用基础简明教程［M］.北京：清华大学出版社,2015.

［16］ WALKENBACH J.中文版 Excel 2016 宝典［M］.北京：清华大学出版社,2016.

［17］ 柴欣.大学计算机基础教程［M］.7 版.北京：中国铁道出版社,2017.

［18］ 吉燕.全国计算机等级考试二级教程 MS Office 高级应用(2019 年版)［M］.北京：高等教育出版社,2018.

图书资源支持

感谢您一直以来对清华版图书的支持和爱护。为了配合本书的使用，本书提供配套的资源，有需求的读者请扫描下方的"书圈"微信公众号二维码，在图书专区下载，也可以拨打电话或发送电子邮件咨询。

如果您在使用本书的过程中遇到了什么问题，或者有相关图书出版计划，也请您发邮件告诉我们，以便我们更好地为您服务。

我们的联系方式：

地　　址：北京市海淀区双清路学研大厦 A 座 701

邮　　编：100084

电　　话：010-83470236　010-83470237

资源下载：http://www.tup.com.cn

客服邮箱：2301891038@qq.com

QQ：2301891038（请写明您的单位和姓名）

资源下载、样书申请

书圈

扫一扫，获取最新目录

课程直播

用微信扫一扫右边的二维码，即可关注清华大学出版社公众号"书圈"。